水利安全生产标准化建设与管理

水利部监督司
中国水利工程协会 编著

中国水利水电出版社
www.waterpub.com.cn
·北京·

内 容 提 要

本书结合近年来水利安全生产标准化工作经验，对照新修订的《水利安全生产标准化评审标准》进行编写，主要包括概述、策划与实施、基础管理、现场管理、风险管控与持续改进、监督管理共六章，用以指导水利安全生产标准化建设、咨询、评审、管理等工作，也可作为水利生产经营单位日常安全管理参考资料，并为其他行业安全管理人员的学习提供参考。

图书在版编目（CIP）数据

水利安全生产标准化建设与管理 / 水利部监督司，中国水利工程协会编著. -- 北京 : 中国水利水电出版社，2018.10(2020.9重印)
ISBN 978-7-5170-6147-2

Ⅰ. ①水… Ⅱ. ①水… ②中… Ⅲ. ①水利工程－安全生产－标准化管理 Ⅳ. ①TV513

中国版本图书馆CIP数据核字(2018)第224604号

书　　名	**水利安全生产标准化建设与管理** SHUILI ANQUAN SHENGCHAN BIAOZHUNHUA JIANSHE YU GUANLI
作　　者	水利部监督司 中国水利工程协会　编著
出版发行	中国水利水电出版社 (北京市海淀区玉渊潭南路1号D座　100038) 网址：www.waterpub.com.cn E-mail：sales@waterpub.com.cn 电话：(010) 68367658（营销中心）
经　　售	北京科水图书销售中心（零售） 电话：(010) 88383994、63202643、68545874 全国各地新华书店和相关出版物销售网点
排　　版	中国水利水电出版社微机排版中心
印　　刷	清淞永业（天津）印刷有限公司
规　　格	184mm×260mm　16开本　16.5印张　391千字
版　　次	2018年10月第1版　2020年9月第3次印刷
印　　数	5001—7000册
定　　价	**68.00**元

凡购买我社图书，如有缺页、倒页、脱页的，本社营销中心负责调换

FOREWORD 前言

安全生产标准化是提升安全生产管理水平的重要手段。《中华人民共和国安全生产法》明确规定，生产经营单位要加强安全生产管理，建立、健全安全安全生产责任制和安全生产规章制度，改善安全生产条件，推进安全生产标准化建设，提高安全生产水平，确保安全生产。水利行业安全生产标准化工作自2013年启动以来，各地各单位积极响应、持续推进，安全生产标准化意识不断增强，安全生产管理水平有了显著提升。

为充分总结水利安全生产标准化工作经验，水利部监督司会同中国水利工程协会组织编写了《水利安全生产标准化建设与管理》。本书结合近年来水利安全生产标准化工作经验，对照新修订的《水利安全生产标准化评审标准》进行编写，包括概述、策划与实施、基础管理、现场管理、风险管控与持续改进、监督管理共六章，用以指导水利安全生产标准化建设、咨询、评审、管理等工作，也可作为水利生产经营单位日常安全管理参考资料。

本书编写过程中，引用了相关法律、法规、规章、规范性文件及技术标准的部分条文，读者在阅读本书时，请注意上述引用文件的版本更新情况，避免工作出现偏差。

限于编者的经验和水平，书中难免出现内容不当或错误之处，恳请读者及同行批评指正。

编写组

2018年9月

CONTENTS 目录

第一章　概述

安全生产标准化是先进安全管理思想与我国传统安全管理方法的有机结合，采用“PDCA”循环的管理方法，整合了现行有效的安全生产法律、法规、规章制度和技术标准，所形成的一种契合中国特色社会主义发展现状的安全生产管理新模式。安全生产标准化体现了以人为本、安全发展的理念，强调安全生产工作的规范化、科学化、系统化和法制化，符合安全管理的基本规律，是提高水利生产经营单位本质安全水平的有效途径。

第一节　基　本　概　念

一、安全

安全，泛指没有危险、不出事故的状态。具体说，安全是指没有伤害、损伤或危险，不遭受危害或损害的威胁，或免除了危害、伤害或损失的威胁。世界上没有绝对的安全，任何事物中都包含有不安全的因素，具有一定的危险性，但当危险低于某种程度时，就认为是安全的。

二、安全生产

安全生产，即生产过程中的安全。《中国大百科全书》将“安全生产”定义为：旨在保护劳动者在生产过程中安全的一项方针，也是企业管理必须遵循的一项原则，要求最大限度地减少劳动者的工伤和职业病，保障劳动者在生产过程中的生命安全和身体健康。一般意义上讲，安全生产是指在生产过程中，通过“人、机、物、环”的和谐运作，使潜在的各种事故风险和伤害因素始终处于有效控制状态，以保障生产过程中不发生工伤事故、职业病、设备或财产损失。安全生产是安全与生产的统一，安全是生产的前提条件，生产必须安全，不安全不生产。

三、标准

《辞海》将“标准”解释为：衡量事物的准则；本身合于准则，可供同类事物比较核对的事物。《中华人民共和国标准化法条文解释》认为“标准”的含义是，对重复性事物或概念所作的统一规定。它以科学技术和实践经验的综合成果为基础，经有关方面协商一致，由主管机关批准，以特定形式发布，作为共同遵守的准则和依据。也就是说，标准是由一个公认的机构制定和批准的文件，它对活动或活动的结果规定了规则、导则或特殊值，供共同和反复使用，以实现在预定领域内最佳秩序的效果。

四、标准化

GB/T 20000.1—2014《标准化工作指南　第1部分：标准化和相关活动的通用术语》解释为：为了在既定范围内获得最佳秩序，促进共同效益，对现实问题或潜在问题确立共同使用和重复使用的条款以及编制、发布和应用文件的活动。《中华人民共和国标准化法条文解释》认为“标准化”的含义是，在经济、技术、科学及管理等社会实践中，对重复性事物和概念通过制定、实施标准，达到统一，以获得最佳秩序和社会效益的过程。

五、安全生产标准化

企业通过落实安全生产主体责任，全员全过程参与，建立并保持安全生产管理体系，全面管控生产经营活动各环节的安全生产与职业卫生工作，实现安全健康管理系统化、岗位操作行为规范化、设备设施本质安全化、作业环境器具定置化，并持续改进。

安全生产标准化建设，就是用科学的方法和手段，提高人的意识，规范人的行为，培养良好的工作习惯，从而实现最大限度地防止和减少伤亡事故的目的。安全生产标准化建设的核心是人——企业的每个员工。

水利生产经营单位是水利安全生产标准化建设主体，包括水利工程项目法人、水利水电工程施工企业、水利工程管理单位、水利工程建设监理、水利水电工程勘测设计单位、农村水电站、水文测验等单位。

第二节　工　作　依　据

一、《中华人民共和国安全生产法》

《中华人民共和国安全生产法》第四条规定：生产经营单位必须遵守本法和其他有关安全生产的法律、法规，加强安全生产管理，建立、健全安全生产责任制和安全生产规章制度，改善安全生产条件，推进安全生产标准化建设，提高安全生产水平，确保安全生产。

二、《中共中央　国务院关于推进安全生产领域改革发展的意见》

《中共中央　国务院关于推进安全生产领域改革发展的意见》（中发〔2016〕32号）第二十一条“强化企业预防措施”中，明确提出要“大力推进企业安全生产标准化建设，实现安全管理、操作行为、设备设施和作业环境的标准化”，从而将标准化建设上升为我国安全生产领域改革发展的重要举措之一。

2017年5月，水利部结合行业实际发布了《水利部关于贯彻落实〈中共中央 国务院关于推进安全生产领域改革发展的意见〉实施办法》（水安监〔2017〕261号），明确将水利安全生产标准化建设作为水利生产经营单位的主体责任之一，要求水利生产经营单位大力推进水利安全生产标准化建设。

三、《水利安全生产标准化评审管理办法》

近年来，水利部相继印发了《水利行业深入开展安全生产标准化建设实施方案》（水安监〔2011〕346号）、《水利安全生产标准化评审管理暂行办法》（水安监〔2013〕189号）、《农村水电站安全生产标准化达标评级实施办法（暂行）》（水电〔2013〕379号）、《水利安全生产标准化评审管理暂行办法实施细则》（办安监〔2013〕168号），一并出台了《水利工程管理单位安全生产标准化评审标准（试行）》《水利水电施工企业安全生产标准化评审标准（试行）》《水利工程项目法人安全生产标准化评审标准（试行）》《农村水电站安全生产标准化评审标准》四项评审标准（简称原评审标准）。《水利安全生产标准化评审管理暂行办法》规定，水利安全生产标准化等级分为一级、二级和三级，一级为最高级。

2018年4月，水利部根据GB/T 33000—2016《企业安全生产标准化基本规范》和近年来标准化工作开展情况，对原评审标准进行了修订，并以《水利部办公厅关于印发水利安全生产标准化评审标准的通知》（办安监〔2018〕52号）（简称《评审标准》）印发。

《评审标准》突出了以下三个特点：

一是调整一级要素数量。《评审标准》将原评审标准的一级要素由13个调整为8个，即目标职责、制度化管理、教育培训、现场管理、安全风险管控及隐患排查治理、应急管理、事故管理和持续改进。

二是对部分要素进行了修改完善。原评审标准实施以来，国家及相关部门陆续颁布了若干新的法律法规及技术标准，如《中华人民共和国安全生产法》、SL 721—2015《水利水电工程施工安全管理导则》、SL 714—2015《水利水电工程施工安全防护设施技术规范》、《水利工程设计概（估）算编制规定》（水总〔2014〕429号）、《重大水利工程建设安全生产巡查工作制度》（水安监〔2016〕221号）、《水利工程生产安全重大事故隐患判定标准（试行）》（水安监〔2017〕344号）等。《评审标准》加强了与现行有效法律法规、技术标准等的衔接。

三是进一步突出安全生产管理的工作重点。《评审标准》补充完善了风险管控、有限空间作业管理等相关内容。对水利工程管理单位增加了否决条件，把“水库大坝、水闸未按规定进行注册、变更登记；未按规定进行安全鉴定、评价安全状况和评定安全等级；大坝安全鉴定结果未达到二类及以上（有水电站的，水电站安全管理分类评审未达到B类及以上），水闸、泵站安全类别未达到二类及以上”列为否决条件；此外，水利生产经营单位未对金属结构设备进行检测、存在重大事故隐患且未治理完成的，均不允许申报水利安全生产标准化达标定级。

为适应改革发展要求，水利部于2017年9月12日印发的《水利部办公厅关于水利安全生产标准化评审工作有关事项的通知》（办安监函〔2017〕1088号）要求：“水利生产经营单位根据安全生产标准化创建情况自愿申请标准化等级评审，申请安全生产标准化一级的和部属水利生产经营单位，由水利部安全生产标准化评审委员会办公室组织评审，评审不收取任何费用”，取消了评审机构评审，优化了水利安全生产标准化建设程序及管理要求，减轻了生产经营单位的负担。

通过上述实施方案、管理办法、实施细则及评审标准的发布，水利行业形成了系统、完整的水利安全生产标准化建设工作实施的依据，对于此项工作的顺利推进奠定了坚实的基础。

四、安全生产标准化基本规范

2010年4月，国家安全生产监督管理总局公布AQ/T 9006—2010《企业安全生产标准化基本规范》，自2010年6月1日起施行。2017年4月，GB/T 33000—2016《企业安全生产标准化基本规范》正式发布实施，替代AQ/T 9006—2010《企业安全生产标准化基本规范》，标准突出体现了以下四个特点：

一是突出了建立企业安全标准化管理体系要求。以安全风险管理、隐患排查治理、职业病危害防治为基础，以安全生产责任制为核心建立安全生产标准化管理体系，实行全员参与，全面提升企业安全管理水平，持续改进安全生产工作。

二是指导和规范企业自主进行安全管理。引导企业采用“策划、实施、检查、改进”的“PDCA”动态循环模式，通过自我检查、自我纠正和自我完善，构建安全生产长效机制；指导企业实现安全健康管理系统化、岗位操作行为规范化、设备设施本质安全化、作业环境器具定置化，持续提升安全生产绩效。

三是调整了企业安全生产标准化管理体系的核心要素。为使一级要素的逻辑结构更具系统性，将原13个一级要素梳理为8个。

四是提出安全生产与职业健康管理并重的要求。建立企业全过程安全生产和职业健康管理制度，将安全生产与职业健康要求一体化，强化企业职业健康主体责任的落实。同时，实行了企业安全生产标准化体系与国际通行的职业健康管理体系的对接。

第三节　建设历程及意义

从建设主体的角度，水利安全生产标准化建设是落实水利生产经营单位安全生产主体责任，规范其作业和管理行为，强化其安全生产基础工作的有效途径。通过推行标准化建设和管理，实现岗位达标、专业达标和单位达标，能够有效提升水利生产经营单位的安全生产管理水平和事故防范能力，使安全状态和管理模式与生产经营的发展水平相匹配，进而趋向本质安全管理。

从行业监管部门的角度，水利安全生产标准化建设是提升水利行业安全生产总体水平的重要抓手，是政府实施安全分类指导、分级监管的重要依据。标准化建设的推行可以为水利行业树立权威的、定置性的安全生产管理标准。通过实施标准化建设考评，水利生产经营单位能够对号入座地区分不同等级，客观真实地反映出各地区安全生产状况和不同安全生产水平的单位数量，从而为加强水利行业安全监管提供有效的基础数据。

一、工作的由来

2010年7月，国务院印发了《国务院关于进一步加强企业安全生产工作的通知》（国发〔2010〕23号），明确要求“全面开展安全达标。深入开展以岗位达标、专业达标和企业达标为主要内容的安全生产建设，凡在规定时间内未实现达标的企业要依法暂扣其生产许可证、安全生产许可证，责令停产整顿；对整改逾期未达标的，地方政府要依法予以关闭”。

2011年5月，国务院安委会印发《关于深入开展企业安全生产标准化建设的指导意见》（安委〔2011〕4号，简称《指导意见》），要求“要建立健全各行业（领域）企业安全生产标准化评定标准和考评体系；不断完善工作机制，将安全生产标准化建设纳入企业生产经营全过程，促进安全生产标准化建设的动态化、规范化和制度化，有效提高企业本质安全水平”。《指导意见》明确了标准化建设的总体要求和目标任务，宏观部署了相应的实施方法。

为了贯彻落实国家关于安全生产标准化的一系列文件精神，2011年7月，水利部印发了《水利行业深入开展安全生产标准化建设实施方案》（水安监〔2011〕346号，简称《实施方案》）。《实施方案》明确，将通过标准化建设工作，大力推进水利安全生产法规规章和技术标准的贯彻实施，进一步规范水利生产经营单位安全生产行为，落实安全生产主体责任，强化安全基础管理，促进水利施工单位市场行为的标准化、施工现场安全防护的标准化、工程建设和运行管理单位安全生产工作的规范化，推动全员、全方位、全过程安全管理。通过统筹规划、分类指导、分步实施、稳步推进，逐步实现水利工程建设和运行管理安全生产工作的标准化，促进水利安全生产形势持续稳定向好，为实现水利跨越式发展提供坚实的安全生产保障。《实施方案》从标准化建设的总体要求、目标任务、实施方法及工作要求等四方面，完成了水利安全生产标准化建设工作的顶层设计，确定了水利工程项目法人、水利水电施工企业、水利工程管理单位和农村水电站为水利安全生产标准化建设主体。

2013年，水利部印发了《水利安全生产标准化评审管理暂行办法》《农村水电站安全生产标准化达标评级实施办法（暂行）》及相关评审标准，明确了水利安全生产标准化实行水利生产经营单位自主开展等级评定，自愿申请等级评审的原则。水利部安全生产标准化评审委员会负责部属水利生产经营单位一级、二级、三级和非部属水利生产经营单位一级安全生产标准化评审的指导、管理和监督。2014年水利安全生产标准化建设工作全面启动。

二、水利安全生产标准化建设现状

安全生产标准化工作开展以来，各级水行政主管部门积极响应，部分省（直辖市）采取激励措施鼓励水利生产经营单位自主开展安全生产标准化建设，各单位为提高自身安全管理水平始终保持较高的创建积极性。2017年10月水利部印发《水利部办公厅关于进一步推进部直属单位水利安全生产标准化建设工作的通知》（办安监〔2017〕156号），要求部属水利生产经营单位2020年以前全部实现标准化达标目标，部属单位及时跟进，加快水利安全生产标准化建设步伐。截至2018年6月，全国水利工程项目法人、水利水电施工企业、水利工程管理单位共有239家单位取得水利安全生产标准化一级等级证书，超过3000家单位取得水利安全生产标准化二级、三级等级证书。

三、水利安全生产标准化建设成果

水利安全生产标准化建设是水利行业安全生产工作由粗放型管理向精细化、规范化管理的重要转折，也是安全生产改革发展的科学举措和必经之路。水利安全生产标准化建设自2011年起至今经历了起步、推进、调整和持续巩固的过程，逐渐成为水利行业一项常态化机制，取得丰硕成果。

一是推动了主体责任落实。水利安全生产标准化建设的直接出发点是落实水利生产经营单位的主体责任。在建设期间，水利生产经营单位的主体责任得到全过程、全方位的落实，每个岗位和环节的安全责任进一步明确，并与具体的建设举措逐项对应。达标建设的同时量化了主体责任的落实程度，也是安全生产工作“红线意识”和“底线思维”的直观呈现。

二是强化了全员安全意识。通过实施水利安全生产标准化建设，水利行业相关单位、从业人员的安全管理意识进一步强化。特别是生产经营单位及从业人员在建设过程中潜移默化地接受了系统的安全生产教育培训，初步形成了由“要我标准化”向“我要标准化”的本质转变。全员全过程的建设需求也促使安全工作参与人员从特定少数转变为所有员工，奠定了单位安全文化的建设基础。

三是夯实了安全生产基础工作。水利安全生产标准化建设是一项长期的、基础性的系统工程，涵盖了增强人员安全素质、提高装备设施水平、改善作业环境、强化岗位责任落实等多个方面，有利于全面促进水利生产经营单位的安全生产保障水平。标准化建设的评审标准整合了原来分散在不同法律法规、规章制度、技术标准中有关安全生产方面的要求，帮助建设主体系统、全面、完整地掌握生产经营过程中安全管理工作应该“做什么”，其持续化的管理要求促使建设主体持续改善基础工作，建立长效机制，有针对性地补强工作中的短板，不断趋近于“本质安全”的建设目标。

四是提升了行业管理水平。水利安全生产标准化为行业监管部门实施安全生产分类指导、分级监管提供了重要抓手，指导的依据和方向得以明确，在解决了“做什么”的问题后，也解决了“怎么做”。同时，标准化建设中着重强调现场管理、安全风险管控和隐患排查治理，直接提升了水利生产经营单位的事故防范能力，有力促进水利安全生产形势的持续稳定好转。

四、水利安全生产标准化建设过程中存在的问题及建议

在水利安全生产标准化建设过程中，大部分申请单位能够依据相关要求开展建设工作，但也有部分单位在标准化建设过程中暴露出了诸多问题，主要表现为：

一是个别单位对安全标准化建设认识不足。个别单位未能正确认识标准化建设是提高安全生产管理水平的手段和途径，将通过达标评审作为唯一目的，仅以为了通过取证能在市场竞争中取得一定的优势或为了满足上级单位的要求为出发点，安全生产标准化体系与

企业的实际管理发生脱节，产生“两张皮”的现象，与标准化建设本质要求不符。

二是安全标准化建设工作不平衡。从目前水利行业安全生产标准化建设统计情况来看，存在着创建单位类型间与地区间的不平衡问题。从创建单位类型上看，截至目前通过一级达标的239家生产经营单位中，项目法人12家，占5%；水利施工企业190家，占79.5%；水管单位37家，占15.5%。从地区间建设情况来看，全国各省（自治区、直辖市）中东部地区二级、三级标准化开展情况明显高于西部及北方地区，个别省（自治区、直辖市）到目前甚至尚未开展建设工作。

三是部分单位安全生产标准化建设工作不够扎实。未做到全员、全过程参与，没有覆盖所有部门、项目，建设过程不够规范。

四是对部分评审标准的理解存在偏差。未准确把握评审标准的含义，对评审尺度把握不到位，不能严格依据评审标准要求进行自评。如岗位责任制与安全责任制的区别，安全生产管理机构与安全生产委员会或领导小组的区别，企业安全生产规章制度与国家法律法规、规章和技术标准的关系，重大危险源与事故隐患的区别等。

五是记录不完善。安全标准化建设过程中形成的原始资料不完整、不全面、不规范的问题比较普遍。部分申请单位提供的支撑性材料缺少原始记录。

六是部分管理人员专业水平不够。“不会”问题比较突出。自评阶段发现的问题主要集中在安全警示标志不够、临边防护不到位、规章制度不健全、教育培训不到位等较为肤浅的问题，对达到或超过一定规模的危险性较大单项工程专项施工方案、重大危险源辨识、临时用电、消防安全等方面的问题较少提及；本应在自评阶段整改完成的问题没有及时发现并整改，个别单位甚至存在重大事故隐患未及时排查治理，导致评审阶段失分较多或被一票否决。

七是部分单位提交的自评报告质量不高。自评报告中缺少原始材料证明建设过程的真实全面和建设取得的实际成效；评审描述不详细、不准确、深度不够，个别单位只是问答式的表述，内容空洞、言之无物；个别自评报告中展示的隐患整改前后对比图片，有明显“摆拍”的痕迹。

针对标准化建设过程中存在的问题，可采取以下措施加以改进：

一是加强宣贯及引导，正确认识标准化建设的目的和意义。提高生产经营单位对安全生产标准化工作的本质认识，加大对创建效果较好案例的宣传、推广力度，引导生产经营单位将安全生产标准化工作作为提升安全管理水平的重要抓手。与现有管理模式充分、有效融合，避免与现有管理模式脱节，降低工作效率、增加企业管理成本。

二是加大行业推广力度。通过政策导向和建设成果的引领、示范作用，督促、带动标准化建设滞后的地区及水利生产经营单位，提高标准化建设覆盖面，以全面落实《中华人民共和国安全生产法》《中共中央　国务院关于推进安全生产领域改革发展的意见》和水利部的有关要求。

三是加强相关法规、标准的宣贯培训力度。通过集中培训、网络培训、企业自主培训、编制标准释义说明等多种方式，加强对安全生产标准化有关法律法规、技术标准特别是评审标准的学习和理解，使相关单位和人员正确掌握标准化建设的程序、要求及技术要求，提高标准化建设质量。

四是与日常安全管理工作结合、齐抓共管。对现行安全生产管理的部门规章和工作制度进行修订，将日常安全生产监督管理工作与安全生产标准化工作充分融合，形成齐抓共管的态势，有效推动安全生产标准化工作的质量。

五是加大对达标申请单位的审查力度。进一步细化达标评审工作细则，严格依据相关标准对达标申请单位申报材料及现场进行审核，对不符合要求的单位坚决拒之门外。从近年来的技术审查环节来看，效果比较显著。

六是加强动态管理。通过延期申请、年度自评及监督检查、巡查等工作方式，加强对达标通过单位的监督管理，强化退出机制。

第二章　策划与实施

安全生产标准化建设工作开展过程中，申请单位应对建设工作进行整体策划，制定建设方案，明确组织机构，制定工作程序和工作要求，使安全生产标准化有计划、有步骤地推进。

第一节　建　设　程　序

水利安全生产标准化建设应遵循必要的工作程序，通常包括：成立组织机构、制定实施方案、动员培训、初始状态评估、完善制度体系、运行与改进、单位自评，如图 2.1 所示。在建设程序的各个环节中，教育培训工作应贯穿始终。

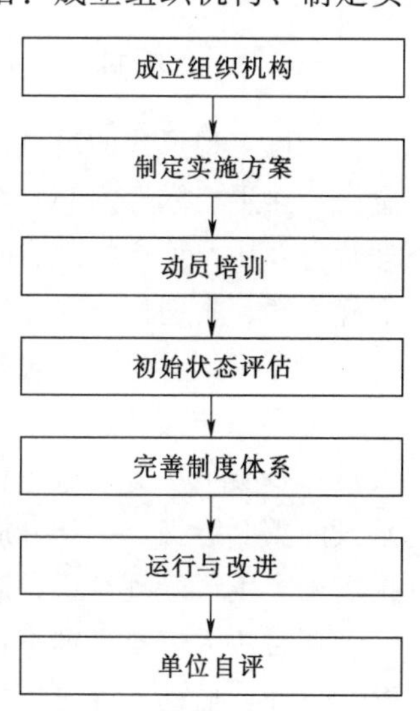

图 2.1　标准化建设流程图

一、成立组织机构

为保证安全生产标准化的顺利推进，生产经营单位在创建初期应成立安全生产标准化建设组织机构，包括领导小组、执行机构、工作职责等内容，并以正式文件发布，作为启动标准化建设的标志，并据此计算标准化建设周期。

领导小组统筹负责单位安全生产标准化的组织领导和策划，其主要职责包括明确目标和要求、布置工作任务、审批安全标准化建设方案、协调解决重大问题、保障资源投入。领导小组一般由单位主要负责人担任组长，所有相关的职能部门（项目法人单位还应包括各参建单位）的主要负责人作为成员。

领导小组应下设执行机构，具体负责指导、监督、检查安全生产标准化建设工作，主要职责是制定和实施安全标准化方案，负责安全生产标准化建设过程中的具体工作。执行机构由单位负责人、相关职能部门工作人员组成，同时可根据工作需要成立工作小组分工协作。管理层级较多的水利生产经营单位，可逐级建立安全生产标准化建设组织机构，负责本级安全生产标准化建设具体工作。

二、制订实施方案

实施方案是生产经营单位开展安全生产标准化建设的纲领性文件，在实施方案的指导下可以有条不紊地开展各项工作。方案应制定安全生产标准化建设目标，明确组织机构、分解落实安全生产标准化建设职责及责任人、工作内容、时间进度计划等，可包括以下内容：

（1）指导思想。

（2）工作目标。

（3）组织机构和职责。

（4）工作内容。

（5）工作步骤。

（6）工作要求。

（7）安全生产标准化建设任务分解表。

编制实施方案的关键点在于确定目标和任务分解，水利生产经营单位应充分了解、熟悉水利安全生产标准化建设的具体要求，认真研究评审标准，结合单位实际情况确定可达到的目标。注重安全生产标准化建设过程，寻求持续改进，逐步提高安全生产管理水平，不可盲目追求评审等级。

三、动员培训

通过多种形式的动员、培训，使生产经营单位相关人员正确认识标准化建设的目的和意义，熟悉、掌握水利安全生产标准化建设程序、工作要求、水利安全生产标准化评审管理暂行办法及评审标准、安全生产相关法律法规和其他要求、制定的安全生产标准化建设实施方案、本岗位（作业）危险有害因素辨识和安全检查表的应用等。

教育培训对象一般包括生产经营单位主要负责人、安全生产标准化领导小组成员、各部门主要工作人员、技术人员、班组长以上人员及专职（兼职）安全生产标准化建设工作人员、基层员工等，有条件的单位应全员参加培训，使全体人员深刻领会安全生产标准化建设的重要意义、工作开展的方法和工作要求，对全面、高效推进安全生产标准化建设，提高安全生产管理意识将起到重要作用。

项目法人安全生产标准化建设除完成自身工作外，还应对各参建单位（如代建、勘察、设计、监理、施工等单位）的安全生产工作进行监督管理，在安全生产标准化建设过程中，需要参建各方共同参与并积极配合。因此，项目法人单位的教育培训对象除本单位员工外，还应包括参建单位现场机构的主要负责人、安全负责人及专职安全员等，培训要有记录。

教育培训作为有效提高安全管理人员工作能力和水平的重要途径，应贯穿整个标准化建设过程的全过程。

四、初始状态评估

生产经营单位在安全标准化建设初期应对本单位的安全管理现状进行系统调查，通过准备工作、现场调查、分析评价等阶段形成初始状态评估报告，以获得组织机构与职责、业务流程、安全管理等现状的全面、准确信息。目的是系统全面地了解本单位安全生产现状，为有效开展安全生产标准化建设工作进行准备，是安全生产标准化建设工作策划的基础，也是有针对性地实施整改工作的重要依据。主要工作内容包括：

（1）对现有安全生产机构、职责、管理制度、操作规程的评价。

（2）对适用的法律法规、规章、技术标准及其他要求的获取、转化及执行的评价。

（3）对各职能部门及下属各单位安全管理情况、现场设备设施状况进行现状摸底，摸清存在的问题和缺陷。

（4）对管理活动、生产过程中涉及的危险、有害因素的识别、评价和控制的评价。

（5）对过去安全事件、事故和违章的处置，事故调查以及纠正、预防措施制定和实施的评价。

（6）收集相关方的看法和要求。

（7）对照评审标准分析评价安全生产标准化建设工作的差距。

五、完善制度体系

安全管理制度体系是安全生产管理工作的重要基础，是一个单位管理制度体系中重要的组成部分，也是保证生产经营单位安全、高效运行的重要手段。制度体系的建立直接影响安全标准化体系运行及安全生产管理效果。生产经营单位的安全管理制度体系应以安全责任制为核心，并以精细管理、技术保障、监督检查和绩效考核等方式，来促进安全责任制度的落实。

生产经营单位应根据安全生产管理工作的实际需要，结合评审标准的要求，对现有制度体系进行梳理，找出问题和不足。根据工作内容、工作性质及危险程度，依照法律法规和相关要求，编制各项规章制度、操作规程及应急预案，形成完备的安全管理制度体系。

生产经营单位在建立安全管理制度体系过程中应满足以下几点要求：

一是覆盖齐全。所建立的安全管理制度体系应覆盖安全生产管理的各个阶段、各个环节，为每一项安全管理工作提供制度保障。要用系统工程的思想建立安全管理制度体系，就必须抛弃那种“头痛医头、脚痛医脚”的管理思想，把安全管理工作层层分解，纳入生产流程，分解到每一个岗位，落实到每一项工作中去，成为一个动态的有机体。

二是体系合规。在制定安全管理制度体系过程中，应全面梳理本单位生产经营过程中涉及、适用的安全生产法律法规和其他要求，并转化为本单位的规章制度，制度中不能出现违背现行法律法规和其他要求的内容。

三是符合实际。制度本身要逻辑严谨、权责清晰、符合企业实际，制度间应相互衔接、形成闭环，构成体系，避免出现制度与制度相互矛盾、制度与管理“两张皮”的现象。

六、运行与改进

标准化各项准备工作完成后，即进入运行与改进阶段。生产经营单位应根据编制的制度体系及评审标准的要求按部就班开展标准化工作，在实施运行过程中，针对发现的问题加以完善改进，逐步建立符合要求的标准化管理体系。

七、单位自评

定期开展自评工作是安全生产标准化建设工作的重要环节，其目的主要是判定安全生产活动是否满足法律法规和《评审标准》的要求，系统验证本单位安全生产标准化建设成效，验证本单位制度体系、管理体系的符合性、有效性、适宜性，及时发现和解决工作中出现的问题，持续改进和不断提高安全生产管理水平。一般按以下要求开展工作。

（一）组建自评工作组

生产经营单位应组建自评工作组，相关评审人员应熟悉安全生产法律法规和其他要求、评审标准和单位的安全管理体系文件。

（二）制定自评计划

编制自评工作计划并印发，明确自评工作的目的、评审依据、组织机构、人员、时间计划、自评范围和工作要求等内容。

自评工作开始前，应根据自评人员专业特长作出组内分工，依据《评审标准》逐条自评检查和打分，形成自评打分表。在“自评描述”一栏中，写明具体检查情况和扣分原因及分值，有合理缺项的应说明理由。

《水利部办公厅关于水利安全生产标准化评审工作有关事项的通知》（办安监函〔2017〕1088号）出台后，取消了评审机构评审，安全生产标准化一级达标申请单位和部属水利生产经营单位直接向水利部申报。因此生产经营单位自评工作能否全面、真实反映安全生产标准化建设情况，将影响达标创建的结果。

（三）自评工作依据

在以往标准化自评过程中，很多单位存在误区，即自评时仅依据《评审标准》进行评定。由于篇幅所限，《评审标准》并不能涵盖安全生产管理及安全生产标准化建设工作的全部要求，导致提交的自评报告中内容深度不够，不能准确、全面反映企业安全生产管理及标准化建设的情况。

例如某项目单位法人自评报告中，对施工现场规划管理的自评记录描述为：施工总平面布置和分区布置按照批准的初步设计进行布置，布置合理。对于水利工程建设，经过审批的初步设计是作为编制招标设计、施工详图设计和年度施工计划的依据，而不能直接作为工程实施的依据。施工现场的总体布置除要考虑现场实际情况如地形、地貌、总体规划与布局等因素外，还应满足规程规范及技术标准和企业内部规章制度的要求，根据SL 398—2007《水利水电工程施工通用安全技术规程》、GB 50720—2011《建设工程施工现场消防安全技术规范》等进行管理、控制。应满足布局合理、施工道路通畅，消防设施齐全完好；施工、办公和生活用房严格按规范建造，无乱搭乱建；风、水、电管线、通信设施、施工照明等布置合理规范；现场材料、设备按规定定点存放，摆放有序，并符合消防要求；及时清除施工场所废料或垃圾，做到“工完、料尽、场地清”；设施设备、安全文明施工、交通、消防及紧急救护标志、标识清晰、齐全；施工现场卫生、急救、保健设施满足需求；施工生产区、生活区、办公区环境卫生符合有关规定。

自评过程中，评审依据除上述规定的要求之外，还应包括生产经营单位自身的制度体系文件。单位的制度体系是其内部的“法律”，用以明确机构、人员的工作职责和相关工作要求，在安全管理过程中必须遵照执行。

综上所述，安全生产标准化自评工作应依据以下内容：

(1) 与本单位安全生产管理相关的法律法规和其他要求。

(2) 水利安全生产标准化评审标准。

(3) 本单位安全管理制度体系文件。

(四) 自评实施

安全生产标准化建设应包括生产经营单位各部门、所属单位和所有工程项目，实现全覆盖。在自评过程中，应对照《评审标准》的要求，对本单位实行全面、系统的自评工作。项目法人和施工企业自评除涵盖单位所有部门、二级单位、各级岗位外，还应包括承担的全部在建项目，并在自评报告中对安全标准化建设情况进行全面、翔实记录。

(五) 编写自评报告

自评实施工作完成后，应按《水利安全生产标准化评审管理暂行办法》及相关要求编写自评报告，自评报告格式及编写要求见附录1。

(六) 问题整改及达标申请

生产经营单位应根据自评过程中发现的问题，组织整改。整改完成后，根据自愿的原则，自主决定是否申请安全生产标准化达标。

第二节 运行改进

生产经营单位在组织机构、制度管理体系等安全生产标准化管理体系初步建立后，应按管理体系要求，有效开展、运行安全生产标准化即安全生产管理工作。安全管理制度体系的实施和运行是为了实现安全工作的总体目标。依照单位总体工作目标，根据管理体系和工作特点的不同，将安全工作纳入整个企业管理体系中，将各自岗位的安全工作融入整个管理体系的流程和步骤中，相互关联，相互制约，有效运行。

安全生产标准化管理体系的建立，仅仅是安全生产标准化工作的开始，实现标准化的安全生产管理关键在于管理体系的良好运行和规章制度的严格执行，否则无论如何完善的管理体系及制度规定，都会成为一纸空文。

一、落实责任

安全生产管理工作最终要落实到每位人员，只有每个人都尽职尽责、工作到位，单位的安全生产才能处于可控的状态。因此，安全生产责任制管理是生产经营单位安全管理工作的核心。生产经营单位标准化体系初步建立后，应重点监督各部门、各下属单位及各级岗位人员安全生产责任制的落实情况，加大监督检查力度，提升整体安全管理水平。

生产经营单位的主要负责人应对本单位的安全生产工作全面负责，其他各级管理人员、职能部门和各岗位工作人员应当根据各自的工作任务、岗位特点，确定其在安全生产方面应做的工作和应负的责任，并与奖惩制度挂钩。真正使单位各级领导重视安全生产、劳动保护工作，切实执行国家安全生产的法律法规，在认真负责组织生产的同时，积极采取措施，改善劳动条件，减少工伤事故和职业病的发生。

二、形成习惯

安全生产标准化工作，其本质是整合了现行安全生产法律法规和其他要求，按策划、实施、检查、改进，动态循环工作程序建立起的现代安全管理模式。解决以往安全管理不系统、不规范的问题，对生产经营单位的从业人员而言，接受、适应、掌握新的安全管理模式需要一个过程。

生产经营单位应以责任制落实为基础，通过教育培训、监督检查、绩效考核等手段，使每个人尽快适应安全生产标准化的管理要求，与日常工作相结合，从思想认识到工作行动上养成标准化管理习惯，而不是当成工作的包袱。

三、实施运行

依据法律法规和其他要求、管理制度、评审标准等开展各项安全生产管理工作，包括目标的制定、分解、实施、考核；组织机构的建立、责任制落实；安全生产投入管理；教育培训计划的拟定与实施；现场作业安全管理；风险管控与隐患排查治理；重大危险源管理；应急管理、事故管理及持续改进等工作。

（1）每年初根据本单位制定的安全生产总目标，合理制定本年度安全生产目标，进行分解落实并逐级签订安全生产责任书，尤其注意制定切实的目标保证措施，定期对目标完成情况进行监督检查，并按相关奖惩制度兑现奖惩。

（2）优化人力资源配置，完善组织机构建设，建立全员、全方位、全过程的责任机制，切实把安全责任落实到具体的工作岗位，安全生产委员会（安全生产领导小组）应定期召开安全生产会议，对部门、所属单位和从业人员的安全生产职责的适宜性、履职情况进行评估和监督考核。

（3）根据安全生产需要，确保按规定足额提取或使用安全生产费用，并严格审批程序，建立使用台账，保证专款专用，定期对提取、使用情况进行检查、总结和考核，并以适当方式公开安全生产费用使用情况。

（4）动态识别获取适用本单位的安全生产法律法规及其他要求清单，识别获取的安全生产法律法规及其他要求的条款，作为本单位的安全生产规章制度、操作规程、应急预案等制定及修订的依据，及时修订完善安全管理体系文件，对修订的安全管理体系文件进行宣贯培训，贯彻执行，进一步明确责任、理顺流程，为安全生产标准化工作提供制度保障。

（5）动态辨识安全教育培训需求，编制年度安全教育培训计划，并按计划要求加强员工安全教育培训，逐步完善岗位标准，提高全员安全意识和技能。

（6）加强生产设备设施和项目建设“三同时”管理，规范设备设施购置、安装（拆除）、验收、检测、使用、检查、保养、维修、改造、报废等程序，从实现设备设施安全防护标准化、设备着色标准化、安全标识标准化等方面入手，对设备设施进行规范化管理。

(7) 加强现场作业环节控制，规范现场作业管理，杜绝违章指挥、违章作业、违反劳动纪律现象发生；加强职业防护与职业健康监护，实现企业和谐、人性化管理；贯彻执行《中华人民共和国职业病防治法》，加强职业病防治工作，严格职业防护用品配备，推广使用高科技新型防护用品，指导、督促职工按要求正确穿戴、使用。

(8) 合理运用风险识别评价方法开展安全风险动态辨识、评价工作，并根据评估结果，确定风险等级，实施分类差异化动态管理；加强重大危险源动态辨识、监控与管理，对不同等级的安全风险、不同级别的重大危险源应告知从业人员，使其熟悉工作岗位和作业环境中存在的安全风险和危险源，并制定防控措施，明确分级防控责任人，定期进行监控管理，确保处于安全可控状态；根据隐患排查治理制度，采取定期综合检查、专项检查、季节性检查、节假日检查和日常检查等多种方式开展隐患排查，对发现的一般事故隐患立即组织整改，重大事故隐患按“五定”要求制订方案并经审批后治理，隐患治理完成后进行验证和效果评估，定期对隐患排查治理情况进行统计分析，判断发展趋势、开展安全生产预测预警并制定针对性控制措施加以落实，以确保安全生产目标的实现。

(9) 加强事故管理、强化应急体系建设，重点针对工作场所、岗位的特点，编制简明、实用、有效的应急处置卡，培训岗位人员熟悉掌握处置流程及措施，确保应急器材充足配备，提高全员应急处置能力。

四、监督检查

监督检查是安全生产标准化工作中的重要一环，通过监督检查发现标准化工作中存在的问题，通过分析问题的原因提出改进措施，以实现安全管理水平的持续提升。生产经营单位应在制定规章制度时，明确监督检查的工作要求。

一是内容要全面，包括体系运行状态、责任制落实、规章制度执行和现场管理等；二是监督检查范围应实现全覆盖、无死角，包括单位生产及管理的全过程、各职能部门（下属单位）、各级岗位人员；三是监督检查应严格、认真，能真正发现问题，避免走形式、走过场。

在安全生产标准化管理体系运行期间，生产经营单位要依据管理文件开展定期的自查与监督检查工作，以发现、总结管理过程中管理文件及现场安全生产管理方面存在的问题，根据自查与监督检查结果修订完善管理文件，使标准化工作水平不断得到提高，最终达到提升单位安全生产管理水平的目的。

五、绩效考核

绩效考核可以验证安全生产标准化工作成效，同时也是促进、提高安全生产工作水平的重要手段。生产经营单位在安全生产标准化建设及运行期间，应加强安全生产方面的考核。

一是将安全生产标准化建设及运行，作为单位绩效考核的一项指标，列入年度绩效考核范围。

二是合理确定绩效考核指标，与安全标准化工作要求及职责分工相契合，保证考核效果，切实起到促进、提高的作用。

三是科学确定考核方法，能准确反映职能部门及人员的工作成效。

四是充分利用绩效考核结果，根据考核情况进行奖惩，使绩效考核真正发挥作用。

六、完善与改进

生产经营单位应根据监督检查、绩效考核、意见反馈、事故总结等途径了解单位安全生产标准化体系运行过程中存在的问题，采取有针对性的措施加以改进和完善，及时堵塞安全管理漏洞，补足管理短板，改进管理方式方法。

生产经营单位通过加强动态管理，不断提高安全管理水平，促进安全生产主体责任落实到位，形成制度不断完善、工作不断细化、程序不断优化的持续改进机制。

第三节　巩　固　提　升

安全生产标准化建设是一项长期性、基础性的工作，需要在安全管理工作中持续坚持、巩固成果、不断改进提升。

一、树立正确的安全生产管理理念

安全生产永远在路上，只有起点没有终点，需要不断持续改进与巩固提升才能保持良好的安全生产状况。树立正确的安全发展理念是保证“长治久安”的重要前提和基础，生产经营单位应充分认识到开展标准化建设是提高安全生产管理水平的科学方法和有效途径。安全生产标准化工作达到了一级（或二级、三级）只是实现了阶段性目标，是拐点，不是终点。要巩固标准化的成果，必须建立长效的工作机制，实施动态管理，严格落实安全生产标准化的各项工作要求，不断解决实际工作过程中出现的新问题。

二、建立健全责任体系

单位的生产经营过程由各部门、各级、各岗位人员共同参与完成，安全生产管理工作也贯穿于整个生产经营过程。因此，要实现全员、全方位、全过程安全管理，只有单位人人讲安全、人人抓安全，才能促进安全生产形势持续稳定向好。

为实现上述要求，生产经营单位必须建立健全全员安全生产责任制，单位主要负责人带头履职尽责，起到引领、示范作用，以身作则保证各项规章制度真正得到贯彻执行，只有这样才能使企业真正履行好安全生产主体责任，持续巩固标准化建设成果。

三、保障安全生产投入

生产经营单位应根据国家及行业相关规定，结合单位的实际需要，保障安全生产投入。

生产经营单位要满足安全生产条件，必须要有足够的安全生产投入，用以改善作业环境，配备安全防护设备、设施，加强风险管控，实施隐患排查治理。生产经营单位应树立“安全也能出效益”的理念，把安全生产投入视为一种特殊的投资，其所产生的效益短期内不明显，但为生产经营单位所带来的隐性收益在某种程度上是用金钱无法衡量的。生产经营单位如发生人员伤亡的生产安全事故，除带来经济和名誉损失外，还将给从业人员及其家属带来深重的灾难，甚至影响社会的稳定。安全生产投入到位，可在很大程度上减少生产安全事故的发生，间接为生产经营单位带来效益。

四、加强安全管理队伍建设

安全管理最终要落实到人，生产经营单位应把安全管理人才培训、队伍建设摆在突出的位置，最大限度发挥这些人员的作用，通过专业的力量带动全体员工参与到安全生产工作中来。生产经营单位应保障安全生产管理人员的待遇，建立相应的激励机制，调动积极性，使其在单位的生产经营过程中有发言权，真正为企业安全生产出力献策。如某企业明确规定，凡是拟提拔的企业领导人员，必须有安全生产管理部门任职的经历，极大地鼓舞和激励了安全生产管理人员的工作积极性，营造了良好的安全生产氛围。

五、强化教育培训

经常性开展教育培训，能够让从业人员及时获取安全生产知识，增强安全意识，教育培训应贯穿于安全生产标准化建设的各个环节、各个阶段。生产经营单位应当按照本单位安全生产教育和培训计划的总体要求，结合各个工作岗位的特点，科学、合理安排教育培训工作。采取多种形式开展教育培训，包括理论培训、现场培训、召开事故现场分析会等。通过教育培训，让从业人员具备基本的安全生产知识，熟悉有关安全生产规章制度和操作规程，掌握本岗位的安全操作技能，了解事故应急处理措施，知悉自身在安全生产方面的权利和义务。对于没有经过教育培训，包括培训不合格的从业人员，生产经营单位不得安排其上岗作业。

六、强化风险管控及隐患排查治理

生产经营单位应建立安全风险分级管控和隐患排查治理双重预防机制，全面推行安全风险分级管控，进一步强化隐患排查治理，推进事故预防工作科学化、信息化、标准化，提升安全生产整体预控能力，实现把风险控制在隐患形成之前、把隐患消灭在事故前面。

七、保证安全管理工作真正“落地”

生产经营单位应采取有效的措施保证各项安全管理工作真正落到实处，杜绝“以文件落实文件、以会议落实会议”的管理方式。安全管理工作要沉到班组、沉到基层、沉到现场，切实解决现场作业中存在的各种问题；抓好班组安全管理工作，真正实现岗位达标、专业达标、企业达标，最终实现单位的本质安全。

八、绩效评定与持续改进

生产经营单位的标准化建设是一个持续改进的动态循环过程，需要不断持续改进、巩固和提升标准化建设成果，才能真正建立起系统、规范、科学、长效的安全管理机制。

水利生产经营单位通过水利安全生产标准化达标后，每年至少组织一次本单位安全生产标准化实施情况检查评定，验证各项安全生产制度措施的适宜性、充分性和有效性，提出改进意见，并形成绩效评定报告。按相关规定接受监督管理。

第三章 基础管理

安全生产标准化基础管理包括目标职责、制度化管理、教育培训管理三部分内容，项目法人、施工企业及水管单位的《评审标准》中，基础管理部分的工作要求基本一致，故在此合并叙述，对差异的部分在文中做了特别说明。

目标职责部分规定了安全生产目标管理、安全生产组织机构及责任制管理、安全生产投入管理；制度化管理规定了制度体系的建立、执行与监督检查；教育培训管理规定了教育培训管理制度的建立、培训计划制定、实施与检查等内容。

第一节 目 标 职 责

目标职责规定了安全生产目标管理、安全生产组织机构的建立、安全生产责任制的制定与落实、全员参与和安全生产投入管理等工作要求。目标管理工作涉及管理制度，总目标与年度目标的制定、分解、实施与检查考核等工作内容；管理机构及职责涉及生产经营单位安全管理机构的设立、安全管理人员的配备、责任制建立及执行、检查考核等工作内容；安全生产投入涉及管理制度制定、费用投入计划、使用及检查考核等工作内容。

一、目标

安全目标管理是目标管理在安全管理方面的应用，它是指生产经营单位内部各个部门以至每个职工，从上到下围绕单位的安全生产总目标，层层分解、制定目标，确定行动方针，安排安全工作进度，制定实施有效措施，并对安全成果严格考核的一种管理制度。目标管理的主要内容包括目标管理制度编制，目标的制定、分解、检查、考核与奖惩等内容。

项目法人的目标管理工作中，除完成自身工作外，还应监督检查各参建单位对此项工作的开展情况。《评审标准》要求项目法人单位对监督检查中发现的问题，应采取措施或督促整改落实，对发现的问题未采取措施或未督促落实的，每处扣1分。

1.1.1 安全生产目标管理制度应明确目标的制定、分解、实施、检查、考核等内容。项目法人单位还应监督检查参建单位此项工作开展情况。

〖工作依据〗

《国务院关于进一步加强企业安全生产工作的通知》(国发〔2010〕23号);

GB/T 33000—2016《企业安全生产标准化基本规范》;

GB 50656—2011《施工企业安全生产管理规范》;

SL 721—2015《水利水电工程施工安全管理导则》。

〖工作要点〗

本条规定了生产经营单位制定安全生产目标管理制度的要求。生产经营单位的目标管理制度应满足以下要求:

(1) 要素齐全。目标管理制度中要素应齐全,应包含《评审标准》要求的制定、分解、实施、检查和考核等目标管理工作的全部内容。

(2) 职责明确。制度中对目标制定、分解、实施、检查、考核的实施部门(人员)和监督检查部门(人员)职责应明确、清晰。

(3) 可操作性强。

1) 制度内容应完整。对工作中涉及的内容,制度中均应给出明确要求。如目标管理制度中要求进行安全生产目标考核,但未对目标考核工作提出明确要求,使考核工作不能有效开展。

2) 制度中各项工作要求应具体、明确。如制度中对目标检查和考核周期规定的不明确或不合理,将导致不能有效监督、检查目标的完成情况,对可能出现的目标偏差不能及时调整目标实施计划。

〖文件及记录〗

(1) 以正式文件发布的安全生产目标管理制度。

(2) 项目法人还应提供监督检查各参建单位开展此项工作的记录和督促落实工作记录。

1.1.2 制定安全生产总目标和年度目标,应包括生产安全事故控制、生产安全事故隐患排查治理、职业健康、安全生产管理等目标。

项目法人单位还应监督检查参建单位此项工作开展情况。

〖工作依据〗

《国务院关于进一步加强企业安全生产工作的通知》(国发〔2010〕23号);

GB 50656—2011《施工企业安全生产管理规范》;

SL 721—2015《水利水电工程施工安全管理导则》。

〖工作要点〗

本条规定了生产经营单位安全生产总目标和年度目标制定的要求。

(1) 目标制定的方式。通常生产经营单位(项目)的安全生产总目标和年度目标,分别在单位的安全生产中长期规划和年度计划中得以体现。目标的制定首先要进行的工作是制定单位的中长期规划及年度安全生产计划。通过规划及计划,详细描述安全管理工作的目标是什么、通过何种措施保证目标的实现,使安全生产管理工作能井然有序、有条不紊地进行。计划不仅是组织、指挥、协调的前提和准则,而且与管理控制活动紧密相连。在安全生产管理过程中,有很多单位未编制安全生产规划和安全生产年度工作计划,直接以文件形式确定的安全生产目标，不符合规定。

（2）目标的制定。目标即单位（建设项目）安全生产管理工作预期达到的效果。《评审标准》中只列出了相对重要的几项安全生产目标，在总目标及年度目标中要涵盖。生产经营单位应根据相关要求及企业实际情况，制定出全面、具体、切实可行的安全生产管理目标。

安全生产目标通常应包含主要的安全生产管理工作，《评审标准》中要求生产经营单位应制定事故控制目标、隐患治理目标、职业健康和安全生产管理目标 4 个类别。生产经营单位在制定安全生产目标时，应以上述类别为基础，结合自身实际情况进一步细化各项目标与指标。事故控制目标中通常包括生产安全事故、重大交通责任事故、火灾责任事故等内容；隐患目标中包括一般及重大事故隐患的排查率和治理率；安全生产管理目标包括安全投入、教育培训、规章制度、设施设备、警示标志、应急演练、危险源辨识、职业健康管理、人员资格管理、风险管控等内容。

项目法人应制定建设项目周期内安全生产总目标和年度安全生产目标，印发至各参建单位，各参建单位在制定自身目标时应与项目法人的安全生产目标保持协调一致。同时，项目法人还应制定本单位安全生产总目标和年度安全生产目标。

施工企业应制定安全生产总目标和年度安全生产目标。所承担的工程建设项目，工期超过一年的，应根据企业年度目标、项目法人要求和地方政府要求，制定项目周期内的总目标。施工企业在向各项目部分解安全目标时，应考虑各项目施工的实际情况，根据工程规模、复杂程度、安全风险程度综合考虑，各项目部安全生产目标不宜千篇一律。

关于项目法人和施工企业应制定的目标项目，在 SL 721—2015 中规定应包括以下内容：

1）生产安全事故控制目标。

2）安全生产投入目标。

3）安全生产教育培训目标。

4）生产安全事故隐患排查治理目标。

5）重大危险源监控目标。

6）应急管理目标。

7）文明施工管理目标。

8）人员、机械、设备、交通、火灾、环境和职业健康等方面的安全管理控制指标等。

水管单位应根据单位安全管理的实际，制定中长期安全生产总目标和年度安全生产目标，并分解至各管理层级。

（3）总目标与年度目标应协调一致。两者之间不应出现目标不一致或指标值有冲突的情况。如部分生产经营单位的年度目标与总目标的内容、指标不协调。对于生产经营单位的二级单位或分支机构（包括施工企业现场项目部和项目法人在建工程的参建单位）应在上级主管单位年度目标基础上，结合自身情况及其他相关方的要求（如地方政府、项目法人单位）制定本级的安全管理总目标和年度目标。

（4）目标控制指标应合理，即目标应具有适用性和挑战性且易于评价。应符合以下原则：

1）符合原则：符合有关法律法规及其他要求，上级单位的管理要求。

2）持续进步原则：比以前的稍高一点，够得着、实现得了。

3）三全原则：覆盖全员、全过程、全方位。

4）可测量原则：可以量化测量的，否则无法考核兑现绩效。

5）重点原则：突出重点、难点工作。

首先，制定的目标一般略高于实施者现有的能力和水平，使之经过努力可以完成，应是“跳一跳，够得到”，不能高不可攀。如有的单位将所有事故率均设定为0，所有安全管理目标均达到100%，实施过程中往往是难以实现的。其次，制定的目标不能过低，不费力就可达到，失去目标制定的意义。综上，生产经营单位安全管理目标和指标应依法合规，既要符合国家、行业的有关要求，又要切合单位的实际安全管理状况和管理水平，使目标的预期结果做到具体化、定量化、数据化。

〖**文件及记录**〗

（1）以正式文件发布的中长期安全生产工作规划。

（2）以正式文件发布的年度安全生产工作计划。

（3）以正式文件发布的安全生产总目标（可包含在中长期安全生产工作规划中）。

（4）年度安全生产目标（可包含在年度安全生产工作计划中）。

（5）项目法人和施工企业项目部应制定所承担项目周期内的安全生产工作规划及安全生产总目标。

（6）项目法人还应提供监督检查各参建单位开展此项工作的记录和督促落实工作记录。

1.1.3　根据各部门（单位）和各参建单位在安全生产中的职能，分解安全生产总目标和年度目标。监督检查各参建单位的目标分解工作（项目法人）。

根据部门和所属单位在安全生产中的职能，分解安全生产总目标和年度目标（施工企业、水管单位）。

〖**工作依据**〗

《国务院关于进一步加强企业安全生产工作的通知》（国发〔2010〕23号）；

SL 721—2015《水利水电工程施工安全管理导则》。

〖**工作要点**〗

本条规定了生产经营单位对安全生产总目标及年度目标分解的要求。

（1）目标分解包括分解总目标和年度目标。

（2）目标分解应覆盖单位全员、全过程、全方位。项目法人还应将项目的安全生产目标发送至各参建单位，并根据承包合同约定签订安全生产协议书。

（3）目标分解应与管理职责相适应。目标分解前，首先应厘清各部门（项目法人还包括各参建单位）所承担的安全管理职责，根据职责分担所对应的工作目标。

（4）存在的问题。目标分解存在着两个比较突出的问题：一是分解过程中未考虑到部门（参建单位）所承担的具体职责，安全生产目标与承担职责不匹配，如企业规定人力资源部门承担职业健康体检职责，却将职业健康体检率的安全生产目标分解到办公室；二是年度安全生产目标未考虑部门（单位）在安全生产管理中的职责差别，各部门（单位）所承担的目标完全相同，导致工作责任不清、目标不明。

〖文件及记录〗

（1）以正式文件下发的总目标、年度目标分解文件。

（2）项目法人还应提供监督检查各参建单位开展此项工作的记录和督促落实工作记录。

1.1.4　与各部门（单位）和各参建单位签订安全生产责任（协议）书，并制定目标保证措施。监督检查各参建单位逐级签订安全生产责任书及安全生产目标保证措施。（项目法人）

逐级签订安全生产责任书，并制定目标保证措施。（施工企业、水管单位）

〖工作依据〗

《国务院关于进一步加强企业安全生产工作的通知》（国发〔2010〕23号）；

《国务院安委会办公室关于全面加强企业全员安全生产责任制工作的通知》（安委办〔2017〕29号）

SL 721—2015《水利水电工程施工安全管理导则》。

〖工作要点〗

本条规定了生产经营单位对安全生产责任书签订及制定目标完成保证措施的要求。

为使目标管理具有科学性、针对性和有效性，在制定目标时必须有保证目标实现的措施，使措施为目标服务，以保证目标的实现。

（1）安全生产责任书签订应全覆盖。安全生产管理所涉及的部门、所属单位均应逐级签订安全生产责任书，做到“安全生产人人有责、事事有人负责”，不应出现遗漏。项目法人与各参建单位之间应签订安全生产协议书。

（2）责任（协议）书中的安全生产目标应与分解的目标一致。责任（协议）书起草时，应根据各部门（参建单位）所承担的目标及职责编写。部分单位责任（协议）书内容完全相同，其中所载明的安全生产目标与分解的目标不符，责任（协议）书签订形同虚设。

（3）责任（协议）书中应有目标保证措施。保证措施应由责任部门（项目法人单位还应包括各参建单位，下同）、人员提出。各责任部门（参建单位）、人员根据所分解的安全管理目标和承担的安全管理职责，制定完成可量化的目标管理措施（计划），以保证目标的完成。

〖文件及记录〗

（1）安全生产责任书。

（2）项目法人还应提供监督检查各参建单位开展此项工作的记录和督促落实工作记录。

1.1.5　至少每半年对各部门（单位）和各参建单位安全生产目标的完成情况进行监督检查、评估，必要时，及时调整安全生产目标实施计划（项目法人）。

定期对安全生产目标完成情况进行检查、评估，必要时，及时调整安全生产目标实施计划（施工企业、水管单位）。

〖工作依据〗

《国务院关于进一步加强企业安全生产工作的通知》（国发〔2010〕23号）；

SL 721—2015《水利水电工程施工安全管理导则》。

〖工作要点〗

（1）安全生产目标检查周期。定期检查目标完成情况的目的是为了及时调整工作计划，保证目标的实现。部分单位的检查周期设置不合理，只在每年末做一次检查考核工作，不能发挥监督检查的作用，当年末检查发现目标发生偏差时，已无调整的余地。根据SL 721—2015的有关规定及实际管理工作的需要，项目法人单位和施工企业检查周期宜设定为每季度。水管单位的目标检查周期也应不低于此要求。

（2）目标实施计划的调整。在目标实施过程中，如因工作情况发生重大变化，致使目标不能按计划实施的，或检查过程中发现目标发生偏离时，应调整目标实施计划，而不应调整目标。部分单位工作过程中，在目标不能完成时对安全生产目标进行了调整，使目标失去了严肃性。

（3）监督检查范围。在进行目标完成情况的监督检查过程中，应对所有签订目标责任书的部门（项目法人单位还应包括各参建单位）、人员进行检查，不应遗漏，实现全覆盖。

〖文件及记录〗

（1）安全生产目标实施情况的检查、评估记录。

（2）目标实施计划的纠偏、调整文件（如发生）。

（3）项目法人还应提供监督检查各参建单位开展此项工作的记录和督促落实工作记录。

1.1.6　定期对各部门及各参建单位安全生产目标的完成情况进行考核、奖惩（项目法人）。

年终对安全生产目标的完成效果进行考核奖惩（施工企业、水管单位）。

〖工作依据〗

《国务院关于进一步加强企业安全生产工作的通知》（国发〔2010〕23号）；

SL 721—2015《水利水电工程施工安全管理导则》。

〖工作要点〗

（1）考核周期应明确。无论是项目法人年终考核还是施工企业、水管单位的定期考核，均应在目标管理制度中明确具体的考核周期，如季度、半年或年度。评审标准或相关法规规范中要求定期开展工作的，落实到单位规章制度时，应将“定期”的时间进行明确。

（2）奖惩应以考核结果为依据。考核是奖惩工作的前提，生产经营单位应定期开展考核工作，根据考核结果对相关部门、人员进行奖惩。部分单位在开展此项工作时，仅仅以文件形式做出奖惩结论，无考核记录作为支撑，奖惩工作的真实性打了折扣。

（3）项目法人对各参建单位的目标完成情况检查、考核。应根据工程承包合同或安全生产管理协议约定的内容，检查合同义务的履行情况，并依据合同约定进行检查、考核。

〖文件及记录〗

（1）考核记录。

（2）奖惩记录。

（3）项目法人还应提供监督检查各参建单位开展此项工作的记录和督促落实工作记录。

二、机构与职责

组织机构与职责部分，规定了生产经营单位安全生产委员会（领导小组）建立、安全生产管理机构设置、安全生产管理人员配备、安全生产责任制建立与考核、全员参与安全生产管理等内容。

项目法人、施工企业和从业人员较多的其他单位，应有专职人员从事安全生产管理工作。

安全生产责任制是生产经营单位安全生产规章制度的核心，应明确各级领导、各部门、所属单位和所有人员在安全生产中应负有的安全责任，形成“纵向到底、横向到边、不留死角”的全员、全方位、全过程的安全管理责任体系。其主要内容包括各岗位的责任人员、责任范围和考核标准等。

1.2.1　成立由主要负责人、其他领导班子成员、有关部门负责人和各参建单位现场负责人等为成员的项目安全生产委员会（安全生产领导小组），人员变化及时调整发布。监督检查参建单位开展此项工作（项目法人）。

成立由主要负责人、其他领导班子成员、有关部门负责人等组成的安全生产委员会（安全生产领导小组），人员变化时及时调整发布（施工企业、水管单位）。

〖工作依据〗

《中华人民共和国安全生产法》（主席令第十三号）；

《水利工程建设安全生产管理规定》（水利部令第26号）；

《国家安全监管总局关于进一步加强企业安全生产规范化建设严格落实企业安全生产主体责任的指导意见》（安监总办〔2010〕139号）；

SL 721—2015《水利水电工程施工安全管理导则》。

〖工作要点〗

（1）生产经营单位应成立安全生产委员会（安全生产领导小组）。《国家安全监管总局关于进一步加强企业安全生产规范化建设严格落实企业安全生产主体责任的指导意见》中要求，生产经营单位应建立安全生产委员会（以下简称安委会）或安全生产领导小组。主要职责是定期分析本单位安全生产形势，统筹、指导和督促安全生产工作，研究、协调和解决安全生产重大问题，制定并实施加强和改进本单位安全生产工作的措施。

（2）安委会（安全生产领导小组）人员组成。凡成立安委会（安全生产领导小组）的，其成员应包括单位主要负责人、其他负责人和所属单位（二级单位）和各部门（二级单位）的主要负责人。施工企业项目部的安全领导小组成员，应包括项目部所属各部门、班组及分包单位的现场负责人。

此外，生产经营单位的二级单位包括施工企业现场项目部的安委会（安全生产领导小组）的主要负责人，也应由该部门（单位）主要负责人或项目经理担任，不应由其他人员担任。

（3）主要负责人担任安委会（安全生产领导小组）主任。根据《企业安全生产责任体系五落实五到位规定》的要求，生产经营单位必须落实安全生产组织领导机构，成立安全生产委员会，并由董事长或总经理担任主任。必须落实“党政同责”要求，董事长、党组织书记、总经理对本企业安全生产工作共同承担领导责任。

（4）项目法人单位安委会（安全生产领导小组）。SL 721—2015 规定：水利水电工程建设项目应设立由项目法人牵头组建的安全生产领导小组，项目法人主要负责人任组长，分管安全的负责人以及设计、监理、施工等单位现场机构的主要负责人为成员。应主要履行下列职责：

1）贯彻落实国家有关安全生产的法律、法规、规章、制度和标准，制定项目安全生产总体目标及年度安全目标、安全生产目标管理计划。

2）组织制定项目安全生产管理制度，并落实。

3）组织编制保证安全生产措施方案和蓄水安全鉴定工作。

4）协调解决项目安全生产工作中的重大问题等。

项目法人总部层面应成立由单位主要负责人和各下属单位（部门）负责人组成的安委会（安全生产领导小组）；现场的建设管理机构应成立包含机构各部门、各参建单位现场管理机构主要负责人在内的安委会（安全生产领导小组）。对于同时承担多个项目的项目法人单位，下设现场建设管理机构的，应分层次成立安委会（安全生产领导小组）。项目法人应对各参建单位现场机构成立安委会（安全生产领导小组）的情况进行监督检查。

（5）安委会调整。安委会（安全生产领导小组）成员发生变化时，应及时进行调整，并以正式文件下发。

〖文件及记录〗

（1）以正式文件发布的安委会（安全生产领导小组）成立文件。

（2）以正式文件发布的安委会（安全生产领导小组）调整文件。

（3）项目法人还应提供监督检查各参建单位开展此项工作的记录和督促落实工作记录。

1.2.2　按规定设置或明确安全生产管理机构。

1.2.3　按规定配备专（兼）职安全生产管理人员，建立健全安全生产管理网络。

项目法人单位还应监督检查参建单位此项工作开展情况。

〖工作依据〗

《中华人民共和国安全生产法》（主席令第十三号）；

《中华人民共和国职业病防治法》（主席令第八十一号）；

《水利工程建设安全生产管理规定》（水利部令第 26 号）；

《水利工程管理考核办法》（水建管〔2016〕361 号）；

《建筑施工企业安全生产管理机构设置及专职安全生产管理人员配备办法》（建质〔2008〕91 号）；

SL 721—2015《水利水电工程施工安全管理导则》。

〖工作要点〗

（1）法律规定的安全生产管理机构及职责。

《中华人民共和国安全生产法》第二十一条规定，矿山、金属冶炼、建筑施工、道路运输单位和危险物品的生产、经营、储存单位，应当设置安全生产管理机构或者配备专职安全生产管理人员。其他生产经营单位，从业人员超过一百人的，应当设置安全生产管理机构或者配备专职安全生产管理人员；从业人员在一百人以下的，应当配备专职或者兼职的安全生产管理人员。《中华人民共和国职业病防治法》第二十条规定，生产经营单位应设置或者指定职业卫生管理机构或者组织，配备专职或者兼职的职业卫生管理人员，负责本单位的职业病防治工作。

《中华人民共和国安全生产法》第二十二条规定，生产经营单位的安全生产管理机构以及安全生产管理人员履行下列职责：

（一）组织或者参与拟订本单位安全生产规章制度、操作规程和生产安全事故应急救援预案。

（二）组织或者参与本单位安全生产教育和培训，如实记录安全生产教育和培训情况。

（三）督促落实本单位重大危险源的安全管理措施。

（四）组织或者参与本单位应急救援演练。

（五）检查本单位的安全生产状况，及时排查生产安全事故隐患，提出改进安全生产管理的建议。

（六）制止和纠正违章指挥、强令冒险作业、违反操作规程的行为。

（七）督促落实本单位安全生产整改措施。

（2）施工单位安全管理机构设置及专职安全管理人员配备要求。

《水利工程建设安全生产管理规定》第二十条规定，施工单位应当设立安全生产管理机构，按照国家有关规定配备专职安全生产管理人员。施工现场必须有专职安全生产管理人员。

施工单位总部应成立安全生产安全管理机构。根据《建筑施工企业安全生产管理机构设置及专职安全生产管理人员配备办法》规定，在单位总部和各项目部配备符合规定数量的专职安全管理人员：

（1）建筑施工单位安全生产管理机构专职安全生产管理人员的配备应满足下列要求，并应根据企业经营规模、设备管理和生产需要予以增加：

1）建筑施工总承包资质序列企业：特级资质不少于6人；一级资质不少于4人；二级和二级以下资质企业不少于3人。

2）建筑施工专业承包资质序列企业：一级资质不少于3人；二级和二级以下资质企业不少于2人。

3）建筑施工劳务分包资质序列企业：不少于2人。

4）建筑施工单位的分公司、区域公司等较大的分支机构（以下简称分支机构）应依据实际生产情况配备不少于2人的专职安全生产管理人员。

（2）总承包单位配备项目专职安全生产管理人员应当满足下列要求：

1）建筑工程、装修工程按照建筑面积配备：

a）1万平方米以下的工程不少于1人；

b）1万～5万平方米的工程不少于2人；

c）5万平方米及以上的工程不少于3人，且按专业配备专职安全生产管理人员。

2）土木工程、线路管道、设备安装工程按照工程合同价配备：

a）5000万元以下的工程不少于1人；

b）5000万～1亿元的工程不少于2人；

c）1亿元及以上的工程不少于3人，且按专业配备专职安全生产管理人员。

（3）分包单位配备项目专职安全生产管理人员应当满足下列要求：

1）专业承包单位应当配置至少1人，并根据所承担的分部分项工程的工程量和施工危险程度增加。

2）劳务分包单位施工人员在50人以下的，应当配备1名专职安全生产管理人员；50人～200人的，应当配备2名专职安全生产管理人员；200人及以上的，应当配备3名及以上专职安全生产管理人员，并根据所承担的分部分项工程施工危险实际情况增加，不得少于工程施工人员总人数的5‰。

此外，施工单位的现场项目部还应加强对分包单位专职安全管理人员配备情况进行监督检查。

（3）项目法人安全管理机构设置及专职安全管理人员配备。根据《评审标准》和SL 721—2015的规定，项目法人应设置专门的安全生产管理机构，配备专职的安全生产管理人员。同时也要监督检查各参建单位现场安全管理机构及安全管理人员的配备情况是否符合相关规定。项目法人安全生产管理机构的主要职责是：

1）组织制定项目安全生产管理制度、安全生产目标、保证安全生产的措施方案，建立健全安全生产责任制；

2）组织审查重大安全技术措施。

3）审查施工单位安全生产许可证及有关人员的执业资格。

4）监督检查施工单位安全生产费用使用情况。

5）组织开展安全检查，组织召开安全例会，组织年度安全考核、评比，提出安全奖惩的建议。

6）负责日常安全管理工作，做好施工重大危险源、重大生产安全事故隐患及事故统计、报告工作，建立安全生产档案。

7）负责办理安全监督手续。

8）协助生产安全事故调查处理工作。

9）监督检查监理单位的安全监理工作。

10）负责安全生产领导小组的日常工作等。

（4）水管单位安全生产管理机构设置及专职安全管理人员配备。应根据《中华人民共和国安全生产法》第二十一条的规定及工程管理要求设置安全管理机构或配备安全生产管理人员。

（5）安全生产管理人员的资格。施工企业的“三类人员”按有关规定必须持安全生产考核合格证上岗；项目法人单位与水管单位的主要负责人及安全管理人员根据《中华人民共和国安全生产法》的相关规定，应经过安全生产教育培训并考核合格，具备与本单位所从事的生产经营活动相应的安全生产知识和管理能力。

〖**文件及记录**〗

（1）安全生产管理机构、职业健康管理机构成立的文件。

（2）安全生产专（兼）职人员配备文件（可与机构文件合并）及相关人员的证件（如

施工企业三类人员的“A、B、C”证书）。

（3）项目法人还应提供监督检查各参建单位开展此项工作的记录和督促落实工作记录。

1.2.4 安全生产责任制度应明确各级单位、部门及人员的安全生产职责、权限和考核奖惩等内容。主要负责人全面负责安全生产工作，并履行相应责任和义务；分管负责人应对各自职责范围内的安全生产工作负责；各级管理人员应按照安全生产责任制的相关要求，履行其安全生产职责。

项目法人单位应对参建单位此项工作开展的情况进行监督检查。

〖工作依据〗

《中华人民共和国安全生产法》（主席令第十三号）；

《中华人民共和国职业病防治法》（主席令第八十一号）；

《国务院安委会办公室关于全面加强企业全员安全生产责任制工作的通知》（安委办〔2017〕29号）；

《水利工程建设安全生产管理规定》（水利部令第26号）；

《企业安全生产责任体系五落实五到位规定》（安监总办〔2015〕27号）；

SL 721—2015《水利水电工程施工安全管理导则》。

〖工作要点〗

生产经营单位应当建立纵向到底、横向到边的全员安全生产责任制。安全生产责任制应当做到“三定”，即“定岗位、定人员、定安全责任”。根据岗位的实际情况，确定相应的人员，明确岗位职责和相应的安全生产职责，实行“一岗双责”。

《中华人民共和国安全生产法》第十九条规定，生产经营单位的安全生产责任制应当明确各岗位的责任人员、责任范围和考核标准等内容。生产经营单位应当建立相应的机制，加强对安全生产责任制落实情况的监督考核，保证安全生产责任制的落实。

《中华人民共和国职业病防治法》第五条规定，用人单位应当建立、健全职业病防治责任制，加强对职业病防治的管理，提高职业病防治水平，对本单位产生的职业病危害承担责任。

《国务院安委会办公室关于全面加强企业全员安全生产责任制工作的通知》要求：企业全员安全生产责任制是由企业根据安全生产法律法规和相关标准要求，在生产经营活动中，根据企业岗位的性质、特点和具体工作内容，明确所有层级、各类岗位从业人员的安全生产责任，通过加强教育培训、强化管理考核和严格奖惩等方式，建立起安全生产工作“层层负责、人人有责、各负其责”的工作体系。

生产经营单位在制定安全生产责任制时应注意以下几点：

（1）责任制内容应全面、完整。生产经营单位应按照《中华人民共和国安全生产法》《中华人民共和国职业病防治法》等法律法规规定，参照《企业安全生产标准化基本规范》和《企业安全生产责任体系五落实五到位规定》等有关要求，结合单位自身实际，明确从主要负责人到一线从业人员（含劳务派遣人员、实习学生等）的安全生产责任、责任范围和考核标准。安全生产责任制应覆盖本单位所有组织和岗位，其责任内容、范围、考核标准要简明扼要、清晰明确、便于操作、适时更新。一线从业人员的安全生产责任制，要力求通俗易懂。

生产经营单位制定的安全生产责任制应满足“横向到边”，即覆盖申请单位全部部门（二级单位），“纵向到底”覆盖各级管理人员，不应出现遗漏，不得缺少安委会或安全领导小组的职责，并明确安全生产责任制的考核要求，努力实现“一企一标准，一岗一清单”，形成可操作、能落实的制度措施。

（2）责任制应合规。生产经营单位制定的安全生产责任制必须符合法律法规的要求，重要岗位（部门）的职责应符合国家相关法律、法规、标准、规范的强制性规定，《中华人民共和国安全生产法》对于生产经营单位的主要负责人、安全管理机构（安全管理人员）和工会等的安全管理职责，进行了明确规定。各单位在编制责任制时，涉及上述人员和部门的职责必须符合《中华人民共和国安全生产法》相关规定。

生产经营单位的工会依法组织职工参加本单位安全生产工作的民主管理和民主监督，维护职工在安全生产方面的合法权益。生产经营单位制定或者修改有关安全生产的规章制度，应当听取工会的意见。

关于生产经营单位主要负责人的安全生产职责，《中华人民共和国安全生产法》第十八条规定：

1）建立、健全本单位安全生产责任制；

2）组织制定本单位安全生产规章制度和操作规程；

3）组织制定并实施本单位安全生产教育和培训计划；

4）保证本单位安全生产投入的有效实施；

5）督促、检查本单位的安全生产工作，及时消除生产安全事故隐患；

6）组织制定并实施本单位的生产安全事故应急救援预案；

7）及时、如实报告生产安全事故。

关于生产经营单位安全管理机构及安全生产管理人员的安全生产职责，《中华人民共和国安全生产法》第二十二条规定：

1）组织或者参与拟订本单位安全生产规章制度、操作规程和生产安全事故应急救援预案；

2）组织或者参与本单位安全生产教育和培训，如实记录安全生产教育和培训情况；

3）督促落实本单位重大危险源的安全管理措施；

4）组织或者参与本单位应急救援演练；

5）检查本单位的安全生产状况，及时排查生产安全事故隐患，提出改进安全生产管理的建议；

6）制止和纠正违章指挥、强令冒险作业、违反操作规程的行为；

7）督促落实本单位安全生产整改措施。

关于生产经营单位主要负责人职业卫生的有关职责，《中华人民共和国职业病防治法》第六条规定，用人单位的主要负责人对本单位的职业病防治工作全面负责。

（3）责任匹配。安全生产责任制应体现“一岗双责、党政同责”的基本要求，各部门（二级单位）、岗位人员所承担的安全生产责任应与其自身职责相适应。

（4）责任制公示。《国务院安委会办公室关于全面加强企业全员安全生产责任制工作的通知》要求，企业应对全员安全生产责任制进行公示。公示的内容主要包括：所有层级、所有岗位的安全生产责任、安全生产责任范围、安全生产责任考核标准等。

（5）安全生产责任制教育培训。生产经营单位主要负责人应指定专人组织制定并实施本企业全员安全生产教育和培训计划。生产经营单位应将全员安全生产责任制教育培训工作纳入安全生产年度培训计划，通过自行组织或委托具备安全培训条件的中介服务机构等实施。要通过教育培训，提升所有从业人员的安全技能，培养良好的安全习惯。要建立健全教育培训档案，如实记录安全生产教育和培训情况。

（6）全员安全生产责任制考核管理。生产经营单位应建立健全安全生产责任制管理考核制度，对全员安全生产责任制落实情况进行考核管理。要建立健全激励约束机制，不断激发全员参与安全生产工作的积极性和主动性。

（7）项目法人单位责任制管理。项目法人作为工程建设项目的组织者，对工程建设质量、投资、进度、安全负总责。除建立自身安全生产责任制外，还应在承包合同（或安全协议）中明确各参建单位安全生产责任制，责任制应符合《建设工程安全生产管理条例》和《水利工程建设安全生产管理规定》的有关要求。

〖文件及记录〗

（1）以正式文件发布的安全生产责任制。

（2）项目法人单位还应提供各参建单位安全责任制清单、检查各参建单位开展此项工作的记录和督促落实工作记录。

1.2.5　安全生产委员会（安全生产领导小组）每季度至少召开一次会议，跟踪落实上次会议要求，总结分析本单位的安全生产情况，评估本单位存在的风险，研究解决安全生产工作中的重大问题，并形成会议纪要。

项目法人单位还应监督检查参建单位此项工作开展情况。

〖工作依据〗

《中华人民共和国安全生产法》（主席令第十三号）；

《水利工程建设安全生产管理规定》（水利部令第26号）；

SL 721—2015《水利水电工程施工安全管理导则》。

〖工作要点〗

（1）为保证生产经营单位安全管理最高议事机构工作实现常态化，《评审标准》要求安委会（安全领导小组）召开会议的频次不应低于每季度一次。

（2）安委会（安全领导小组）是单位（包括二级单位）的最高议事机构，在召开会议过程中应对单位安全管理工作进行分析、研究、部署、跟踪、落实，处理重大安全管理问题，如安全生产目标、安全生产责任制的制定、安全生产风险分析、安全生产考核奖惩及其他重大事项，日常安全管理工作中的细节问题不宜作为会议的主题。

（3）针对每次会议中提出的需要解决、处理的问题，除在会议纪要中进行记录外，还应在会后责成责任部门制定整改措施，并监督落实情况。在下次会议时，对上次会议提出问题的整改措施及落实情况进行监督反馈，实现闭环管理。

（4）会议记录资料应齐全、成果格式规范。通常每召开一次会议，应收集整理会议通知、会议签到、会议记录、会议音像等资料。会后应形成会议纪要，会议纪要应符合公文写作格式的要求。

〖文件及记录〗

(1) 安委会(安全领导小组)会议纪要。

(2) 跟踪落实安委会(安全领导小组)会议纪要相关要求的措施及实施记录。

(3) 项目法人还应提供监督检查各参建单位开展此项工作的记录和督促落实工作记录。

三、全员参与

安全标准化建设工作或安全生产管理工作,全员参与是工作取得成效的重要保证。生产经营单位鼓励、激励全体员工共同参与到工作中来,积极献言献策;严格监督各岗位安全生产职责履行情况,从而提升整个单位的安全生产管理水平。

1.3.1 定期对部门、所属单位和从业人员的安全生产职责的适宜性、履职情况进行评估和监督考核。

1.3.2 建立激励约束机制,鼓励从业人员积极建言献策,建言献策应有回复。

项目法人单位还应监督检查参建单位开展此项工作。

〖工作依据〗

《中华人民共和国安全生产法》(主席令第十三号);

《水利工程建设安全生产管理规定》(水利部令第 26 号);

SL 721—2015《水利水电工程施工安全管理导则》。

〖工作要点〗

(1) 履职情况检查。生产经营单位应依据责任制度对部门和人员履职情况进行全面、真实的检查。检查其工作记录及工作成果,是否认真尽职履责。如施工单位的技术负责人,在其安全职责中包括了对项目安全技术措施、专项施工方案的审批内容,应据此抽查相关工作记录,是否严格执行了此项职责;工会的安全责任制中规定了对企业安全生产进行民主管理和民主监督,应据此抽查工会的相关工作记录,是否履行了此项职责。

检查范围应全面,不应出现遗漏,并留下检查工作记录,定期对尽职履责的情况进行考核奖惩,保证安全生产职责得到有效落实。在落实责任制过程中,通过检查、反馈的意见,应定期对责任制适宜性进行评估,及时调整与岗位职责、分工不符的相关内容。

(2) 建立献言献策机制。生产经营单位应从安全管理体制、机制上营造全员参与安全生产管理的工作氛围,从工作制度、工作习惯和企业文化上予以保证。建立奖励、激励机制,鼓励各级人员对安全生产管理工作积极建言献策,群策群力共同提高安全生产管理水平。

〖文件及记录〗

(1) 各部门、各级人员安全生产职责检查记录。

(2) 各部门、各级人员安全生产职责考核记录。

(3) 激励约束机制或管理办法。

(4) 建言献策记录及回复记录。

(5) 项目法人还应提供监督检查各参建单位开展此项工作的记录和督促落实工作记录。

四、安全生产投入

《中华人民共和国安全生产法》第十七条规定，生产经营单位从事生产经营活动必须具备本法和有关法律、行政法规和国家标准或者行业标准规定的安全生产条件。生产经营单位要达到这一要求，必须要有一定的资金保证，用于安全设施的建设、安全设备的购置、为从业人员配备劳动防护用品、对安全设备进行检测、维护、保养等。

安全生产投入是生产经营单位在生产经营过程中防止和减少生产安全事故的重要保障。从众多事故原因分析看出，安全生产资金投入严重不足导致安全设施、设备陈旧甚至带病运转，防灾抗灾能力下降，是事故多发重要原因之一。

～～～～～～～～～～～～～～项目法人～～～～～～～～～～～～～～～

1.4.1　在工程概算、招标文件和承包合同中明确建设工程安全生产措施费，不得删减（项目法人）。

1.4.2　安全生产费用保障制度应明确费用的提取、使用、管理的程序、职责及权限。监督检查参建单位制定该项制度（项目法人）。

1.4.3　根据安全生产需要编制安全生产费用计划，并严格审批程序，建立安全生产费用使用台账。监督检查参建单位开展此项工作（项目法人）。

～～～～～～～～～～～～施工企业、水管单位～～～～～～～～～～～～

1.4.1　安全生产费用保障制度应明确费用的提取、使用、管理的程序、职责及权限（施工企业、水管单位）。

1.4.2　按照规定足额提取安全生产费用；在编制投标文件时将安全生产费用列入工程造价（施工企业）。

1.4.3　根据安全生产需要编制安全生产费用使用计划，并严格审批程序，建立安全生产费用使用台账（施工企业、水管单位）。

〖工作依据〗

《中华人民共和国安全生产法》（主席令第十三号）；

《中华人民共和国职业病防治法》（主席令第八十一号）；

《建设工程安全生产管理条例》（国务院令第393号）；

《水利部关于发布〈水利工程设计概（估）算编制规定〉的通知》（水总〔2014〕429号）；

《企业安全生产费用提取和使用管理办法》（财企〔2012〕16号）；

SL 721—2015《水利水电工程施工安全管理导则》。

〖工作要点〗

（1）投入保证。安全生产费用是安全生产工作的保障。《中华人民共和国安全生产法》第二十条规定，生产经营单位应当具备的安全生产条件所必需的资金投入，由生产经营单位的决策机构、主要负责人或者个人经营的投资人予以保证，并对由于安全生产所必需的资金投入不足导致的后果承担责任。有关生产经营单位应当按照规定提取和使用安全生产费用，专门用于改善安全生产条件。安全生产费用在成本中据实列支。

《中华人民共和国职业病防治法》第二十一条规定，用人单位应当保障职业病防治所需的资金投入，不得挤占、挪用，并对因资金投入不足导致的后果承担责任。

《建设工程安全生产管理条例》第八条规定，建设单位在编制工程概算时，应当确定建设工程安全作业环境及安全施工措施所需费用。

（2）项目法人安全投入计取标准。项目法人单位的安全生产费用提取标准目前无明确要求，应以满足本单位安全生产管理工作需要为前提。项目法人单位的安全生产措施费用计划应包含两个方面：一是项目法人单位安全管理发生的费用，无明确标准，可按实际需要计取，并在建设管理费中列支；二是所承担的建设项目应计取的安全生产措施费用，在编制项目概算时应按《水利工程设计概（估）算编制规定》有关规定计算，在招标及签订承包合同时，应足额计入，不得调减，在施工过程中应及时、足额支付。

《水利部关于进一步加强水利建设项目安全设施"三同时"的通知》指出，为保证工程建设施工现场安全作业环境及安全施工需要，在《水利工程设计概（估）算编制规定》中，专门设置了安全措施费。设计单位应按照文件规定在工程投资估算和设计概算阶段科学计算，足额计列安全措施费，保证安全设施建设资金列支渠道。项目建设单位（项目法人）应充分考虑施工现场安全作业的需要，足额提取安全生产措施费，落实安全保障措施，不断改善职工的劳动保护条件和生产作业环境，保证水利工程建设项目配置必要安全生产设施，保障水利建设项目参建人员的劳动安全。各级水行政主管部门要鼓励和支持水利安全生产新技术、新装备、新材料的推广应用。

（3）施工企业安全生产投入计取标准。《企业安全生产费用提取和使用管理办法》第七条规定：

建设工程施工企业以建筑安装工程造价为计提依据。各建设工程类别安全费用提取标准如下：

房屋建筑工程、水利水电工程、电力工程、铁路工程、城市轨道交通工程为2.0%；

建设工程施工企业提取的安全费用列入工程造价，在竞标时，不得删减，列入标外管理。国家对基本建设投资概算另有规定的，从其规定。

总包单位应当将安全费用按比例直接支付分包单位并监督使用，分包单位不再重复提取。

《水利工程设计概（估）算编制规定》规定，安全生产措施费作为建筑安装工程费构成中的其他直接费的一项内容，以基本直接费作为取费基数，按不同类型工程规定了相应的取费费率。

1）枢纽工程：建筑及安装工程，2.0%。

2）引水工程：建筑及安装工程，1.4%～1.8%。一般取下限标准，隧洞、渡槽等大型建筑物较多的引水工程、施工条件复杂的引水工程取上限标准。

3）河道工程：建筑及安装工程，1.2%。

从《企业安全生产费用提取和使用管理办法》和《水利工程设计概（估）算编制规定》两个文件可以看出，对于施工单位的安全生产措施费用计取的规定有出入：

首先计费基数上，《企业安全生产费用提取和使用管理办法》中以建筑安装工程造价为依据，《水利工程设计概（估）算编制规定》中安全生产措施费的计数基数为基本直接费，即人工费、材料、机械使用费三项费用之和。

其次从计取比例上，《企业安全生产费用提取和使用管理办法》规定，水利水电工程为建安工程造价的2.0%，《水利工程设计概（估）算编制规定》根据工程类型不同，计取比例分别为基本直接费的1.2%～2.0%不等。

从以上规定可以看出，根据两个文件计取的安全生产措施费标准不一致。从文件效力上看，《企业安全生产费用提取和使用管理办法》是财政部与国家安全生产监督管理总局联合发布的文件，适用范围包括中华人民共和国境内全部建筑工程施工企业。《水利工程设计概（估）算编制规定》明确了工程概算中所包含的安全生产措施费用费率，影响后续工程招、投标及施工阶段安全生产费用的计取与使用。从工程建设管理角度来讲，在施工过程中，因工程总造价受工程概算所限，安全生产措施费用按《水利工程设计概（估）算编制规定》计取更为合理。此外，在部分省（自治区、直辖市）还有地方的计取标准。因此，《评审标准》未具体明确费用计取的标准。

施工企业编制投标文件时应根据招标文件要求、企业规章制度及相关规定，在投标文件中列入安全生产措施费用。施工企业所承担的施工项目安全生产措施费用按规定计取，企业管理层面的安全生产管理费用应按实际需要计取。

（4）水管单位安全生产投入计取标准。水管单位的安全生产措施费用计取无明确标准，应以满足实际需要为原则。部分省（自治区、直辖市）有地方标准，也可以适用。

（5）安全生产费用使用计划。各类生产经营单位每年应根据需要制定安全生产费用使用计划，按规定履行审批程序。费用计划编制应满足详细、具体、范围准确、符合安全管理实际需要的原则。

1）项目法人。项目法人安全生产措施费用计划应包含两个方面：一是项目法人单位安全管理发生的费用，无明确标准，可按实际需要计取，并在建设管理费中列支；二是所承担的建设项目应计取的安全生产措施费用，在编制项目概算时应按《水利工程设计概（估）算编制规定》有关规定计算，在招标及签订承包合同时，应足额计入，不得调减，在施工过程中应及时、足额支付。

2）施工企业。施工企业的安全生产费用计划编制应分两个层面：首先是现场项目部应根据工程的年度施工计划及施工部署，分类确定安全生产费用使用的范围、额度等，即计划应具体到在哪些项目上支出，支出的额度是多少，计划编制完成后，应按企业安全生产费用管理制度履行审批手续。其次是企业总部的安全管理费用计划，应包括所承担全部施工项目的安全生产费用计划和总部本级安全管理发生的费用两部分内容。

3）水管单位。水管单位结合以往的数据及单位实际支出的需要，编制年度安全生产费用使用计划，范围应包括安全教育培训、检查及隐患排查、危险源管理、安全防护设施更新等，还应考虑水工建筑物及机电金属结构设备的安全鉴定及安全检测等工作所需的费用。

（6）安全生产费用使用台账。对投入的安全生产费用，按规定建立使用台账，如实、及时记录每笔费用支出使用情况。对于规模较大的生产经营单位，可分级汇总统计。

〖文件及记录〗

（1）以正式文件发布的安全生产投入管理制度。

（2）安全生产投入年度计划及审批记录。

（3）施工企业投标文件。

（4）项目法人单位提供初步设计概算和招标文件；还应提供监督检查各参建单位开展此项工作的记录和督促落实工作记录。

～～～～～～～～～～～～～～～项目法人～～～～～～～～～～～～～～～

1.4.4 按规定及时支付安全生产费用，不得调减或挪用（项目法人）。

1.4.5 每年对安全生产费用的落实情况进行检查、总结和考核，并以适当方式公开安全生产费用提取和使用情况。监督检查参建单位开展此项工作（项目法人）。

～～～～～～～～～～～～施工企业、水管单位～～～～～～～～～～～～

1.4.4 落实安全生产费用使用计划，并保证专款专用（施工企业、水管单位）。

1.4.5 每年对安全生产费用的落实情况进行检查、总结和考核，并以适当方式公开安全生产费用提取和使用情况（施工企业、水管单位）。

〖工作依据〗

《中华人民共和国安全生产法》（主席令第十三号）；

《建设工程安全生产管理条例》（国务院令第 393 号）；

《水利部关于发布〈水利工程设计概（估）算编制规定〉的通知》（水总〔2014〕429 号）；

《企业安全生产费用提取和使用管理办法》（财企〔2012〕16 号）；

SL 721—2015《水利水电工程施工安全管理导则》。

〖工作要点〗

（1）项目法人和水管单位的安全生产费用使用范围。安全防护设施、安全技术和劳动保护措施、应急管理、安全检测（鉴定）、安全评价、危险源监控与管理、事故隐患排查治理、安全监督检查、安全教育及安全生产月活动等与安全生产密切相关的其他方面。

（2）施工企业安全生产措施费使用范围。《企业安全生产费用提取和使用管理办法》明确了建筑施工企业安全生产措施费用的九项使用范围，SL 721—2015 在《企业安全生产费用提取和使用管理办法》的基础上明确了十项使用范围，分别是：

1）完善、改造和维护安全防护设施设备支出（不含“三同时”要求初期投入的安全设施），包括施工现场临时用电系统、洞口、临边、机械设备、高处作业防护、交叉作业防护、防火、防爆、防尘、防毒、防雷、防台风、防地质灾害、地下工程有害气体监测、通风、临时安全防护等设施设备支出。

2）配备、维护、保养应急救援器材、设备支出和应急演练支出。

3）开展重大危险源和事故隐患排查、评估、监控和整改支出。

4）安全生产检查、评价（不包含新建、改建、扩建项目的安全评价）、咨询和标准化建设支出。

5）配备和更新现场作业人员安全防护用品支出。

6）安全生产宣传、教育、培训支出。

7）适用的安全生产新技术、新标准、新工艺、新装备的推广应用支出。

8）安全设施及特种设备检测、检验支出。

9）安全生产信息化建设及相关设备支出。

10）其他与安全生产相关的支出等。

上述使用范围，在工程施工过程中应结合现场安全管理的实际需要进一步细化。工作过程中应检查是否用于安全生产直接相关的内容，是否有超范围使用安全生产措施费用的情况，如用于安全管理人员工资、奖金、各种保险费用等。

(3) 费用计划的落实。在使用过程中，应本着专款专用的原则，在计划编制符合相关规定（重点是使用范围）的前提下，各类单位应严格按计划落实，不得出现超范围使用、与计划出入较大的情况发生。在管理过程中确需调整的，应按程序调整使用计划，履行审批手续。

安全生产费用支出后，应及时收集、汇总使用凭证，并按规定的格式建立费用使用台账，详细记录每笔费用使用情况。使用凭证一般包括发票、工程结算单、设备租赁合同和费用结算单等，并应与台账记录相符。

项目法人应按合同约定，对施工单位安全生产费用使用支付申请进行审定，并及时据实支付。

(4) 安全生产费用使用情况检查。生产经营单位要定期检查安全生产措施费用使用情况。检查的时间及频次应在管理制度中明确，可结合单位组织的其他检查工作一并进行，如在组织的综合检查中增加费用使用情况的内容。

每年末应对安全生产措施费用使用情况进行一次全面的检查、总结和考核工作。重点检查安全生产措施费用计划的落实情况、使用范围等。总结安全生产措施费用使用过程中是否存在问题；考核安全生产责任制和费用使用制度中相关部门和人员的职责是否得到有效落实。检查、总结和考核材料应系统、全面、真实反映单位一年来安全生产措施费用的使用情况，考核工作纳入到企业安全生产管理考核体系指标中。

〖文件及记录〗

(1) 安全生产费用投入使用台账。

(2) 安全生产费用投入使用凭证。

(3) 安全生产费用投入使用检查记录。

(4) 安全生产费用投入使用总结、考核记录。

(5) 项目法人还应提供监督检查各参建单位开展此项工作的记录和督促落实工作记录。

1.4.6 *按照有关规定，为从业人员及时办理相关保险。*

〖工作依据〗

《中华人民共和国安全生产法》（主席令第十三号）；

《中华人民共和国建筑法》（主席令第四十六号）；

《建设工程安全生产管理条例》（国务院令第 393 号）；

《工伤保险条例》（国务院令第 375 号公布；第 586 号修订）；

《人社部　交通部　水利部　能源局　铁路局　民航局关于铁路、公路、水运、水利、能源、机场工程建设项目参加工伤保险工作的通知》（人社部发〔2018〕3 号）。

〖工作要点〗

相关保险主要是指工伤保险和意外伤害保险。工伤保险的作用是为了保障因工作遭受事故伤害或者患职业病的职工获得医疗救治和经济补偿；意外伤害是指意外伤害所致的死亡和残疾，不包括疾病所致的死亡，投保该险种，是为了弥补工伤保险补偿不足的缺口。

《中华人民共和国安全生产法》第四十八条规定，生产经营单位必须依法参加工伤保险，为从业人员缴纳保险费。国家鼓励生产经营单位投保安全生产责任保险。《工作保险条例》第二条规定，中华人民共和国境内的企业、事业单位、社会团体、民办非企业单位、基金会、律师事务所、会计师事务所等组织和有雇工的个体工商户（简称用人单位）应当依照本条例规定参加工伤保险，为本单位全部职工或者雇工（简称职工）缴纳工伤保险费。

《中华人民共和国建筑法》第四十八条规定，建筑施工企业必须为从事危险作业的职工办理意外伤害保险，支付保险费。《建设工程安全生产管理条例》第三十八规定，施工单位应当为施工现场从事危险作业的人员办理意外伤害保险。意外伤害保险费由施工单位支付。实行施工总承包的，由总承包单位支付意外伤害保险费。意外伤害保险期限自建设工程开工之日起至竣工验收合格止。

《国务院办公厅关于促进建筑业持续健康发展的意见》（国办发〔2017〕19号）强调要"建立健全与建筑业相适应的社会保险参保缴费方式，大力推进建筑施工单位参加工伤保险"，明确了做好建筑行业工程建设项目农民工职业伤害保障工作的政策方向和制度安排。确保在各类工地上流动就业的农民工依法享有工伤保险保障。

《人社部　交通部　水利部　能源局　铁路局　民航局关于铁路、公路、水运、水利、能源、机场工程建设项目参加工伤保险工作的通知》（人社部发〔2018〕3号）要求，按照"谁审批，谁负责"的原则，各类工程建设项目在办理相关手续、进场施工前，均应向行业主管部门或监管部门提交施工项目总承包单位或项目标段合同承建单位参加工伤保险的证明，作为保证工程安全施工的具体措施之一。未参加工伤保险的项目和标段，主管部门、监管部门要及时督促整改，即时补办参加工伤保险手续，杜绝"未参保，先开工"甚至"只施工，不参保"现象。各级行业主管部门、监管部门要将施工项目总承包单位或项目标段合同承建单位参加工伤保险情况纳入企业信用考核体系，未参保项目发生事故造成生命财产重大损失的，责成工程责任单位限期整改，必要时可对总承包单位或标段合同承建单位启动问责程序。

施工项目总承包单位或项目标段合同承建单位应当在工程项目施工期内督促专业承包单位、劳务分包单位建立职工花名册、考勤记录、工资发放表等台账，对项目施工期内全部施工人员实行动态实名制管理。施工人员发生工伤后，以劳动合同为基础确认劳动关系，对未签订劳动合同的，由人力资源社会保障部门参照工资支付凭证或记录、工作证、招工登记表、考勤记录及其他劳动者证言等证据，确认事实劳动关系。

〖文件及记录〗

（1）员工花名册、考勤记录、工资发放表。

（2）员工工伤保险、意外伤害保险清单及凭证。

（3）受伤工伤认定决定书、工伤伤残等级鉴定书等员工保险待遇档案记录。

（4）企业缴纳工伤保险凭证。

（5）保险理赔凭证。

五、安全文化建设

企业安全文化是企业在实现企业宗旨、履行企业使命而进行的长期管理活动和生产实践过程中，积累形成的全员性的安全价值观或安全理念、员工职业行为中所体现的安全性特征，以及构成和影响社会、自然、企业环境、生产秩序的企业安全氛围等的总和。

真正建设好企业的安全文化，并不断将其推动和发展，不能仅停留在对安全文化理念的空洞宣教上，也不能仅着眼于局部的、个别的文化形式，企业安全文化建设问题应该作为一项系统工程常抓不懈。

1.5.1　确立本单位安全生产和职业病危害防治理念及行为准则，并教育、引导全体人员贯彻执行。

1.5.2　制定安全文化建设规划和计划，开展安全文化建设活动。

项目法人单位还应监督检查参建单位此项工作开展情况。

〖工作依据〗

GB/T 33000—2016《企业安全生产标准化基本规范》；

AQ/T 9004—2008《企业安全文化建设导则》；

AQ/T 9005—2008《企业安全文化建设评价准则》。

〖工作要点〗

（1）确立安全生产管理理念和行为准则。生产经营单位应根据自身安全生产管理特点及要求，建立安全生产管理的理念和行为准则。例如，有着 200 多年历史的美国杜邦公司一直保持着骄人的安全记录，安全事故率比工业平均值低 10 倍，杜邦员工在工作场所比在家里安全 10 倍，超过 60％的工厂实现了零伤害率。成绩背后是杜邦 200 多年来形成的安全文化、理念和管理体系，其在管理中形成安全生产管理理念包括：

1）所有安全事故都可以预防。

2）各级管理层对各自的安全直接负责。

3）所有危险隐患都可以控制。

4）安全是被雇佣的条件之一。

5）员工必须接受严格的安全培训。

6）各级主管必须进行安全审核。

7）发现不安全因素必须立即纠正。

8）工作外的安全和工作中的安全同样重要。

9）良好的安全等于良好的业绩。

10）安全工作以人为本。

（2）长期建设。生产经营单位安全文化建设是一项长期、系统性的工程，非一朝一夕、举办几次活动就能达到的目标。安全意识的提高，是一个潜移默化的过程。因此，生产经营单位要编制安全文化建设的长期规划（可结合企业文化建设和中长期安全生产规划等工作一并开展），明确安全文化建设的目标、实现途径、采取的方法等内容，各级管理者应对安全承诺的实施起到示范和推进作用，形成严谨的制度化、规范化工作方法，营造有益于安全的工作氛围，培育重视安全的工作态度。

生产经营单位每年的安全生产工作计划中应包括安全文化建设的计划（也可单独编制），结合国家、行业和企业自身情况，策划丰富多彩、寓教于乐的安全文化活动，使安全生产深入人心，形成良好的工作习惯。

（3）管理者示范。企业安全文化建设关键在各级管理者的带头示范作用，因此《评审标准》中要求企业主要负责人应参加企业文化活动。工作过程中应注意收集安全文化建设活动的档案资料，并对企业主要负责人参加相关活动进行记载。

〖文件及记录〗

（1）防治理念及行为准则：

1）安全生产文化和职业病危害防治理念。

2）安全生产文化和职业病危害防治行为准则。

3）安全生产文化和职业病危害防治理念及行为准则教育资料。

（2）安全文化建设：

1）企业安全文化建设规划。

2）企业安全文化建设计划。

3）企业安全文化活动记录。

（3）项目法人还应提供监督检查各参建单位开展此项工作的记录和督促落实工作记录。

六、安全生产信息化

当今经济社会各领域，信息已经成为重要的生产要素，渗透到生产经营活动的全过程，融入到安全生产管理的各环节。安全生产信息化就是利用信息技术，通过对安全生产领域信息资源的开发利用和交流共享，提高安全生产管理水平，推动安全生产形势稳定好转。

1.6.1　根据实际情况，建立安全生产电子台账管理、重大危险源监控、职业病危害防治、应急管理、安全风险管控和隐患自查自报、安全生产预测预警等信息系统，利用信息化手段加强安全生产管理工作。

项目法人单位还应监督检查参建施工单位此项工作的开展情况。

〖工作依据〗

GB/T 33000—2016《企业安全生产标准化基本规范》；

《水利部关于贯彻落实〈中共中央　国务院关于推进安全生产领域改革发展的意见〉实施办法》（水安监〔2017〕261号）；

《关于印发安全生产信息化总体建设方案及相关技术文件的通知》（安监总科技〔2016〕143号）。

〖工作要点〗

安全生产信息化建设是加强安全生产管理的重要手段和途径，可以大幅提升企业安全生产工作效率和工作成效。因此在评审标准中要求生产经营单位根据自身实际情况，建立安全生产管理信息系统，系统内容包括电子台账、重大危险源监控、职业病危害防治、应急管理、安全风险管控和隐患自查自报、安全生产预测预警等功能模块。

〖文件及记录〗

(1) 安全生产信息管理系统。

(2) 项目法人还应提供监督检查各参建单位开展此项工作的记录和督促落实工作记录。

第二节 制度化管理

安全生产管理必须坚持法治的原则。生产经营单位应及时辨识、获取法律法规和技术标准，并严格遵守。在此基础上，结合实际，研究制定本单位安全生产规章制度和操作规程，并在实际工作中贯彻执行。

一、法规标准识别

我国已建立起了安全生产管理的法律法规及标准体系，每个生产经营单位所处行业不同，生产经营的范围不同，所涉及的法律法规和其他要求也不尽相同。准确辨识、获取适用的法律法规和其他要求，是为了充分保证安全生产管理工作和安全生产标准化工作建设的合规性。

2.1.1 安全生产法律法规、标准规范管理制度应明确归口管理部门、识别、获取、评审、更新等内容。

项目法人还应监督检查参建单位此项工作开展情况。

〖工作依据〗

GB/T 33000—2016《企业安全生产标准化基本规范》；

SL 721—2015《水利水电工程施工安全管理导则》。

〖工作要点〗

(1) 法规标准辨识制度中，应该明确此项工作的主管部门。同时应明确各部门开展法规标准辨识的职责。

(2) 制度中应结合实际，明确通过何种渠道，如网络、出版社、上级通知等，获取法律、法规、标准规范。

(3) 制度中应明确辨识、评审法律法规、标准和规范的工作程序和工作要求，最终达到及时、准确获得工作所需、适用的工作依据。

(4) 项目法人的管理制度中，除明确自身法律法规、标准规范的管理制度外，还应明确对各参建单位如监理、施工等单位的管理要求。

〖文件及记录〗

(1) 以正式文件发布的安全生产法律法规、标准规范管理制度。

(2) 项目法人还应提供监督检查各参建单位开展此项工作的记录和督促落实工作记录。

2.1.2 职能部门和所属单位应及时识别、获取适用的安全生产法律法规和其他要求，归口管理部门每年发布一次适用的清单，建立文本数据库。

项目法人还应监督检查参建单位此项工作开展情况。

〔工作依据〕

GB/T 33000—2016《企业安全生产标准化基本规范》;

SL 721—2015《水利水电工程施工安全管理导则》。

〔工作要点〕

(1) 基本要求。辨识准确、适用的法律法规、规程规范、技术标准及其他要求，是有效开展安全生产和职业健康管理的前提和基础。只有明确了安全管理工作过程中的工作依据，才能保证安全生产管理工作依法合规、不出现偏差。因此，在安全生产标准化建设工作过程中，对法律法规及其他要求的辨识工作，应予以高度重视。在安全管理过程中，一些单位经常出现无意识地违反了法规、规范的规定，导致生产安全事故，大多与对应执行的安全生产法律、法规、标准不熟悉、不了解有直接的关系。

(2) 各职能部门和所属职位应及时识别适用的安全生产法律法规和其他要求。

(3) 辨识范围。与安全生产管理相关的法律、行政法规、地方性法规、规章（包括部门规章和地方政府规章)、规范性文件以及技术标准都要纳入辨识范围。①法律，如《中华人民共和国安全生产法》《中华人民共和国职业病防治法》《中华人民共和国特种设备安全法》《中华人民共和国职业病防治法》等；②行政法规，如《建设工程质量管理条例》《建设工程安全生产管理条例》《水库大坝安全管理条例》《工伤保险条例》等；地方性法规，包括省级地方性法规和较大的市地方性法规、自治条例和单行条例，主要辨识单位或工程所在地的地方性法规，如《辽宁省安全生产条例》《江苏省安全生产条例》等；③规章，包括部门规章和地方政府规章，如《水利工程建设安全生产管理规定》《中华人民共和国水上水下活动通航安全管理规定》《建筑业企业资质管理规定》等；④技术标准，根据《中华人民共和国标准化法》(主席令第七十八号，2017 年 11 月 4 日第十二届全国人民代表大会常务委员会第三十次会议修订)，将现行的国家、行业及地方分别制定的强制性标准和推荐性标准（共六类)，调整为强制性国家标准、推荐性国家标准，行业及地方推荐性标准（共四类)；⑤行政规范性文件，是除国务院的行政法规、决定、命令以及部门规章和地方政府规章外，由行政机关或者经法律、法规授权的具有管理公共事务职能的组织（统称行政机关）依照法定权限、程序制定并公开发布，涉及公民、法人和其他组织权利义务，具有普遍约束力，在一定期限内反复适用的公文，如《国务院关于全面加强应急管理工作的意见》《国务院关于进一步加强企业安全生产工作的通知》《水库大坝安全鉴定办法》《水闸注册登记管理办法》《水库大坝安全管理应急预案》《水利水电工程施工企业主要负责人、项目负责人和专职安全生产管理人员安全生产考核管理办法》等。

(4) 适用性辨识。评价辨识出的法律法规、技术标准，从中筛选出与本单位安全管理工作相关且适用的法规、规范。部分单位在开展此项工作时，未考虑适用性，将与本单位无关的法规、规范或技术标准纳入辨识、获取范围，不加选择地求多、求全，反而会导致执行出现问题。部分单位辨识的技术标准中几乎没有水利行业的规程规范。

(5) 版本有效。辨识过程中应注意法律法规、技术标准的版本有效性，避免将过期、作废法规、规范纳入清单范围。

(6) 辨识深度。为保证贯彻执法律法规、技术标准的准确性，法规和其他要求文件（不含技术标准）应辨识到法律法规的适用条款。

（7）统一组织、分级管理。首先由单位统一组织，可结合管理需要，与其他方面如质量、经营管理等适用法规、规范辨识工作同步开展，保证单位运行管理工作的整体性、系统性和一致性。如某些生产经营单位开展的质量管理体系认证工作，也要求开展适用法律法规和标准规范的辨识工作，因此，在实际操作过程中，可以考虑将此两项工作合并进行。其次，单位所属各部门（项目部）要结合本部门（项目部）的工作实际，在单位辨识清单的基础上进一步辨识，获取适用于本部门（项目部）的法规、规范。

（8）定期更新发布。按评审标准要求，及时对清单进行更新，每年发布一次适用的清单。在实际工作过程中，各部门应实时关注业务范围内所涉及的法规、规范的修订、发布情况，及时把最新的法律法规及其他要求传达到单位相关部门或岗位，并适时组织教育培训工作。

（9）建立文本数据库。适用的法律法规及其他要求一经正式发布后，生产经营单位及所属下级单位或部门，应及时建立响应文本数据库，方便查阅、执行。数据库的形式纸质和电子版均可。

（10）项目法人负责制。项目法人作为工程建设的组织者，对工程建设的安全、质量、进度、投资等负总责。为规范和统一工程项目的建设管理行为，SL 721—2015 规定，项目法人应及时组织有关参建单位识别适用的安全生产法律、法规、规章、制度和标准，并于工程开工前将《适用的安全生产法律、法规、规章、制度和标准清单》书面通知各参建单位。各参建单位应将法律、法规、制度和标准的相关要求转化为内部管理制度贯彻执行。对国家、行业主管部门新发布的安全生产法律、法规、规章、制度和标准，项目法人应及时组织参建单位识别，并将适用的文件清单及时通知有关参建单位。

〖文件及记录〗

（1）法律法规、标准规范辨识清单。

（2）法律法规、标准规范发放记录。

（3）项目法人还应提供监督检查各参建单位开展此项工作的记录和督促落实工作记录。

2.1.3　及时向员工传达并配备适用的安全生产法律法规和其他要求。

项目法人单位还应监督检查参建单位开展此项工作。

〖工作要点〗

（1）法规、规范辨识工作完成以后，应重点解决如何执行、应用的问题。很多生产安全事故的发生，多是由于当事人对相关法律法规、技术标准不了解、不掌握所致。因此，生产经营单位应结合相关部门及岗位人员的岗位职责，为其配备适用的法规及规范文本，电子版或纸质版形式均可。

（2）开展教育培训。在开展教育培训工作时，考虑到辨识出的法规、规范种类、数量较多，统一开展教育培训工作难度较大，在实际工作中，可根据需要分批分类开展有针对性的教育培训工作。

〖文件及记录〗

（1）发放法律法规、标准规范记录。

⑵ 法律法规、标准规范教育培训记录。

⑶ 适用法律法规、标准规范文本数据库（包括电子版）。

⑷ 项目法人还应提供监督检查各参建单位开展此项工作的记录和督促落实工作记录。

二、规章制度

安全生产规章制度，是以安全生产责任制为核心，指引和约束人们在安全生产方面的行为，是安全生产的行为准则。其作用是明确各岗位安全职责，规范安全生产行为，建立和维护安全生产秩序，也称为内部劳动规则，是生产经营单位内部的“法律”。建立健全安全生产规章制度是企业安全生产重要的基础性工作。实践中一些生产经营单位不重视安全规章制度的建设，认为可有可无，导致安全生产责任制不落实，发生生产安全事故。

2.2.1　及时将识别、获取的安全生产法律法规和其他要求转化为本单位规章制度，结合本单位实际，建立健全安全生产规章制度体系。规章制度应包括但不限于：

1. 安全目标管理；2. 安全生产责任制；3. 安全生产费用管理；4. 安全技术措施审查；5. 安全设施“三同时”管理；6. 安全生产教育培训；7. 安全风险管理；8. 生产安全事故隐患排查治理；9. 重大危险源和危险物品管理；10. 安全防护设施、生产设施及设备、危险性较大的单项工程、重大事故隐患治理验收；11. 安全例会；12. 消防管理；13. 文件、记录、档案管理；14. 应急管理；15. 事故管理等。监督检查参建单位开展此项工作（项目法人）。

2.2.1　及时将识别、获取的安全生产法律法规和其他要求转化为本单位规章制度，结合本单位实际，建立健全安全生产规章制度体系。

规章制度应包括但不限于：1. 目标管理；2. 安全生产责任制；3. 法律法规标准规范管理；4. 安全生产承诺；5. 安全生产费用管理；6. 意外伤害保险管理；7. 安全生产信息化；8. 安全技术措施审查管理（包括安全技术交底及新技术、新材料、新工艺、新设备设施）；9. 文件、记录和档案管理；10. 安全风险管理、隐患排查治理；11. 职业病危害防治；12. 教育培训；13. 班组安全活动；14. 安全设施与职业病防护设施“三同时”管理；15. 特种作业人员管理；16. 设备设施管理；17. 交通安全管理；18. 消防安全管理；19. 防洪度汛安全管理；20. 施工用电安全管理；21. 危险物品和重大危险源管理；22. 危险性较大的单项工程管理；23. 安全警示标志管理；24. 安全预测预警；25. 安全生产考核奖惩管理；26. 相关方安全管理（包括工程分包方安全管理）；27. 变更管理；28. 劳动防护用品（具）管理；29. 文明施工、环境保护管理；30. 应急管理；31. 事故管理；32. 绩效评定管理（施工企业）。

2.2.1　及时将识别、获取的安全生产法律法规和其他要求转化为本单位规章制度，结合本单位实际，建立健全安全生产规章制度体系。规章制度应包含但不限于：1. 目标管理；2. 安全生产承诺；3. 安全生产责任制；4. 安全生产会议；5. 安全生产奖惩管理；6. 安全生产投入；7. 教育培训；8. 安全生产信息化；9. 新技术、新工艺、新材料、新设备设施、新材料管理；10. 法律法规标准规范管理；11. 文件、记录和档案管理；12. 重大危险源辨识与管理；13. 安全风险管理、隐患排查治理；14. 班组安全活动；15. 特种作业人员管理；16. 建设项目安全设施、职业病防护设施“三同时”管理；17. 设备设施管理；18. 安全设施管理；19. 作业活动管理；20. 危险物品管理；21. 警示标志管理；22. 消防安全管理；23. 交通安全管理；24. 防洪度汛安全管理；25. 工程安全监观测；26. 调度管理；27. 工程维修养护；28. 用电安全管理；29. 仓库管理；30. 安全保卫；31. 工程巡查巡检；32. 变更管理；33. 职业健康管理；34. 劳动防护用品（具）管理；35. 安全预测预警；36. 应急管理；37. 事故管理；38. 相关方管理；39. 安全生产报告；40. 绩效评定管理（水管单位）。

〖工作依据〗

GB/T 33000—2016《企业安全生产标准化基本规范》；

SL 721—2015《水利水电工程施工安全管理导则》。

〖工作要点〗

（1）合规性。生产经营单位应将所辨识出的法律法规及其他要求转化为本单位的规章制度，制度中不应出现与法律法规及其他要求相抵触的内容。单位的规章制度如存在错误、违规的情况，将导致安全管理工作出现偏差。如有的单位事故报告、调查与处理制度中规定：“40 小时上报，不属于迟报”，违反了国务院《生产安全事故报告和调查处理条例》（国务院令第 493 号）的规定，发生生产安全事故后，事故现场有关人员应当立即向本单位负责人报告；单位负责人接到报告后，应当于 1 小时内向事故发生地县级以上人民政府安全生产监督管理部门和负有安全生产监督管理职责的有关部门报告。

（2）适用性。符合单位的管理实际，即制定出的管理制度应与单位管理实际相符，要注意与单位现有管理体制相融合，适合安全管理工作需要，否则就会出现制度中规定的内容与实际管理工作不符，即“两张皮”的情况。

（3）可操作性。制度的作用是用来规范、指导工作开展的依据，制度应做到要素齐全，内容详细、具体。《评审标准》中要求开展的各项工作均应有相关制度提出要求、明确工作程序和人员职责，使具体执行者在制度的指导下可以独立自主地开展工作。制度要解决做什么、由谁去做、怎么去做的问题。如目标管理制度中应明确安全生产总目标应由谁来制定、如何制定、应将哪些作为安全生产总目标；年度目标（公司和项目部或二级单位两级）应由谁来制定、如何制定（流程）、应制定哪些目标等等。再如目标分解的相关规定，分解到哪些部门、人员，由谁来分解，怎么去分解；检查工作、考核、奖惩等工作如何开展。建议在编制制度时，一并编制各项工作的记录表单，作为制度的附件，如目标分解表格、目标完成监督检查情况表格、考核记录表格等。

在 SL 721—2015 中规定，安全生产管理制度应至少包含以下内容：

1）工作内容。

2）责任人（部门）的职责与权限。

3）基本工作程序及标准。

（4）层次清晰。关于制度制定的层次，一般不做强制要求，即单位总部应编制各项管理制度，项目部及二级单位可根据管理需要，决定是否制定本部门（单位）的管理制度。如企业规模较小、管理层次少，总部管理制度编制的深度能满足各级安全管理工作的需要，可统一执行总部的制度，二级单位及下属部门可不必制定自身的管理制度。对于管理层级较多、规模较大或单位总部管理制度的深度不能满足基层安全管理工作的需要，则各基层单位及项目部应在总部制度的基础上，编制适合本单位（下属单位、项目部）的管理制度或实施细则。

(5) 种类齐全。《评审标准》中所列举出的安全生产管理制度，是相关生产经营单位进行安全管理时要制定的最基本的内容，而不是全部。生产经营单位在开展安全生产标准化及安全生产管理工作过程中，应结合管理实际需要，制定覆盖单位全部安全管理行为的管理制度，使各项工作均有章可循。

(6) 正式发布。安全管理制度的形成和实施，在形式上应满足相关要求，即要以单位正式文件进行发布才能生效，以单行或汇编的形式发布均可。并且要求发放到每一位从业人员，保证全员熟悉、掌握单位的规章制度。

(7) 项目法人还应提供监督检查各参建单位开展此项工作的记录和督促落实工作记录。

〖文件及记录〗

(1) 以正式文件发布的满足评审标准及安全生产管理工作需要的各项规章制度；

(2) 项目法人单位对参建单位的监督检查记录。

2.2.2　安全生产规章制度应发放到相关工作岗位，并组织员工学习。

项目法人单位还应监督检查参建单位此项工作开展情况。

〖工作依据〗

《中华人民共和国安全生产法》（主席令第十三号）；

SL 721—2015《水利水电工程施工安全管理导则》。

〖工作要点〗

(1) 制度发放。单位从业人员应知晓、掌握本单位的安全管理规章制度，因此，规章制度编制完成后应下发至各部门、各岗位。

(2) 教育培训。组织单位从业人员开展培训学习，相关培训学习应纳入单位的教育培训计划中，并符合本章第三节“教育培训”的相关工作要求。

关于规章制度的培训，《中华人民共和国安全生产法》第二十五条、第四十一条分别做了规定：

生产经营单位应当对从业人员进行安全生产教育和培训，保证从业人员具备必要的安全生产知识，熟悉有关的安全生产规章制度和安全操作规程，掌握本岗位的安全操作技能，了解事故应急处理措施，知悉自身在安全生产方面的权利和义务。未经安全生产教育和培训合格的从业人员，不得上岗作业。

生产经营单位应当教育和督促从业人员严格执行本单位的安全生产规章制度和安全操作规程；并向从业人员如实告知作业场所和工作岗位存在的危险因素、防范措施以及事故应急措施。

〖文件及记录〗

(1) 满足评审标准及安全生产管理工作需要的各项规章制度。

(2) 规章制度的印发记录。

(3) 规章制度教育培训记录。

(4) 项目法人还应提供监督检查各参建单位开展此项工作的记录和督促落实工作记录。

三、操作规程

安全操作规程是指在生产经营活动中，为消除能导致人身伤亡或者造成设备、财产破坏以及危害环境的因素而制定的具体技术要求和实施程序的统一规定。安全操作规程与岗位紧密联系。生产经营单位的主要负责人应当组织制定本单位的安全生产规章制度和操作规程，并保证其有效实施。施工企业与水管单位应根据单位实际编制操作规程，项目法人单位主要是监督检查相关参建单位此项工作开展情况。

～～～～～～～～～～～～～～～～项目法人～～～～～～～～～～～～～～～～

2.3.1 监督检查参建单位引用或编制安全操作规程，确保从业人员参与安全操作规程编制和修订工作（项目法人）。

2.3.2 监督检查参建单位在新技术、新材料、新工艺、新设备新设施投入使用前，组织编制或修订相应的安全操作规程，并确保其适宜性和有效性（项目法人）。

2.3.3 监督检查参建单位将安全操作规程发放到相关作业人员（项目法人）。

～～～～～～～～～～～～～施工企业、水管单位～～～～～～～～～～～～～

2.3.1 引用或编制安全操作规程，确保从业人员参与安全操作规程的编制和修订工作（施工企业、水管单位）。

2.3.2 新技术、新材料、新工艺、新设备设施投入使用前，组织编制或修订相应的安全操作规程，并确保其适宜性和有效性（施工企业、水管单位）。

2.3.3 安全操作规程应发放到相关作业人员（施工企业、水管单位）。

〖工作依据〗

《中华人民共和国安全生产法》（主席令第十三号）；

SL 401—2007《水利水电工程施工作业人员安全技术规程》；

SL 721—2015《水利水电工程施工安全管理导则》。

〖工作要点〗

(1) 编制操作规程。施工企业和水管单位应对本单位生产经营过程中，梳理、列出可能涉及的工种、岗位清单，有针对性地编制操作规程。操作规程可自行编制，也可直接引用、借鉴国家或行业已经颁布的标准、规范，如 SL 401—2007《水利水电工程施工作业人员安全技术规程》、JGJ 33—2012《建筑机械使用安全技术规程》、SL 425—2017《水利水电起重机械安全规程》等。

(2) 操作规程应保证全面性和适用性。所编制的操作规程，一是应覆盖本单位所涉及的工种、岗位；二是应结合本单位生产工艺、作业任务特点以及岗位作业安全风险与职业病防护要求，不得存在明显违反相关安全技术规定的内容。编制过程中，应创造条件确保相关岗位、工种的从业人员参与操作规程的编制，可提高操作规程的适用性和针对性，并能使其更深入掌握操作规程的内容。

(3) 操作规程应发放到工种和岗位人员。操作规程是为作业工种、岗位操作人员服务和使用的技术文件，所以操作规程应发放到所对应的工种、岗位操作人员手中，并有签收记录，仅发放到工作队或班组的做法是不妥的。

（4）操作规程的教育培训。根据《中华人民共和国安全生产法》第二十五条规定，生产经营单位应当对从业人员进行安全生产教育和培训，保证从业人员具备必要的安全生产知识，熟悉有关的安全生产规章制度和安全操作规程，掌握本岗位的安全操作技能，了解事故应急处理措施，知悉自身在安全生产方面的权利和义务。未经安全生产教育和培训合格的从业人员，不得上岗作业。

操作规程的教育培训工作应纳入单位的教育培训计划，结合《评审标准》中教育培训工作的相关要求开展，教育培训档案记录应符合《评审标准》的相关规定。

（5）项目法人单位应检查施工等参建单位的操作规程制定、发放和执行情况，并提供检查记录。

〖文件及记录〗

（1）以正式文件发布的安全操作规程。

（2）安全操作规程编制、审批记录。

（3）从业人员参与编制操作规程的工作记录。

（4）安全操作规程发放记录（至岗位）。

（5）安全操作规程教育培训记录。

（6）项目法人还应提供监督检查各参建单位开展此项工作的记录和督促落实工作记录。

四、文档管理

文件及记录是对生产经营单位安全生产管理活动的记载，也是开展安全生产管理活动的重要手段及方法。规范的文档管理是生产经营单位安全生产管理工作的重要内容之一。

2.4.1　建立文件管理制度，明确文件的编制、审批、标识、收发、评审、修订、使用、保管等要求，并严格管理。

2.4.2　建立记录管理制度，明确记录管理职责及记录的填写、收集、标识、贮存、保护、检索、保留和处置要求，并严格执行。

2.4.3　建立档案管理制度，并对主要安全生产过程与结果的文件记录（包括纸质和电子版等）进行严格管理。

2.4.4　每年至少评估一次安全生产法律法规、标准规范、规章制度、操作规程的适用性、有效性和执行情况。

2.4.5　根据评估、检查、自评、评审、事故调查等发现的相关问题，及时修订安全生产规章制度、操作规程。

项目法人单位应监督检查参建单位此项工作开展情况。

〖工作依据〗

GB/T 33000—2016《企业安全生产标准化基本规范》；

SL 721—2015《水利水电工程施工安全管理导则》。

〖**工作要点**〗

（1）文件及记录管理制度的编制。生产经营单位的安全文件及记录管理制度，可以单独制定，也可以与单位其他类型文件、记录管理制度相融合。其中项目法人单位的文件与记录管理制度，除对自身工作提出要求外，还应以工程建设项目为单位，对各参建单位提出工程建设过程文件、记录与档案管理做统一要求。

（2）文件及记录检查。检查文件与记录管理制度的执行、落实的情况，通常采取抽查的方式，查看其已形成的文件和记录，是否符合管理制度的要求。检查记录的真实性，各类型记录内容应如实反映安全生产和职业健康管理工作过程和工作成果，记录中相关责任人员签字（手签）齐全，不得出现电脑打印签名的情况。

（3）安全管理档案。安全生产和职业健康管理档案收集内容应齐全，档案管理符合国家、行业相关规范要求，并有专人进行保管；档案保管的场所及设施符合有关规定。关于安全生产和职业健康档案管理，在《中华人民共和国安全生产法》《中华人民共和国职业病防治法》《中华人民共和国特种设备安全法》中均有相关规定。

在安全生产和职业健康管理过程中所形成的档案，应依据《中华人民共和国档案法》《水利工程建设项目档案验收管理办法》《科学技术档案案卷构成的一般要求》《电子文件归档与管理规范》等要求进行管理。

（4）评估。生产经营单位应定期（至少每年开展一次）对所辨识的法律法规、规程规范和编制的规章制度、操作规程进行全面评估。评估的内容应包括适宜性、合规性及执行情况。对法律法规、规程规范的评估内容应包括有效性、适宜性和执行情况；对规章制度、操作规程的评估内容应包括适用性、合规性和执行情况。

评估工作完成后应形成评估报告，内容应包括检查评估过程、检查评估结论，以及针对评估结论中存在问题的处理解决措施等，评估结论应真实、准确、符合实际。针对评估中发现的问题应采取措施进行整改。

（5）修订。规章制度和操作规程在执行过程中因为法律法规、规程规范和技术标准更新，工作环境改变等导致不完全适用时，应及时进行修订，以保证其适用性、合规性。

〖**文件及记录**〗

（1）以正式文件发布的文件管理制度。

（2）以正式文件发布的记录管理制度。

（3）以正式文件发布的档案管理制度。

（4）法律法规、规程规范、规章制度、操作规程（水管单位、施工企业）评估报告。

（5）修订及重新发布的记录。

（6）项目法人单位应提供监督检查各参建单位开展此项的工作记录。

第三节　教　育　培　训

安全生产教育和培训是安全生产管理工作的重要组成部分，是一项基础性工作。通过安全生产教育和培训，可以使广大从业人员掌握安全知识，提高安全技能，改变行为习惯，认识生产安全事故发生规律，及时发现和消除事故隐患，保证安全生产。为此，在

《中华人民共和国安全生产法》第二十五条、第二十六条和第二十七条对生产经营单位的教育培训工作做出了规定：

生产经营单位应当对从业人员进行安全生产教育和培训，保证从业人员具备必要的安全生产知识，熟悉有关的安全生产规章制度和安全操作规程，掌握本岗位的安全操作技能，了解事故应急处理措施，知悉自身在安全生产方面的权利和义务。未经安全生产教育和培训合格的从业人员，不得上岗作业。

生产经营单位使用被派遣劳动者的，应当将被派遣劳动者纳入本单位从业人员统一管理，对被派遣劳动者进行岗位安全操作规程和安全操作技能的教育和培训。劳务派遣单位应当对被派遣劳动者进行必要的安全生产教育和培训。

生产经营单位接收中等职业学校、高等学校学生实习的，应当对实习学生进行相应的安全生产教育和培训，提供必要的劳动防护用品。学校应当协助生产经营单位对实习学生进行安全生产教育和培训。

生产经营单位应当建立安全生产教育和培训档案，如实记录安全生产教育和培训的时间、内容、参加人员以及考核结果等情况。

生产经营单位采用新工艺、新技术、新材料或者使用新设备，必须了解、掌握其安全技术特性，采取有效的安全防护措施，并对从业人员进行专门的安全生产教育和培训。

生产经营单位的特种作业人员必须按照国家有关规定经专门的安全作业培训，取得相应资格，方可上岗作业。

《评审标准》此部分内容主要规定了安全生产教育培训制度的制定、计划编制、组织实施，各类教育培训工作开展的要求，教育培训档案整理，以及安全生产文化建设等方面的内容。生产经营单位在安全生产标准化建设过程中，其他各要素所包含的教育培训工作，也应符合此一级要素中的有关规定。

一、教育培训管理

教育培训管理主要包括制定安全生产教育培训制度、培训计划，按计划组织培训，并建立教育培训档案等方面的要求。

3.1.1 安全生产教育培训制度应明确安全教育培训的归口管理部门、对象与内容、组织与管理、记录与档案等要求。

3.1.2 定期识别安全教育培训需求，制订培训计划，按计划进行安全教育培训，建立教育培训记录、档案。

项目法人单位应监督检查参建单位此项工作开展情况。

〖工作依据〗

《中华人民共和国安全生产法》（主席令第十三号）；

《中华人民共和国职业病防治法》（主席令第五十二号）；

《国务院安委会关于进一步加强安全培训工作的决定》（安委〔2012〕10号）；

《安全生产培训管理办法》（安监总局令第44号发布，第80号令修改）；

SL 398—2007《水利水电工程施工通用安全技术规程》；

SL 721—2015《水利水电工程施工安全管理导则》。

〖工作要点〗

(1) 明确主管部门及管理要求。生产经营单位的教育培训制度应明确主管部门，建立健全安全培训体系，完善岗位职责、绩效考核、奖惩办法、信息档案等管理制度，规范安全生产培训的课程设置、学时安排、教学考试、成绩评判、档案管理等工作要求。

(2) 培训需求分析。生产经营单位应当定期（至少每年一次）进行培训需求调研，梳理分析各类人员的培训需求，形成需求分析报告，以此编制培训计划。避免为完成培训学时而开展无针对性的培训。

(3) 教育培训计划。编制安全生产教育培训计划应详细、具体、有可操作性，培训计划应明确到每次教育培训的内容、时间、地点、参加人员和教育培训授课人员等，不宜出现类似“安全法律法规教育培训”“规章制度教育培训”等含混不清的表述。

(4) 教育培训的内容。教育培训制度中除明确《评审标准》第3.1.2条中的各项教育培训内容外，还应包括《评审标准》其他工作中规定应开展的教育培训，一并纳入单位的教育培训管理。生产经营单位的培训范围一般包括：

1) 法律法规。

2) 安全生产责任制及其他规章制度。

3) 安全生产管理知识。

4) 安全生产技术、“四新”技术。

5) 操作规程（施工企业、水管单位）。

6) 职业健康。

7) 应急救援。

8) 典型案例。

(5) 培训对象。

1) 单位主要负责人及安全生产管理人员。

2)“三类人员”继续教育培训（施工企业）。

3) 新员工。

4) 特种作业人员。

5) 在岗从业人员（全员）。

6) 相关方（包括施工企业对分包方人员的教育培训）。

7) 被派遣劳动者、实习学生。

(6) 教育培训的组织。根据《中华人民共和国安全生产法》第十八条规定，生产经营单位的主要负责人对本单位安全生产工作负有组织制定并实施本单位安全生产教育和培训计划的职责；第二十二条规定了安全生产管理机构应负责组织或参与本单位的安全生产教育培训工作。

(7) 教育培训的形式。教育培训形式可以采用集中面授、现场培训、分类培训、小组讨论等，还可以采取网络、视频、板报、图片、电视、知识问答等丰富多彩、喜闻乐见、易于接受的形式，重在培训效果。目前国内不少水利重点工程施工现场设置了安全体验馆、VR体验馆等，取得了很好的培训效果。

(8) 教育培训效果评价。教育培训工作结束后，可采取总体综合评价和全员评价的方式，对教育培训的组织、授课内容、授课形式等进行全面评价。认真总结、分析本次教育培训工作中存在的问题，提出改进的意见、建议，不断提高教育培训的质量。

(9) 教育培训档案。教育培训档案是对教育培训工作过程真实、完整的记录，生产经营单位应加强对档案资料的收集整理工作，建立从业人员安全培训档案，如实记录安全生产教育和培训的时间、内容、参加人员以及考核结果等情况。形成并收集包括需求分析报告、培训计划、培训通知、培训签到、教育培训记录、现场培训音像资料、考试考核材料、考试成绩单及教育培训效果评估等在内的档案资料。

(10) 项目法人除完成自身的教育培训工作外，还应依据合同约定检查各参建单位包括监理、施工、勘察等安全生产教育培训制度及计划的制订、落实情况，并形成检查记录。

文件及记录：

(1) 以正式文件发布的教育培训制度。

(2) 以正式文件发布的年度培训计划。

(3) 教育培训档案资料，包括：培训通知、回执、培训资料、照片资料、考试考核记录、成绩单、培训效果评价等。

(4) 根据效果评价结论而实施的改进记录。

(5) 项目法人单位还应提供对参建单位此项工作开展情况的监督检查记录。

二、人员教育培训

《评审标准》此部分内容规定了生产经营单位开展人员教育培训的要求，主要包括各级管理人员、新员工、特种作业人员、在岗人员及相关方等几类人员。

3.2.1 对各级管理人员进行教育培训，确保其具备正确履行岗位安全生产职责的知识与能力，每年按规定进行再培训（项目法人、水管单位）。

3.2.1 应对各级管理人员进行教育培训，每年按规定进行再培训。主要负责人、项目负责人、专职安全生产管理人员按规定经水行政主管部门考核合格并持证上岗（施工企业）。

监督检查参建单位开展此项工作，相关人员按规定持证上岗。

〖工作依据〗

《中华人民共和国安全生产法》（主席令第十三号）；

《国务院安委会关于进一步加强安全培训工作的决定》（安委〔2012〕10号）；

《生产经营单位安全培训规定》（安监总局令第3号）；

《水利部关于贯彻落实〈国务院安委会关于进一步加强安全培训工作的决定〉进一步加强水利安全培训工作的实施意见》（水安监〔2013〕88号）；

《水利部办公厅关于进一步加强水利水电工程施工企业主要负责人、项目负责人和专职安全生产管理人员安全生产培训工作的通知》（办安监函〔2015〕1516号）；

SL 721—2015《水利水电工程施工安全管理导则》。

〖工作要点〗

(1) 基本要求。根据相关规定，项目法人、施工企业和水管单位的主要负责人和各级管理人员应参加安全生产教育培训。其中施工企业安全管理人员即“三类人员”的教育培训及考核有明确的内容、学时等方面规定且实行准入制；《中华人民共和国安全生产法》第二十四条规定，生产经营单位的主要负责人和安全生产管理人员必须具备与本单位所从事的生产经营活动相应的安全生产知识和管理能力，通常这种能力是通过教育培训渠道获得。

根据《生产经营单位安全培训规定》，生产经营单位主要负责人安全培训应当包括下列内容：

1）国家安全生产方针、政策和有关安全生产的法律、法规、规章及标准；

2）安全生产管理基本知识、安全生产技术、安全生产专业知识；

3）重大危险源管理、重大事故防范、应急管理和救援组织以及事故调查处理的有关规定；

4）职业危害及其预防措施；

5）国内外先进的安全生产管理经验；

6）典型事故和应急救援案例分析；

7）其他需要培训的内容。

安全生产管理人员安全培训应当包括下列内容：

1）国家安全生产方针、政策和有关安全生产的法律、法规、规章及标准；

2）安全生产管理、安全生产技术、职业卫生等知识；

3）伤亡事故统计、报告及职业危害的调查处理方法；

4）应急管理、应急预案编制以及应急处置的内容和要求；

5）国内外先进的安全生产管理经验；

6）典型事故和应急救援案例分析；

7）其他需要培训的内容。

《水利部关于贯彻落实〈国务院安委会关于进一步加强安全培训工作的决定〉进一步加强水利安全培训工作的实施意见》对包括项目法人、施工企业和水管单位在内的安全管理人员培训提出了要求，施工企业主要负责人、项目负责人、安全生产管理人员（简称“三类人员”）和各生产经营单位特种作业人员应100％持证上岗，以班组长、新工人、农民工为重点的从业人员100％培训合格后上岗；其他水利生产经营单位安全生产管理人员和一线从业人员100％培训合格后上岗。

（2）培训组织。对于施工企业的“三类人员”教育培训，根据《水利部办公厅关于进一步加强水利水电工程施工企业主要负责人、项目负责人和专职安全生产管理人员安全生产培训工作的通知》的要求：对于施工单位的“三类人员”，自行组织或采用委托培训机构培训、远程教育培训等方式开展“三类人员”安全生产新上岗培训和再培训，并详细、准确做好培训记录，培训记录应包括培训时间、培训内容、培训教师、培训人员名单及签到表、考核结果等内容。水利部不再组织对水利水电工程施工总承包一级（含一级）以上资质、专业承包一级资质以及部直属施工单位“三类人员”进行安全生产继续教育，可自行组织或参加社会力量办学举办的教育培训。《水利水电工程施工企业主要负责人、项目负责人和专职安全生产管理人员安全生产考核管理办法》（水安监〔2011〕374号）第十六条规定由发证机关组织的安全生产继续教育并入企业年度再培训。在“三类人员”考核和延期审核时，水利水电工程施工单位应将新上岗培训或每年的再培训证明记录交水行政主管部门核验，必要时对企业培训情况进行核查。

（3）培训学时。在此次《评审标准》的修订过程中，未对各项教育培训的学时给出明确规定，要求生产经营单位根据相关法规、规章和技术标准的规定，在教育培训制度和计划中明确教育培训学时。生产经营单位所开展的各项教育培训，对于有培训学时要求的，应满足相关规定。在《水利部关于贯彻落实〈国务院安委会关于进一步加强安全培训工作的决定〉进一步加强水利安全培训工作的实施意见》《水利部办公厅关于进一步加强水利水电工程施工企业主要负责人、项目负责人和专职安全生产管理人员安全生产培训工作的通知》和 SL 721—2015 中均对相关人员的教育培训学时给出了要求，实施过程中可执行上述规定。

（4）项目法人在工程招标或签订合同阶段，应对安全生产管理人员有准入要求的参建单位提出明确要求，如施工招标时对施工企业“三类人员”应要求持有效的安全培训考核证书。工程开工后，应按合同约定，对各参建单位人员进场情况进行验证。

〖文件及记录〗

（1）施工企业三类人员统计表及上岗证书。

（2）单位主要负责人及安全生产管理人员教育培训记录。

（3）项目法人应提供招标文件或合同中对安全生产管理人员准入要求的条款及进场人员验证资料及对参建单位此项工作开展情况的监督检查记录。

～～～～～～～～～～～～～～～项目法人～～～～～～～～～～～～～～～～～

3.2.2　新员工上岗前应接受三级安全教育培训，培训时间满足规定学时要求。监督检查参建单位开展此项工作。

3.2.3　监督检查参建单位特种作业人员持证上岗。

3.2.4　每年对在岗作业人员进行安全生产教育和培训，培训时间和内容应符合有关规定。监督检查参建单位开展此项工作。

～～～～～～～～～～～～施工企业、水管单位～～～～～～～～～～～～～～～～

3.2.2　新员工上岗前应接受三级安全教育培训，培训时间满足规定学时要求；在新工艺、新技术、新材料、新设备设施投入使用前，应根据技术说明书、使用说明书、操作技术要求等，对有关管理、操作人员进行培训；作业人员转岗、离岗一年以上重新上岗前，均应进行项目部（队、车间）、班组安全教育培训，经考核合格后上岗。

3.2.3　特种作业人员接受规定的安全作业培训，并取得特种作业操作资格证书后上岗作业；特种作业人员离岗 6 个月以上重新上岗，应经实际操作考核合格后上岗工作；建立健全特种作业人员档案。

3.2.4　每年对在岗作业人员进行安全生产教育和培训，培训时间和内容应符合有关规定。

〖工作依据〗

《中华人民共和国安全生产法》（主席令第十三号）；

《国务院安委会关于进一步加强安全培训工作的决定》（安委〔2012〕10 号）；

《生产经营单位安全培训规定》（安监总局令第 3 号）；

《水利部关于进一步加强水利安全培训工作的实施意见》（水安监〔2013〕88 号）；

《特种作业人员安全技术培训考核管理规定》（安监总局令第 30 号）；

《特种设备作业人员监督管理办法》（质检总局令第 70 号）；

SL 721—2015《水利水电工程施工安全管理导则》。

〖**工作要点**〗

（1）项目法人单位和水管单位新员工。应按《中华人民共和国安全生产法》《水利部关于进一步加强水利安全培训工作的实施意见》规定的内容开展教育培训工作。《中华人民共和国安全生产法》第二十五条规定，生产经营单位应当对从业人员进行安全生产教育和培训，保证从业人员具备必要的安全生产知识，熟悉有关的安全生产规章制度和安全操作规程，掌握本岗位的安全操作技能，了解事故应急处理措施，知悉自身在安全生产方面的权利和义务。未经安全生产教育和培训合格的从业人员，不得上岗作业。

《水利部关于进一步加强水利安全培训工作的实施意见》规定，其他水利生产经营单位新职工上岗前至少进行 24 学时培训，每年进行至少 8 学时再培训。

（2）施工企业岗位操作人员培训。首先应识别新入职人员，新工艺、新技术、新材料、新设备投入使用和离岗、转岗人员教育培训需求，开展教育培训工作，教育培训内容、学时、档案资料等应满足相关规定。

新员工上岗前应进行公司、项目、班组三级安全教育培训，并经考核合格。三级安全教育培训应符合 SL 721—2015 的相关规定，教育培训主要内容应包括：

1）公司安全教育培训：国家和地方有关安全生产法律、法规、规章、制度、标准、企业安全管理制度和劳动纪律、从业人员安全生产权利和义务等。

2）项目安全教育培训：工地安全管理制度、安全职责和劳动纪律、个人防护用品的使用和维护、现场作业环境特点、不安全因素的识别和处理、事故防范等。

3）班组安全教育培训：本工种的安全操作规程和技能、劳动纪律、安全作业与职业卫生要求、作业质量与安全标准、岗位之间衔接配合注意事项、危险点识别、事故防范和紧急避险方法等。

（3）特种作业人员的教育培训。生产经营单位首先应建立特种作业人员台账，收集、掌握单位特种作业人员的基本信息，如身份信息、工作履历、持证情况等。特种作业人员中包括特种设备作业人员，其相关教育培训要求应分别执行《特种作业人员安全技术培训考核管理规定》和《特种设备作业人员监督管理办法》要求。重点检查两类特种作业人员的资格证书是否在有效期内，是否按规定参加了继续教育。

（4）在岗人员的教育培训。在岗作业人员是指生产经营单位除上述主要负责人、安全管理人员和特种作业人员外的其他人员，也应按《中华人民共和国安全生产法》等有关规定，开展经常性安全教育培训工作，最终实现覆盖全员的经常性安全生产教育培训，具体要求可参照《水利部关于贯彻落实〈国务院安委会关于进一步加强安全培训工作的决定〉进一步加强水利安全培训工作的实施意见》有关内容。生产经营单位在开展此项工作时，在制定教育培训计划阶段就应考虑此要求，对全员教育培训工作进行全面、系统的策划。每年度对教育培训工作开展情况进行统计、汇总、分析，计算出全员教育培训率。

〖文件及记录〗

（1）第3.2.2条要求：

1）项目法人：①自有新进人员教育培训记录；②对参建单位监督检查记录。

2）施工企业、水管单位：①新员工（施工企业，三级）教育记录及档案；②“四新”教育记录及档案；③转岗离岗重新上岗人员二级（部门及班组）教育培训记录及档案。

（2）第3.2.3条要求：①特种作业操作资格证书；②特种作业人员重新上岗的考核合格证；③特种作业人员档案资料；④特种作业人员台账。

项目法人单位还应提供对参建单位此项工作开展情况的监督检查记录。

（3）第3.2.4条要求：

1）教育培训的相关记录及统计资料。

2）项目法人单位还应提供对参建单位此项工作开展情况的监督检查记录。

～～～～～～～～～～～～～～～～项目法人～～～～～～～～～～～～～～～～

3.2.5　监督检查参建单位对其分包单位进行安全教育培训管理（项目法人）。

3.2.6　对外来人员进行安全教育，主要内容应包括：安全规定、可能接触到的危险有害因素、职业病危害防护措施、应急知识等。由专人带领做好相关监护工作。监督检查参建单位开展此项工作（项目法人）。

～～～～～～～～～～～～～～～～施工企业～～～～～～～～～～～～～～～～

3.2.5　监督检查分包单位对员工进行安全生产教育培训及持证上岗情况（施工企业）。

3.2.6　对外来人员进行安全教育，主要内容应包括：安全规定、可能接触到的危险有害因素、职业病危害防护措施、应急知识等。由专人带领做好相关监护工作（施工企业）。

～～～～～～～～～～～～～～～～水管单位～～～～～～～～～～～～～～～～

3.2.5　督促检查相关方的作业人员进行安全生产教育培训及持证上岗情况（水管单位）。

3.2.6　对外来人员进行安全教育，主要内容应包括：安全规定、可能接触到的危险有害因素、职业病危害防护措施、应急知识等，并由专人带领做好相关监护工作（水管单位）。

〖工作要点〗

（1）项目法人的相关方管理。主要工作内容是监督检查参建单位如施工、监理、勘察设计等对进入其现场的相关方人员进行安全教育培训或告知，并留存检查记录。

（2）施工企业对分包方的管理。主要包括：一是分包方应在人员进场前就人员数量、资格等基本资料，向总包单位进行报验，总包单位应履行审核、验证手续；二是总包单位要求分包方对进场人员分工种开展教育培训，并经考核合格后方可进入现场；三是分包方相关岗位人员包括专职安全员、特种作业人员等应按前述相关规定持证上岗。总包单位在开展上述工作时，应保存相关工作记录。

（3）水管单位的相关方管理。水管单位在涉及外包服务项目时，如特种设备的检修、水利工程维修加固工作，可参照施工企业的相关要求进行进场相关方人员的管理工作。

（4）对进入现场参观、学习、检查等人员，上述单位均应针对现场安全管理实际进行有关安全规定、可能接触到的危害及应急知识的教育和告知，并为相关人员配备必要的个人防护用品，在专人带领下进入现场。

〖**文件及记录**〗

（1）分包单位（相关方）进场人员验证资料档案；

（2）分包单位（相关方）各工种安全生产教育培训、考核的记录；

（3）分包单位（相关方）的岗位作业及特种作业人员证书；

（4）项目法人单位还应提供对参建单位此项工作开展情况的监督检查记录；

（5）对外来参观、学习等人员进行安全教育或危险告知的记录。

第四章 现场管理

现场管理是生产经营单位安全生产工作的重点，各项法律法规、规章制度和操作规程要在现场活动中进行贯彻执行，通过对现场设备设施的管理、技术方案编制与实施、作业行为管控，最大限度消除人的不安全行为、物的不安全状态和管理上的缺陷，排查治理事故隐患，预防和减少生产安全事故。

第一节 项目法人现场管理

项目法人作为工程建设的组织方，承担着项目建设安全生产的组织、协调和监督责任。项目法人除按有关法律法规及其他要求完成自身安全生产管理工作之外，还应按合同约定，加强对参建各方的安全管理。工程建设过程中，项目法人应充分发挥监理单位在安全生产监督管理工作中的作用，明确安全监理责任。

一、设备设施管理

项目法人的设备设施管理工作，主要内容包括向承包人提供符合要求的施工现场和施工条件，开展自身设备设施的安全管理工作，监督检查参建单位特别是施工单位的设施设备安全管理工作是否符合相关要求。

4.1.1 向施工单位提供现场及施工可能影响的毗邻区域内供水、排水、供电、供气、供热、通信、广播电视等地下管线资料，拟建工程可能影响的相邻建筑物和构筑物、地下工程的有关资料，并确保有关资料真实、准确、完整，满足有关技术规范要求。

〖工作依据〗

《建设工程安全生产管理条例》（国务院令第 393 号）；

《水利工程建设安全生产管理规定》（水利部令第 26 号）。

〖工作要点〗

《建设工程安全生产管理条例》第六条规定，建设单位应当向施工单位提供施工现场及毗邻区域内供水、排水、供电、供气、供热、通信、广播电视等地下管线资料，气象和水文观测资料，相邻建筑物和构筑物、地下工程的有关资料，并保证资料的真实、准确、完整。

工程建设项目施工可能对毗邻区域地表及地下的设备、设施和建筑物等产生干扰和影响。为保证施工期间将干扰和影响降到最低，确保生产安全，项目法人应组织勘察设计等单位提前开展相关工作，全面摸排施工现场可能影响的毗邻区域内供水、排水、供电、供气、供热、通信、广播电视等地下管线资料，拟建工程可能影响的相邻建筑物和构筑物、地下工程的情况，在招标时将有关资料提供给潜在投标人，并确保有关资料真实、准确、完整，满足有关技术规范要求。一是便于在潜在投标人在编制投标文件过程中，采取必要的措施进行防护；二是可据此来计算相应部分的投标报价。

但在实践过程中，有部分项目法人（招标人）在招标文件中规定此部分工作由潜在投标人（施工单位）中标后来完成。如个别招标人在招标文件中规定：

除发包人提供水文观测资料外，其他资料由承包人负责收集。因承包人原因导致各类地下设施和邻近建筑受到损坏或影响的，其赔偿或补偿费用由承包人自行承担。

根据《建设工程安全生产管理条例》和《水利工程建设安全生产管理规定》的有关规定，此种做法属于违规。由于投标前潜在投标人（施工单位）无权进入施工现场进行相关的勘察工作，如项目法人不提供相关资料，导致在投标阶段不能对此类问题进行全面分析、预判，也无法进行准确的报价，造成报价漏项。如果在施工期间遇到较为复杂、严重的干扰或影响，将会产生合同纠纷。

建设单位因建设工程需要，向有关部门或者单位查询前款规定的资料时，有关部门或者单位应当及时提供。

〖**文件及记录**〗

（1）工程施工招标文件及其附图。

（2）施工场地内的工程地质图纸和报告，以及地下障碍物图纸等施工场地有关资料。

4.1.2　明确设备设施管理的责任部门和专（兼）职管理人员。监督检查参建单位开展此项工作。

4.1.3　监督检查参建单位购买、租赁、使用符合安全施工要求的安全防护用具、机械设备、施工机具及配件、消防设施和器材。

4.1.4　监督检查参建单位对设备设施运行前及运行中实施必要的检查。

4.1.5　自有设备设施完好有效。监督检查参建单位设备设施防护措施落实情况。

4.1.6　监督检查作业人员按操作规程操作设备设施。

4.1.7　监督检查设备设施维护保养情况，确保设备设施安全运行。

4.1.8　监督检查参建单位将租赁的设备和分包方的设备纳入本单位的安全管理范围，实施统一管理。

4.1.9　监督检查监理单位按规定对进入现场的设备设施进行查验。

4.1.10　监督检查特种设备安装、拆除的人员资格、单位资质，以及定期检测、运行管理情况。

4.1.11　监督检查参建单位对安全设备设施的使用、检维修、拆除等实施有效控制和管理。

4.1.12　监督检查参建单位实施设备设施报废管理。

〖工作要点〗

(1) 项目法人在开展此部分的设备设施管理工作时，应明确负责设备安全管理的部门和人员，并监督检查参建单位主要是施工单位设备设施管理机构设置及管理人员的配备情况。

(2) 实行代建和监理制的项目，可发挥代建及监理单位的作用，在项目的相关管理制度中予以明确。要求代建或监理单位加强对施工单位设备设施的管理工作并对其工作结果进行确认；也可组织上述单位联合开展对施工单位的监督检查工作。

(3) 各项监督检查的工作依据及要点，可参照本章第二节“施工企业现场管理”的有关内容。

(4) 项目法人设备设施的安全管理工作应与合同约定的管理工作要求进行有效融合，减少重复工作。如施工单位购买、租赁、使用符合安全施工要求的安全防护用具、机械设备、施工机具及配件、消防设施和器材的监督检查等工作，合同中通常约定要求施工单位向监理机构进行报验，SL 288—2014《水利工程施工监理规范》中也有相关规定。此外，在施工合同中还应约定施工单位机械设备进场前应向监理单位进行报验，以验证设备是否能满足施工需要，设备安全状况是否良好，经监理机构确认后方可进入施工现场。

〖文件及记录〗

(1) 以正式文件明确设施设备管理机构及人员。

(2) 对施工单位设备管理部门及人员设立情况的检查记录或上报文件的审批记录或监督检查记录。

(3) 对施工单位采购、租赁施工设施设备的监督检查记录或审批记录。

(4) 对施工单位开展设施设备运行检查的监督检查记录(可与其他检查工作合并进行)。

(5) 自有设备设施检查记录。

(6) 参建单位设备设施防护措施落实情况检查记录。

(7) 对施工单位操作规程编制、发布情况的检查记录。

(8) 对施工单位设备设施维护保养情况的检查记录(可结合相关检查工作一并进行)。

(9) 对监理单位工作的监督检查记录或对监理审核上报文件的审批记录。

(10) 施工单位上报的特种设备安装、拆除方案及审批记录。

(11) 施工单位上报的特种设备安装、拆除人员资格、单位资质及审批记录。

(12) 安装后验收、定期检测、运行管理等监督检查记录。

(13) 安全设备设施审核、审批文件及监督检查记录。

(14) 对参建单位相关工作开展情况的监督检查记录及督促落实记录。

二、作业安全

项目法人对施工现场作业安全的管理主要包括安全生产条件的分析、安全监督手续的办理、现场总布置的规划及对施工单位施工作业行为的监督管理等内容。

4.2.1 按规定组织编制《水利水电建设工程安全生产条件和设施综合分析报告》，并报上级主管部门备案。

〖工作依据〗

《建设项目安全设施“三同时”监督管理办法》(安监总局令第36号公布;第77号修改);

《水利部关于进一步加强水利建设项目安全设施“三同时”的通知》(水安监〔2015〕298号)。

〖工作要点〗

本条是根据《建设项目安全设施“三同时”监督管理办法》和《水利部关于进一步加强水利建设项目安全设施“三同时”的通知》有关规定做出的要求。

《建设项目安全设施“三同时”监督管理办法》第九条规定,除应当进行安全评价的建设项目之外,其他建设项目的生产经营单位应当对其安全生产条件和设施进行综合分析,形成书面报告备查。按照《中华人民共和国安全生产法》关于安全评价工作有关规定,水利部结合水利行业实际,决定不再组织开展水利水电建设项目安全评价工作。《水利部关于进一步加强水利建设项目安全设施“三同时”的通知》中规定,水行政主管部门应加强监督检查,保证“三同时”制度落实到位。水利工程建设单位应当认真落实建设项目安全设施“三同时”各项要求,对工程安全生产条件和设施进行综合分析,形成书面报告备查。

项目法人应在可行性研究报告批复后,根据水利水电建设工程可行性研究报告等资料,运用科学的分析方法,对拟建工程推荐的设计方案进行分析,预测工程潜在的危险和有害因素种类及其引发各类事故的可能性和严重程度,提出合理可行的安全技术和安全管理对策措施建议,为工程安全管理提供依据。安全生产条件和设施综合分析报告可作为初步设计报告劳动安全与工业卫生专篇的编制依据。因此,在进行初步设计前,项目法人应按规定组织对其安全生产条件和设施进行综合分析(可委托具有相应能力的机构编制),形成书面报告备查,并将《水利水电建设工程安全生产条件和设施综合分析报告》向上级主管部门备案。

项目法人在工程建设过程中,应当认真落实建设项目安全设施“三同时”各项要求,监督检查设计单位、施工单位和监理单位对此项工作开展和落实的情况,对工程安全生产条件和设施进行综合分析,形成书面报告备查。

〖文件及记录〗

《水利水电建设工程安全生产条件和设施综合分析报告》及备案材料。

4.2.2 监督检查各进场单位对现场进行合理布局与分区,管理规范有序,符合安全文明施工、度汛、交通、消防、职业健康、环境保护等有关规定。

〖工作依据〗

GB 50706—2011《水利水电工程劳动安全与工业卫生设计规范》;

SL 303—2017《水利水电工程施工组织设计规范》;

《工程承包合同》。

〖工作要点〗

项目法人对施工现场的规划及管理,应分两阶段进行:

(1) 在规划选址及初步设计阶段,应按规范要求结合现场实际情况,对施工现场进行全面合理规划。在GB 50706—2011中规定:

3.1.1 工程总体布置设计，应根据工程所在地的气象、洪水、雷电、地质、地震等自然条件和周边情况，预测劳动安全与工业卫生的主要危险因素，并对各建筑物、交通道路、安全卫生设施、环境绿化等进行统一规划。当工程存在特殊的危害劳动安全与工业卫生的自然因素，且工程布置无法避开时，应进行专题论证。

3.1.2 工程附近有污染源时，宜根据污染源种类和风向，避开对生活区、生产管理区所带来的不利影响。

3.1.3 建筑物间安全距离、各建筑物内的安全疏散通道及各建筑物进、出交通道路等布置，应符合防火间距、消防车道、疏散通道等的要求。

对于施工临时设施的布置，在 SL 303—2017 中规定，下列地点不应设置施工临时设施：

1）严重不良地质区或滑坡体危害区。

2）泥石流、山洪、沙暴或雪崩可能危害区。

3）受爆破或其他因素影响严重的区域。

（2）施工单位进场后，应加强对施工单位现场平面布局等进行监督管理。具体内容见本章第二节“施工企业现场管理”作业安全管理部分的内容。

〖文件及记录〗

（1）经批准的初步设计。

（2）对施工单位现场布置方案的审批记录。

（3）对施工单位现场布置方案实施的监督检查记录。

4.2.3 组织编制保证安全生产的措施方案，并按有关规定备案；建设过程中安全生产的情况发生变化时，应当及时对保证安全生产的措施方案进行调整，并报原备案机关。

〖工作依据〗

《水利工程建设安全生产管理规定》（水利部令第 26 号）；

SL 721—2015《水利水电工程施工安全管理导则》。

〖工作要点〗

项目法人在工程开工前，应向有管辖权的水行政主管部门办理安全监督手续（附安全生产措施方案）。建设过程中，当安全生产的情况发生变化时，应及时对措施进行调整，并报原备案机关。在《水利工程建设安全生产管理规定》中规定：

第九条 项目法人应当组织编制保证安全生产的措施方案，并自工程开工之日起 15 个工作日内报有管辖权的水行政主管部门、流域管理机构或者其委托的水利工程建设安全生产监督机构（以下简称安全生产监督机构）备案。建设过程中安全生产的情况发生变化时，应当及时对保证安全生产的措施方案进行调整，并报原备案机关。

保证安全生产的措施方案应当根据有关法律法规、强制性标准和技术规范的要求并结合工程的具体情况编制，应当包括以下内容：

（一）项目概况；

（二）编制依据；

（三）安全生产管理机构及相关负责人；

（四）安全生产的有关规章制度制定情况；

（五）安全生产管理人员及特种作业人员持证上岗情况等；

（六）生产安全事故的应急救援预案；

（七）工程度汛方案、措施；

（八）其他有关事项。

第十条　项目法人在水利工程开工前，应当就落实保证安全生产的措施进行全面系统的布置，明确施工单位的安全生产责任。

〖文件及记录〗

（1）工程安全措施实施方案。

（2）申报备案资料。

（3）方案调整及重新备案资料。

4.2.4　将拆除工程和爆破工程发包给具有相应资质等级的施工单位；应当在拆除工程或者爆破工程施工15日前，按规定向水行政主管部门、流域管理机构或者其委托的安全生产监督机构备案。

〖工作依据〗

《水利工程建设安全生产管理规定》（水利部令第26号）。

〖工作要点〗

2014年11月6日住房和城乡建设部公布了最新的《建筑业企业资质标准》（建市〔2014〕159号），该标准自2015年1月1日起施行。原建设部印发的《建筑业企业资质等级标准》同时废止。新资质标准取消了爆破与拆除工程专业承包资质。《建筑业企业资质管理规定和资质标准实施意见》明确，按原标准取得爆破与拆除工程专业承包资质的，仍可在其专业承包资质许可范围内承接相应工程。

根据《水利工程建设安全生产管理规定》的要求，项目法人在拆除和爆破作业前，将相关资料报水行政主管部门备案。

〖文件及记录〗

（1）工程承包合同或分包合同（审批记录）；

（2）拆除、爆破作业备案记录。

4.2.5　监督检查施工单位施工组织设计中的安全措施编制情况，对危险性较大的作业按相关规定编制专项安全技术措施方案，必要时进行论证、备案，实施时安排专人现场监督。

4.2.6　监督检查施工单位在施工前按规定进行安全技术交底，并在交底书上签字确认。

4.2.7　监督检查施工单位对临边、沟槽、坑、孔洞、交通梯道、高处作业、交叉作业、临水和水上作业、机械转动部位、暴风雨雪极端天气的安全防护设施实施管理。

4.2.8　监督检查施工单位按相关规定对现场用电制定专项措施方案并对相关设施的配备、防护和检查验收等实施管理。

4.2.9　监督检查施工单位按相关规定制定脚手架搭设及拆除专项施工方案、方案实施和检查验收等工作。

4.2.10　监督检查参建单位按有关规定实施易燃易爆危险化学品管理。

4.2.11　监督检查参建单位按规定实施现场消防安全管理。

4.2.12　监督检查参建单位按规定实施场内交通安全管理，制定并落实大型设备运输、搬运专项安全措施。

〖工作要点〗

4.2.5～4.2.12 条各项工作主要是针对施工单位开展的各项监督管理。工作过程中应依据合同约定，充分发挥监理现场安全管理的作用。相关工作参照本章第二节“施工企业现场管理”的内容。

〖文件及记录〗

监督检查记录或施工单位上报审批记录。

4.2.13　落实并监督检查参建单位：建立安全度汛工作责任制，建立健全工程度汛组织机构，制定完善度汛方案、超标准洪水应急预案和险情应急抢护措施，并报有关防汛指挥机构备案；做好防汛抢险队伍和防汛器材、设备等物资准备工作，及时获取汛情信息，按度汛方案和有关预案要求进行必要的演练；开展汛前、汛中和汛后检查，发现问题及时处理。

〖工作依据〗

《水利工程建设安全生产管理规定》（水利部令第 26 号）；

SL 721—2015《水利水电工程施工安全管理导则》。

〖工作要点〗

水利工程项目建设过程中的防洪度汛是安全生产管理中的重要工作，由项目法人牵头统一组织，参建单位各负其责。

《水利工程建设安全生产管理规定》第二十一条规定，施工单位在建设有度汛要求的水利工程时，应当根据项目法人编制的工程度汛方案、措施制定相应的度汛方案，报项目法人批准；涉及防汛调度或者影响其他工程、设施度汛安全的，由项目法人报有管辖权的防汛指挥机构批准。

SL 721—2015 对项目法人度汛工作规定如下：

7.5.1　项目法人应根据工程情况和工程度汛需要，组织制订工程度汛方案和超标准洪水应急预案，报有管辖权的防汛指挥机构批准或备案。

7.5.2　度汛方案应包括防汛度汛指挥机构设置、度汛工程形象、汛期施工情况、防汛度汛工作重点，人员、设备、物资准备和安全度汛措施，以及雨情、水情、汛情的获取方式和通信保障方式等内容。防汛度汛指挥机构应由项目法人、监理单位、施工单位、设计单位主要负责人组成。

7.5.3　超标准洪水应急预案应包括超标准洪水可能导致的险情预测、应急抢险指挥机构设置、应急抢险措施、应急队伍准备及应急演练等内容。

7.5.4　项目法人应和有关参建单位签订安全度汛目标责任书，明确各参建单位防汛度汛责任。

7.5.5　施工单位应根据批准的度汛方案和超标准洪水应急预案，制订防汛度汛及抢险措施，报项目法人批准，并按批准的措施落实防汛抢险队伍和防汛器材、设备等物资准备工作，做好汛期值班，保证汛情、工情、险情信息渠道畅通。

7.5.6　项目法人在汛前应组织有关参建单位，对生活、办公、施工区域内进行全面检查，对围堰、子堤、人员聚集区等重点防洪度汛部位和对有可能诱发山体滑坡、垮塌和泥石流等灾害的区域、施工作业点进行安全评估，制定和落实防范措施。

7.5.7 项目法人应建立汛期值班和检查制度，建立接收和发布气象信息的工作机制，保证汛情、工情、险情信息渠道畅通。

7.5.8 项目法人每年应至少组织一次防汛应急演练。

〖文件及记录〗

(1) 防洪度汛方案及超标准洪水预案（含防洪度汛组织机构、抢险队伍、抢险物资等相关内容)、险情应急抢护措施。

(2) 防洪度汛方案备案手续。

(3) 防洪度汛检查记录（汛前、汛中、汛后)。

(4) 防洪度汛值班制度及工作记录。

(5) 防洪度汛演练记录。

(6) 接收和发布气象信息工作机制及工作记录。

4.2.14 监督检查参建单位对从业人员作业行为的安全管理，对设备设施、工艺技术及从业人员作业行为等进行安全风险辨识，采取相应的措施。

对下列（但不限于）高危险作业按有关规定实施有效管理（包括策划、配备资源、组织管理、现场防护、旁站监督等)：1. 高边坡或深基坑作业；2. 高大模板作业；3. 洞室作业；4. 爆破作业；5. 水上或水下作业；6. 高处作业；7. 起重吊装作业；8. 临近带电体作业；9. 焊接作业；10. 交叉作业；11. 有（受）限空间作业等。

〖工作要点〗

此要素中规定的水利工程施工过程中事故风险较大的作业行为，应作为现场安全监督管理的重点。工程建设过程中，项目法人应组织监理单位按法规、规范要求加强管理。具体工作要求见本章第二节“施工企业现场管理”。

〖文件及记录〗

(1) 专项施工方案的审批。

(2) 施工过程中的监督检查记录（可结合安全检查工作一并开展)。

4.2.15 监督检查参建单位建立班组安全活动管理制度，开展岗位达标活动。

4.2.16 监督检查承包单位对分包方的安全管理，禁止转包或非法分包。

4.2.17 监督检查现场勘测、检测等作业：严格执行相关安全操作规程，采取措施保证各类管线、设施和周边建筑物、构筑物及作业人员的安全。

4.2.18 监督检查设计单位：在工程设计文件中执行相关强制性标准的有关情况，注明涉及施工安全的重点部位和环节，并提出防范生产安全事故的指导意见；做好施工图设计交底、施工图会审、设计变更审批等设计控制；对采用新结构、新材料、新工艺以及特殊结构的工程，应组织审查、论证设计中保障作业人员安全和预防事故的措施方案。

4.2.19 监督检查工程监理单位：编制监理规划和安全监理实施细则；审查施工组织设计中的安全技术措施或者专项施工方案；实施现场施工安全监理。

4.2.20 监督检查供应商或承包人提供的工程设备和配件等产品的质量和安全性能达到国家有关技术标准要求。

4.2.21　组织交叉作业各方制定协调一致的施工组织措施和安全技术措施，签订安全生产协议，并监督实施。

〖工作依据〗

《建设工程安全生产管理条例》（国务院令第393号）；

《水利工程建设安全生产管理规定》（水利部令第26号）；

SL 288—2014《水利工程施工监理规范》；

SL 721—2015《水利水电工程施工安全管理导则》。

〖工作要点〗

（1）参照本章第二节“施工企业现场管理”岗位达标的要求，监督检查各参建单位的相关工作开展情况。

（2）参照本章第二节“施工企业现场管理”工程分包的管理要求，对各参建单位的分包行为进行分包前的资质、资格条件审批，杜绝再分包或转包的行为。

（3）4.2.16～4.2.17条根据评审标准的要求开展监督检查，并形成工作记录。

（4）监督检查工程监理单位的安全监理工作。根据SL 208—2014的要求，监理单位在开展监理工作前应编制监理规划和监理实施细则，并在约定的期限内将监理规划报送项目法人。对施工组织设计和安全专项施工方案进行审核，并根据监理合同和工程承包合同的约定，决定提交项目法人审批后批复或者直接批复施工单位。施工过程中根据监理合同和工程承包合同、技术标准要求开展现场安全监理工作。

监理单位应审查施工单位编制的施工组织设计、施工措施计划中的安全技术措施和危险性较大的分部工程或单元工程专项施工方案是否符合工程建设标准强制性条文及相关规定的要求。

监理单位编制的监理规划应包括安全监理方案，明确安全监理的范围、内容、工作程序、制度和措施，以及人员配备计划和职责。监理单位对危险性较大的分部工程或单元工程的作业应编制专项监理方案，明确安全监理的方法、措施和控制要点，以及对施工单位安全技术措施的检查方案。

（5）工程设备的质量保证。工程施工过程中关于工程设备的采购方式有两种：一是项目法人自行采购；二是由承包人采购。对于工程设备的质量控制，应重点做好以下几方面工作：

1）要求设计单位在设计文件中，对工程设备的规格、型号、质量技术标准等提出明确要求。

2）设备采购或工程施工招标时，在《合同技术条款》中对工程设备的规格、型号、质量技术标准等提出明确要求。

3）加强工程设备加工制造过程中的质量检查和验收工作。对重要的工程设备如水轮机、启闭机、闸门、压力钢管等应委托设备制造监理，负责加工制造过程中的质量控制。

4）根据合同的约定，在设备出厂前及到场后组织监理、设备供应商、施工单位等进行验收，经验收合格后的设备方可允许安装。

（6）对有平行发包的交叉作业施工现场，项目法人应组织各施工单位、监理单位等共同制定协调一致的交叉作业施工组织措施和安全技术措施，要求各施工单位间签订安全生产协议，留存备案，并监督各方（委托监理单位）实施。

〖文件及记录〗

(1) 提供包括勘察设计、监理、施工、质量检测等单位的岗位达标活动记录。

(2) 施工单位的分包申请、监理单位审核及项目法人审批记录。

(3) 监督检查设计单位设计文件记录。

(4) 施工图设计交底、会审、设计变更审批记录。

(5) 新结构、新材料、新工艺以及特殊结构的工程安全措施审查论证记录。

(6) 监理规划备案记录。

(7) 工程设备设计文件(招标文件)。

(8) 工程设备监造记录(监造合同、过程记录)。

(9) 工程设备档案。

(10) 工程设备出厂、进场验收记录。

(11) 协调一致的交叉作业施工组织措施和安全技术措施。

(12) 安全生产协议。

(13) 项目法人对各参建单位此项工作开展情况的监督检查记录。

4.2.22 不得对参建单位提出违反建设工程安全生产法律、法规和强制性标准规定的要求，不得随意压缩合同约定的工期。

〖工作依据〗

《建设工程安全生产管理条例》(国务院令第393号);

《水利工程建设标准强制性条文管理办法(试行)》(水国科〔2012〕546号)。

〖工作要点〗

《建设工程安全生产管理条例》第七条规定，建设单位不得对勘察、设计、施工工程监理单位提出不符合建设工程安全生产法律、法规和强制性标准规定的要求，不得压缩合同约定的工期。

在以往的案例中，很多生产安全事故发生是因为参建单位盲目抢进度、赶工期造成的。如2016年11月24日发生的江西丰城“11·24”特大生产事故，根据事故调查处理报告中披露的情况，建设单位丰城三期发电厂要求工程总承包单位大幅度压缩7号冷却塔工期后，未按规定对工期调整的安全影响进行论证和评估。在其主导开展的“大干100天”活动中，针对7号冷却塔筒壁施工进度加快、施工人员大量增加等情况，未加强督促检查，未督促监理、总承包及施工单位采取相应措施，最终据此对相关责任单位和责任人进行了追责。

〖文件及记录〗

监督检查记录。

三、职业健康

水利工程施工过程中职业病危害因素来源多、种类繁多、复杂。既存在粉尘、噪声、放射性物质和其他有毒有害物质的危害，也存在高处作业、密闭空间作业、高温作业、低温作业、高原(低气压)作业、水下(高压)作业等产生的危害，劳动强度大、劳动时间长的危害也相当突出。加强职业健康的管理，是保障从业人员生命健康的重要手段。

4.3.1 监督检查参建单位建立职业健康管理制度，明确职业危害的监测、评价和控制的职责和要求。

4.3.2 监督检查参建单位为从业人员提供符合职业健康要求的工作环境和条件，配备相适应的职业健康防护用品。在产生职业病危害的工作场所应设置相应的职业病防护设施。

4.3.3 监督检查参建单位制定职业危害场所检测计划，定期对职业危害场所进行检测，并保存实施记录。

4.3.4 监督检查参建单位采取有效措施，确保砂石料生产系统、混凝土生产系统、钻孔作业、洞室作业等场所的粉尘、噪声、毒物指标符合有关标准的规定。

4.3.5 监督检查参建单位在可能发生急性职业危害的有毒、有害工作场所，设置报警装置，制定应急处置预案，现场配置急救用品、设备。

4.3.6 监督检查参建单位指定专人负责保管防护器具，并定期校验和维护。

4.3.7 监督检查参建单位对从事接触职业病危害的作业人员进行职业健康检查（包括上岗前、在岗期间和离岗时），建立健全职业卫生档案和员工健康监护档案。

4.3.8 监督检查参建单位如实告知作业过程中可能产生的职业危害及其后果、防护措施等，并对从业人员及相关方进行宣传，使其了解生产过程中的职业危害、预防和应急处理措施。

4.3.9 监督检查参建单位在存在严重职业病危害的作业岗位，设置警示标识和警示说明。

4.3.10 监督检查参建单位按有关规定及时、如实申报职业病危害项目，并及时更新信息。

〖工作依据〗

见本章第二节“施工企业现场管理”相关内容。

〖工作要点〗

参照本章第二节“施工企业现场管理”相关要求，对施工单位的职业健康管理工作进行监督检查，或对其上报的相关文件进行审批。

〖文件及记录〗

监督检查记录。

第二节 施工企业现场管理

施工企业现场管理主要工作内容包括设备设施管理、作业安全和职业健康三部分内容。

设备设施管理主要规定了管理制度的制定、设备管理机构及管理人员、设备设施台账及档案资料、设备运行、检查、维修保养及报废等内容，强调了特种设备的安装（拆除）及使用方面的要求。

作业安全主要规定了施工技术管理、施工现场管理、岗位达标、相关方管理等内容。具体包括施工现场管理，文明施工、交通、消防和施工临时用电的管理；作业行为管理，包括高边坡深基坑、脚手架、起重吊装、洞室作业、爆破作业、水上水下作业、焊接作业、临近带电体作业、交叉作业等危险性较大单项工程的管理，以及岗位达标、相关方的管理等。

职业健康主要规定了职业健康管理制度编制、职业危害因素场所检测、人员职业健康管理等工作内容。

一、设备设施管理

施工企业的设备设施管理主要包括施工现场施工机械设备、安全防护设施设备等内容。《评定标准》规定了设备设施管理制度、设备设施机构及人员、特种设备安装、拆除，设备运行、维修、保养和租赁的设备、分包方设备等的要求。

4.1.1 设备设施管理制度

设备设施管理制度应明确购置（租赁）、安装（拆除）、验收、检测、使用、检查、保养、维修、改造、报废等内容。

4.1.2 设备设施管理机构及人员

设置设备设施管理部门，配备管理人员，明确管理职责，形成设备设施安全管理网络。

4.1.3 设备设施采购及验收严格执行设备设施管理制度，购置合格的设备设施。

4.1.4 特种设备安装（拆除）

特种设备安装（拆除）单位具备相应资质；安装（拆除）人员具备相应的能力和资格；安装（拆除）特种设备应编制安装（拆除）专项方案，安排专人现场监督，安装完成后组织验收，委托具有专业资质的检测、检验机构检测合格后投入使用；按规定办理使用登记。

4.1.5 设备设施台账

建立设备设施台账并及时更新；设备设施管理档案资料齐全、清晰，管理规范。

〖工作依据〗

《中华人民共和国特种设备安全法》（主席令第四号）；

《中华人民共和国安全生产法》（主席令第十三号）；

《特种设备安全监察条例》（国务院令第 373 号）；

《建设工程安全生产管理条例》（国务院令第 393 号）；

《水利工程建设安全生产管理规定》（水利部令第 26 号）；

《建筑起重机械安全监督管理规定》（建设部令第 166 号）；

SL 721—2015《水利水电工程施工安全管理导则》。

〖工作要点〗

（1）施工企业编制的设备管理制度。

1）要素齐全。设备管理制度中包含设备购置（租赁）、安装（拆除）、检测、验收、使用、检查、保养、维修、改造、报废等内容。制度制定过程中，可将相关内容集中编写，也可分别编写。

2）各项工作流程、工作要求及职责清晰。

3）具有可操作性。

4）制度内容满足法律法规要求，如特种设备的安装、拆除、检验、验收等应满足《中华人民共和国特种设备安全法》等相关要求。

（2）设备管理机构及人员。

施工企业及现场项目部应设置负责设备管理的机构或配备设备专（兼）职管理人员；并组建由企业（项目部）主要负责人、设备管理相关部门及各级人员组成的设备安全管理网络，并有相关文件作为支撑。

（3）特种设备基本概念。

《中华人民共和国特种设备安全法》第二条规定：

特种设备，是指对人身和财产安全有较大危险性的锅炉、压力容器（含气瓶）、压力管道、电梯、起重机械、客运索道、大型游乐设施、场（厂）内专用机动车辆，以及法律、行政法规规定适用本法的其他特种设备。国家对特种设备实行目录管理。特种设备目录由国务院负责特种设备安全监督管理的部门制定，报国务院批准后执行。

根据《中华人民共和国特种设备安全法》规定，授权国务院对特种设备采用目录管理方式，由国务院决定将哪些设备和设施纳入特种设备范围。以目录的形式明确实施监督管理的特种设备具体种类、品种范围，是为了明确各部门的责任，规范国家实施安全监督管理工作。

国务院特种设备安全监督管理部门定期公布特种设备目录，凡在特种设备目录中的设备均应依法进行管理。如原国家质检总局于2014年发布的《关于修订〈特种设备目录〉的公告》（2014年第114号），将《中华人民共和国特种设备安全法》明确规定的锅炉、压力容器（含气瓶）、压力管道、电梯、起重机械、客运索道、大型游乐设施、场（厂）内专用机动车辆这8类设备和其他法律、行政法规规定适用本法的其他特种设备列入目录，并列出特种设备的种类（包括压力管道元件）的相应类别。需要注意的是，《特种设备目录》中的场（厂）内专用机动车辆是指叉车、机动工业车辆和牵引车等，而施工现场的土石方机械如挖掘机、自卸汽车、压路机等不属于特种设备范畴。《特种设备目录》规定的特种设备范围见表4-1。

表4-1　　特种设备目录（常用部分）

代码	种　类	类　别	品　种
1000	锅炉	锅炉，是指利用各种燃料、电或者其他能源，将所盛装的液体加热到一定的参数，并通过对外输出介质的形式提供热能的设备，其范围规定为设计正常水位容积大于或者等于30L，且额定蒸汽压力大于或者等于0.1MPa（表压）的承压蒸汽锅炉；出口水压大于或者等于0.1MPa（表压），且额定功率大于或者等于0.1MW的承压热水锅炉；额定功率大于或者等于0.1MW的有机热载体锅炉	
2000	压力容器	压力容器，是指盛装气体或者液体，承载一定压力的密闭设备，其范围规定为最高工作压力大于或者等于0.1MPa（表压）的气体、液化气体和最高工作温度高于或者等于标准沸点的液体、容积大于或者等于30L且内直径（非圆形截面指截面内边界最大几何尺寸）大于或者等于150mm的固定式容器和移动式容器；盛装公称工作压力大于或者等于0.2MPa（表压），且压力与容积的乘积大于或者等于1.0MPa·L的气体、液化气体和标准沸点等于或者低于60℃液体的气瓶；氧舱	

续表

代码	种　类	类　别	品　种
8000	压力管道	压力管道，是指利用一定的压力，用于输送气体或者液体的管状设备，其范围规定为最高工作压力大于或者等于0.1MPa（表压），介质为气体、液化气体、蒸汽或者可燃、易爆、有毒、有腐蚀性、最高工作温度高于或者等于标准沸点的液体，且公称直径大于或者等于50mm的管道。公称直径小于150mm，且其最高工作压力小于1.6MPa（表压）的输送无毒、不可燃、无腐蚀性气体的管道和设备本体所属管道除外。其中，石油天然气管道的安全监督管理还应按照《中华人民共和国安全生产法》《中华人民共和国石油天然气管道保护法》等法律法规实施	
3000	电梯	电梯，是指动力驱动，利用沿刚性导轨运行的箱体或者沿固定线路运行的梯级（踏步），进行升降或者平行运送人、货物的机电设备，包括载人（货）电梯、自动扶梯、自动人行道等。非公共场所安装且仅供单一家庭使用的电梯除外	
4000	起重机械	起重机械，是指用于垂直升降或者垂直升降并水平移动重物的机电设备，其范围规定为额定起重量大于或者等于0.5t的升降机；额定起重量大于或者等于3t（或额定起重力矩大于或者等于40t·m的塔式起重机，或生产率大于或者等于300t/h的装卸桥），且提升高度大于或者等于2m的起重机；层数大于或者等于2层的机械式停车设备	
4100		桥式起重机	
4110			通用桥式起重机
4130			防爆桥式起重机
4140			绝缘桥式起重机
4150			冶金桥式起重机
4170			电动单梁起重机
4190			电动葫芦桥式起重机
4200		门式起重机	
4210			通用门式起重机
4220			防爆门式起重机
4230			轨道式集装箱门式起重机
4240			轮胎式集装箱门式起重机
4250			岸边集装箱起重机
4260			造船门式起重机
4270			电动葫芦门式起重机
4280			装卸桥
4290			架桥机
4300		塔式起重机	
4310			普通塔式起重机
4320			电站塔式起重机
4400		流动式起重机	

续表

代码	种　类	类　别	品　种
4410			轮胎起重机
4420			履带起重机
4440			集装箱正面吊运起重机
4450			铁路起重机
4700		门座式起重机	
4710			门座起重机
4760			固定式起重机
4800		升降机	
4860			施工升降机
4870			简易升降机
4900		缆索式起重机	
4A00		桅杆式起重机	
F000	安全附件		
7310			安全阀
F220			爆破片装置
F230			紧急切断阀
F260			气瓶阀门

（4）特种设备制造许可。

从事特种设备生产制造的单位，应取得特种设备制造许可。施工单位在采购、租赁特种设备时，应要求制造单位或供应商提供特种设备的制造许可。《中华人民共和国特种设备安全法》第十八条规定：

国家按照分类监督管理的原则对特种设备生产实行许可制度。特种设备生产单位应当具备下列条件，并经负责特种设备安全监督管理的部门许可，方可从事生产活动：

《特种设备安全监察条例》第十四条规定，锅炉、压力容器、电梯、起重机械、客运索道、大型游乐设施及其安全附件、安全保护装置的制造、安装、改造单位，以及压力管道用管子、管件、阀门、法兰、补偿器、安全保护装置等的制造单位，应当经国务院特种设备安全监督管理部门许可，方可从事相应的活动。

（5）特种设备安装拆除资质。

由于特种设备本身具有潜在危险性的特点，特种设备的安全性能不但与特种设备本身质量安全性能有关，而且与其相关的安全管理、检验检测及作业人员的素质和水平有关。为了保证特种设备的安全性能，必须具备相应的知识和技能，保证安全管理、检验检测及作业符合安全技术规范要求，才能确保设备运行安全。因此，相关人员必须经过考试，取得相应资格后，方可从事相应的工作，是保证特种设备安全运行必不可少的基础工作。

针对特种设备发生事故后将造成严重伤亡的后果，《中华人民共和国特种设备安全法》

和《特种设备安全监察条例》对于特种设备的安装拆除企业和从业人员提出了资质和资格要求，不具备相应资质和资格的人员不得从业特种设备安装（拆除）工作。

对于施工现场经常使用的起重机械类特种设备的管理，在《中华人民共和国特种设备安全法》《特种设备安全监察条例》和《建筑起重机械安全监督管理规定》均提出了要求。

对于房屋建筑工地和市政工程工地所使用的起重机械，根据《中华人民共和国特种设备安全法》第一百条和《特种设备安全监察条例》第三条的要求，应执行《建筑起重机械安全监督管理规定》。上述两类工地所使用的起重机械和专用机动车辆安装和使用环节管理，由建设行政主管部门负责，但设备的制造、改造和维修等应执行《中华人民共和国特种设备安全法》和《特种设备安全监察条例》的规定。《中华人民共和国特种设备安全法》第一百条规定，铁路机车、海上设施和船舶、矿山井下使用的特种设备以及民用机场专用设备安全的监督管理，房屋建筑工地、市政工程工地用起重机械和场（厂）内专用机动车辆的安装、使用的监督管理，由有关部门依照本法和其他有关法律的规定实施。

《特种设备安全监察条例》第三条规定：

特种设备的生产（含设计、制造、安装、改造、维修，下同）、使用、检验检测及其监督检查，应当遵守本条例，但本条例另有规定的除外。

军事装备、核设施、航空航天器、铁路机车、海上设施和船舶以及煤矿矿井使用的特种设备的安全监察不适用本条例。

房屋建筑工地用起重机械的安装、使用的监督管理，由建设行政主管部门依照有关法律、法规的规定执行。

《建筑起重机械安全监督管理规定》第十条规定：

从事建筑起重机械安装、拆卸活动的单位（以下简称安装单位）应当依法取得建设主管部门颁发的相应资质和建筑施工单位安全生产许可证，并在其资质许可范围内承揽建筑起重机械安装、拆卸工程。

2015年住房和城乡建设部发布的《建筑业企业资质标准》，明确了门式起重机、塔式起重机和施工升降机的安装、拆卸应具有“起重设备安装工程专业承包资质标准”。起重设备安装工程专业承包资质分为一级、二级、三级。每级资质所承担的工程规模均有明确规定：

一级资质可承担塔式起重机、各类施工升降机和门式起重机的安装与拆卸。

二级资质可承担3150千牛·米以下塔式起重机、各类施工升降机和门式起重机的安装与拆卸。

三级资质可承担800千牛·米以下塔式起重机、各类施工升降机和门式起重机的安装与拆卸。

对于其他场所用起重机械的安装、拆除单位应按《中华人民共和国特种设备安全法》和《特种设备安全监察条例》的规定，取得“特种设备安装改造维修许可证”方可开展相关作业活动。

《建筑起重机械安全监督管理规定》第十七条规定，使用单位应当自建筑起重机械安装验收合格之日起30日内，将建筑起重机械安装验收资料、建筑起重机械安全管理制度、特种作业人员名单等，向工程所在地县级以上地方人民政府建设主管部门办理建筑起重机械使用登记。登记标志置于或者附着于该设备的显著位置。

（6）特种设备安装、拆除技术方案。

检查特种设备安装、拆卸前所编制的技术方案，技术方案应履行审核、审批手续。根据 SL 721—2015 附录 A 的规定：特种设备中的起重机械自身的安装、拆卸属于达到一定规模的危险性较大的单项工程，在实施前应编制技术方案。方案的编制、审核等应符合 SL 721—2015 第 7.3 节的有关规定执行。

（7）特种设备验收与检定。

《中华人民共和国特种设备安全法》规定，特种设备交付或投入使用前，应经具备资质的检验检测机构检验合格。其中起重机械安装完毕后，使用单位应当组织出租、安装、监理等有关单位进行验收，或者委托具有相应资质的检验检测机构进行验收。建筑起重机械经验收合格后方可投入使用，未经验收或者验收不合格的不得使用。

（8）设备台账。

施工企业应建立现场施工设备台账，并保证台账信息完整，一般应包括以下内容：

1）设备来源、类型、数量、技术性能、使用年限等信息。

2）设施设备进场验收资料。

3）使用地点、状态、责任人及检测检验、日常维修保养等信息。

4）采购、租赁、改造计划及实施情况等。

（9）特种设备档案。

《中华人民共和国特种设备安全法》第三十五条规定，特种设备安全技术档案应包括以下内容：

1）特种设备的设计文件、产品质量合格证明、安装及使用维护保养说明、监督检验证明等相关技术资料和文件（设计文件一般包括设计图纸、计算书、说明书等；产品质量合格证明是指企业内部的检验人员出具的检验合格证；安装及使用维修说明包括三部分内容，即安装说明、使用说明、维修说明，这三部分内容并不是都是必须具备的，而要根据设备的复杂情况由安全技术规范规定；监督检验证明是指国家特种设备安全监督管理部门核准的检验检测机构对制造过程、安装过程、重大维修过程进行监督检验出具的监督检验合格证书，重大维修过程一般指改变设备参数或者安全性能的修理过程）；

2）特种设备的定期检验和定期自行检查记录；

3）特种设备的日常使用状况记录；

4）特种设备及其附属仪器仪表的维护保养记录；

5）特种设备的运行故障和事故记录。

〖**文件及记录**〗

（1）以正式文件发布的设备管理制度。

（2）设备管理机构设立及人员配备文件。

（3）设备采购及验收记录、设备随机相关资料（包括设备设施生产许可证、产品质量合格证等）。

（4）特种设备安装与拆除：

1）特种设备安装（拆除）单位相应资质资料。

2）安装（拆除）人员资格资料。

3）特种设备安装（拆除）技术方案及监理批复。

4）特种设备安装（拆除）旁站记录。

5）特种设备安装后的验收记录。

6）报请有关单位检验合格的记录（《特种设备注册登记表》、定期检验合格报告、检验合格证书）。

7）定期检查、维护、保养记录。

8）特种设备事故应急救援预案。

（5）设备台账及档案：

1）设备台账（注明自有、租赁、特种设备等属性）。

2）监理进场验收有关记录。

3）设备管理档案资料及相关记录（如合格证、说明书、设备履历、技术资料等）。

4.1.6 设备设施检查

设备设施运行前应进行全面检查；运行过程中应按规定进行自检、巡检、旁站监督、专项检查、周期性检查，确保性能完好。

4.1.7 设备性能及运行环境

设备结构、运转机构、电气及控制系统无缺陷，各部位润滑良好；基础稳固，行走面平整，轨道铺设规范；制动、限位等安全装置齐全、可靠、灵敏；仪表、信号、灯光等齐全、可靠、灵敏；防护罩、盖板、爬梯、护栏等防护设施完备可靠；设备醒目的位置悬挂有标识牌、检验合格证及安全操作规程；设备干净整洁，无跑冒滴漏；作业区域无影响安全运行的障碍物；同一区域有两台以上设备运行可能发生碰撞时，制定安全运行方案。

4.1.8 设备运行

设备操作人员严格按照操作规程运行设备，运行记录齐全。

4.1.9 租赁设备和分包单位的设备

设备租赁合同或工程分包合同应明确双方的设备管理安全责任和设备技术状况要求等内容；租赁设备或分包单位的设备进入施工现场验收合格后投入使用；租赁设备或分包单位的设备应纳入本单位管理范围。

〖工作依据〗

《中华人民共和国特种设备安全生产法》（主席令第四号）；

《中华人民共和国安全生产法》（主席令第十三号）；

《特种设备安全监察条例》（国务院令第373号）；

TSG 08—2017《特种设备使用管理规则》；

TSG Q5001—2009《起重机械使用管理规则》；

TSG R5002—2013《压力容器使用管理规则》；

TSG G5004—2014《锅炉使用管理规则》；

SL 398—2007《水利水电工程施工通用安全技术规程》；

SL 425—2017《水利水电起重机械安全规程》；

SL 721—2015《水利水电工程施工安全管理导则》。

〖工作要点〗

（1）设备运行检查。

为保证投入使用的施工机械设备处于良好、安全状态，一般要求施工机械设备投入使用前进行全面、系统的检查，检查合格后再向监理单位履行设备进场报验工作，对不满足合同条件的设备拒绝进场。检查验收内容一般应包括：型号规格、生产能力、机容机貌、技术状况；核对设备制造厂合格证、役龄期；核对强制年检设备的（如运输车辆、起重设备、压力容器等）检验合格证，对不满足合同条件的设备拒绝进场。未办理进场验收手续的设备不得投入使用。

运行过程中按相关规定对设备开展各项检查工作。关于设备检查的要求，水利行业目前主要依据 SL 398—2007、SL 399—2007、SL 400—2007、SL 425—2017 对起重机械的检查提出具体规定外，对于其他施工机械的检查没有相关的技术标准、规范。考虑到建筑行业间施工机械设备的通用性，施工单位在对施工机械设备开展检查时，可参考 JGJ 160—2016《施工现场机械设备检查技术规范》中规定的 11 大类共 50 种施工机械设备的检查技术要求。如动力设备：发电机、空气压缩机；土方及筑路机械：推土机、挖掘机、压路机、液压破碎锤、沥青洒布车等；起重机械：履带起重机、汽车起重机、轮胎起重机、塔式起重机、桥（门）式起重机、施工升降机、电动卷扬机、物料提升机；高空作业设备：高处作业吊篮、附着整体升降脚手架升降动力设备、自行式高空作业平台；混凝土机械：混凝土搅拌机、混凝土喷射机组、混凝土输送泵、混凝土输送泵车、混凝土振捣器；焊接机械：交流电焊机、直流电焊机、钢筋点焊机、钢筋对焊机、竖向钢筋电渣压力焊机；钢筋加工机械：钢筋调直机、钢筋切断机、钢筋弯曲机；非开挖机械：顶管机、盾构机、凿岩台车等。

SL 398—2008、SL 425—2017、TSG Q5001—2009 中规定，对起重机械的日常维护保养的重点是对主要受力结构件、安全保护装置、工作机构、操纵机构、电气（液压、气动）控制系统等进行清洁、润滑、检查、调整、更换易损件和失效的零部件。

在用起重机械的自行检查至少包括以下内容：

1）整机工作性能。

2）安全保护、防护装置。

3）电气（液压、气动）等控制系统的有关部件。

4）液压（气动）等系统的润滑、冷却系统。

5）制动装置。

6）吊钩及其闭锁装置、吊钩螺母及其放松装置。

7）联轴器。

8）钢丝绳磨损和绳端的固定。

9）链条和吊辅具的损伤。

起重机械的全面检查，除包括上述要求的自行检查的内容外，还应当包括以下内容：

1）金属结构的变形、裂纹、腐蚀，以及其焊缝、铆钉、螺栓等连接。

2）主要零部件的变形、裂纹、磨损。

3）指示装置的可靠性和精度。

4）电气和控制系统的可靠性。

必要时还需要进行相关的载荷试验。使用单位可以根据起重机械工作的繁重程度和环境条件的恶劣状况，确定高于相关技术标准的日常维护保养、自行检查和全面检查的周期和内容。

（2）设备性能及运行环境。

应对照相关技术标准、规范和管理制度检查现场设备性能及运行环境是否合规，并形成检查记录。施工单位应针对此项工作，根据不同设备特点，依据相关技术标准、规范和设备技术文件编制详细的检查要求（表格），可结合本章“4.2.1设备检查”工作一并开展。除开展定期的检查工作外，还应做好日常的动态检查工作，确保设备性能及运行环境始终处于安全状态。

应重点检查现场设备之间是否存在发生碰撞的可能，如多台起重机械成群或相邻布置、土方施工机械交叉作业等。施工单位应制定设备运行管理措施，通过科学合理的调度运行、可靠的防护措施、设置必要的安全警示标志等，确保设备不互相发生碰撞，避免生产安全事故的发生。

（3）设备运行。

应针对不同设备制定设备运行检查工作要求，设备运行期间由操作人员及时、准确、真实地记录设备运行的情况，以保证设备处于良好的运行状态，杜绝带病运行的情况发生。运行记录本建议装订成册，并随设备携带、随时记录，记满后由项目部及时收回存档。设备运行记录以打印形式或不随设备携带的做法均不规范，不能保证运行记录的真实性。

（4）租赁设备和分包方的设备管理。

1）施工企业对租赁的设备和分包方的设备，应在租赁合同和分包合同中明确双方安全责任，安全责任划分应清晰、明确、与实际相符。

2）施工企业对租赁和分包方设备的管理要求，在《建设工程安全生产管理条例》中，做出了明确的规定：

1）施工单位采购、租赁的安全防护用具、机械设备、施工机具及配件，应当具有生产（制造）许可证、产品合格证，并在进入施工现场前进行查验。

施工单位在使用施工起重机械和整体提升脚手架、模板等自升式架设设施前，应当组织有关单位进行验收，也可以委托具有相应资质的检验检测机构进行验收；使用承租的机械设备和施工机具及配件的，由施工总承包单位、分包单位、出租单位和安装单位共同进行验收。验收合格的方可使用。

2）施工单位应对租赁和分包商的设备视为自有设备进行管理。相关管理要求包括进场验收、检查、运行记录、维修保养等工作应与自有设备管理要求相同，只是实施主体不同，施工单位应履行对租赁和分包商设备的监督检查职责，并提供相关工作记录。

〖文件及记录〗

(1) 设备设施检查。

1) 设备运行前检查记录。

2) 设备运行过程中的各项检查记录。

(2) 设备性能及运行环境。

1) 设备性能及运行环境检查记录。

2) 同一区域有两台以上设备共同运行时制定的安全措施。

(3) 设备运行记录。

(4) 租赁及分包单位设备。

1) 设备台账。

2) 设备租赁合同或工程分包合同。

3) 设备进场验收记录(含监理记录资料)。

4)《评审标准》第4.2.1条中要求的各项管理记录。

4.1.10 安全设施管理

建设项目安全设施必须执行“三同时”制度;临边、沟、坑、孔洞、交通梯道等危险部位的栏杆、盖板等设施齐全、牢固可靠;高处作业等危险作业部位按规定设置安全网等设施;施工通道稳固、畅通;垂直交叉作业等危险作业场所设置安全隔离棚;机械、传送装置等的转动部位安装可靠的防护栏、罩等安全防护设施;临水和水上作业有可靠的救生设施;暴雨、台风、暴风雪等极端天气前后组织有关人员对安全设施进行检查或重新验收。

〖工作依据〗

SL 398—2007《水利水电工程施工通用安全技术规程》;

SL 714—2015《水利水电工程施工安全防护设施技术规范》;

GB/T 8196—2003《机械安全防护装置固定式和活动式防护装置设计与制造一般要求》。

〖工作要点〗

(1) 安全防护设施技术要求。

施工现场的安全防护设施管理应符合相关技术标准。SL 398—2007第5章专门规定了安全防护设施技术要求,内容包括:基本规定、施工脚手架、高处作业、施工走道、栈桥与梯子,栏杆、盖板与防护棚,安全防护用具等,对各项安全防护设施的技术标准和要求进行了明确的规定(安全防护设施“三同时”的要求,见本章第一节“项目法人现场管理”)。

SL 714—2015中规定了水利水电工程新建、扩建、改建及维修加固工程施工现场安全防护设施的设置,对施工区域、作业面、通道、施工设备、机具,施工支护等相关技术要求提出了明确要求,内容包括安全防护栏杆、施工脚手架、施工通道、盖板与防护棚、施工设备机具防护、临时设施等。

在施工过程中,对于在SL 398—2007、SL 714—2015中未进行详细规定的安全防护设施标准,可参考JGJ 80—2016中的有关规定,如对于洞口及交叉作业的防护,给出了明确的技术要求：

4.2.1　在洞口作业时，应采取防坠落措施，并应符合下列规定：

1　当垂直洞口短边边长小于500mm时，应采取封堵措施；当垂直洞口短边边长大于或等于500mm时，应在临空一侧设置高度不小于1.2m的防护栏杆，并应采用密目式安全立网或工具式栏板封闭，设置挡脚板；

2　当非垂直洞口短边尺寸为25～500mm时，应采用承载力满足使用要求的盖板覆盖，盖板四周搁置应均衡，且应防止盖板移位；

3　当非垂直洞口短边边长为500～1500mm时，应采用专项设计盖板覆盖，并应采取固定措施；

4　当非垂直洞口短边长大于或等于1500mm时，应在洞口作业侧设置高度不小于1.2m的防护栏杆，并应采用密目式安全立网或工具式栏板封闭；洞口应采用安全平网封闭。

7.0.6　当建筑物高度大于24m、并采用木板搭设时，应搭设双层防护棚，两层防护棚的间距不应小于700mm。

（2）施工设备、机具安全防护装置技术要求。

对于施工设备、机具的安全防护装置技术要求，在SL 714—2015第3.5节中进行了规定。针对设备、机具的安全防护装置设计和制造，应符合GB/T 8196—2003，此标准中规定了主要用于保护人员免受机械性危险伤害的防护装置的设计和制造的一般要求。

（3）安全防护设施检查验收。

暴雨、台风、暴风雪等极端天气前后组织有关人员对安全设施进行检查或重新验收，工作过程中应注意检查或重新验收工作开展的时间节点，为保证安全防护设施在经历极端天气过程中及经过后，安全防护设施处于有效状态检查工作应分两次进行：一是在极端天气来临前，应根据所掌握的气象信息，对安全设施进行全面检查，防止安全防护设施在极端天气过程中失效导致安全事故；二是极端天气过后，应组织相关人员对安全设施进行全面检查和重新验收，及时发现、处理因极端天气对安全防护设施造成的损毁。

〖文件及记录〗

（1）安全防护设施管理制度。

（2）监督检查、验收记录（含极端天气前、后的检查、验收记录）。

（3）各类安全防护设施检查、验收记录。

4.1.11　设备设施维修保养

根据设备安全状况编制设备维修保养计划或方案，对设备进行维修保养；维修保养作业应落实安全措施，并明确专人监护；维修结束后应组织验收；记录规范。

〖工作依据〗

SL 398—2007《水利水电工程施工通用安全技术规程》；

SL 399—2007《水利水电工程土建施工安全技术规程》；

SL 721—2015《水利水电工程施工安全管理导则》。

〖工作要点〗

（1）编制设备维修保养计划。施工单位的设备维修保养计划应详细、具体、有可操作性，针对有特殊要求的设备，还应符合相关技术标准、规范及设备自身的技术要求，必要时还应制定维修保养安全措施。内容应具体到每台设备维修保养时间、维修保养项目、责任人等。

（2）依据设备维修保养计划，开展维护保养工作，对于大型设施设备在维修保养过程中，应安排专人进行监护，严格落实各项安全措施，并形成工作记录。

（3）验收。检查维修保养工作结束后，施工单位应组织维修、设备管理等人员进行验收，对维修保养过程进行验证，确认维修保养工作满足相关要求，杜绝维修保养后未经验收或验收不合格的设备投入使用。

（4）维修保养记录。设备使用单位应对维修保养工作进行详细记录，内容应齐全、完整、保证真实。包括维修保养的时间、人员、项目、维修保养过程、验收检查记录、责任人签字等内容。

〖文件及记录〗

（1）包含设备维修保养的管理制度。

（2）设备维修保养计划。

（3）设备维修保养台账。

（4）设备维修保养工作记录。

（5）专人监护工作记录。

（6）设备维修保养验收记录。

4.1.12　特种设备管理

按规定进行登记、建档、使用、维护保养、自检、定期检验以及报废；有关记录规范；制定特种设备事故应急措施和救援预案；达到报废条件的及时向有关部门申请办理注销；建立特种设备技术档案（包括设计文件、制造单位、产品质量合格证明、使用维护说明等文件以及安装技术文件和资料；定期检验和定期自行检查的记录；日常使用状况记录；特种设备及其安全附件、安全保护装置、测量调控装置及有关附属仪器仪表的日常维护保养记录；运行故障和事故记录；高耗能特种设备的能效测试报告、能耗状况记录以及节能改造技术资料）；安全附件、安全保护装置、安全距离、安全防护措施以及与特种设备安全相关的建筑物、附属设施，应当符合有关规定。

〖工作依据〗

《中华人民共和国特种设备安全生产法》（主席令第四号）；

《特种设备安全监察条例》（国务院令第 373 号）；

《建筑起重机械安全监督管理规定》（建设部令第 166 号）；

TSG 21—2016《固定式压力容器安全技术监察规程》；

TSG G7002—2015《锅炉定期检验规则》；

TSG R0005—2011《移动式压力容器安全技术监察规程》；

TSG R0006—2014《气瓶安全技术监察规程》；

TSG Q7015—2016《起重机械定期检验规则》；

TSG N0001—2017《场（厂）内专用机动车辆安全技术监察规程》；

TSG ZF001—2006《安全阀安全技术监察规程》；

SL 425—2017《水利水电起重机械安全规程》；

SL 721—2015《水利水电工程施工安全管理导则》。

〖**工作要点**〗

（1）特种设备管理。根据《中华人民共和国特种设备安全法》的规定，特种设备制造、使用过程中应开展监督检验、定期检验和定期自行检查。关于监督检验，在《评审标准》第4.1.4条中已做出说明。

（2）特种设备的档案资料。施工单位所使用的特种设备，应按有关规定登记、建档，关于特种设备的档案资料，《中华人民共和国特种设备安全法》第三十五条规定：

特种设备使用单位应当建立特种设备安全技术档案。安全技术档案应当包括以下内容：

（1）特种设备的设计文件、产品质量合格证明、安装及使用维护保养说明、监督检验证明等相关技术资料和文件；

（2）特种设备的定期检验和定期自行检查记录；

（3）特种设备的日常使用状况记录；

（4）特种设备及其附属仪器仪表的维护保养记录；

（5）特种设备的运行故障和事故记录。

（3）定期检验。

定期检验是指定期检查验证特种设备的安全性能是否符合安全技术规范。检验检测机构接到定期检验要求后，应当按照安全技术规范的要求及时进行安全性能检验和能效测试。

《中华人民共和国特种设备安全法》规定，特种设备使用单位应当对其使用的特种设备进行经常性维护保养和定期自行检查，并作出记录。特种设备使用单位应当对其使用的特种设备的安全附件、安全保护装置进行定期校验、检修，并做出记录。

做好在用特种设备的定期检验工作，是特种设备安全监督管理的一项重要制度，是确保安全使用的必要手段。所有特种设备在运行中，因腐蚀、疲劳、磨损，都随着使用的时间产生一些新的问题，或原来允许存在的问题逐步扩大，产生事故隐患，通过定期检验可以及时发现这些问题，以便采取措施进行处理，保证特种设备能够运行至下一个周期。特种设备使用单位应当按照安全技术规范的要求，在检验合格有效期届满前1个月内向所在辖区内有相应资质的特种设备检验机构提出定期检验要求。

根据特种设备本身结构和使用情况，在有关检验检测的安全技术规范中，规定了特种设备的检验周期，如锅炉一般为2年、压力容器为3～6年，电梯为1年等。经过检验，其下次检验日期应在检验报告或检验合格证明中注明。针对特种设备的自行检查和定期检验，使用登记标记结合检验合格标记，是证明该设备合法使用的证明，置于显著位置，提示使用者在有效期内可以安全使用。

特种设备检验机构接到定期检验要求后，应当按照安全技术规范的要求及时进行安全性能检验。特种设备使用单位应当将定期检验标志置于该特种设备的显著位置。未经定期检验或者检验不合格的特种设备，不得继续使用。

特种设备的安全附件是指锅炉、压力容器、压力管道等承压类设备上用于控制温度、压力、容量、液位等技术参数的测量、控制仪表或装置，通常指安全阀、爆破片、液（水）位计、温度计等及其数据采集处理装置。

安全保护装置是指电梯、起重机械、客运索道、大型游乐设施和场（厂）内专用机动车辆等机电类设备上，用于控制位置、速度、防止坠落的装置，通常指限速器、安全钳、缓冲器、制动器、限位装置、安全带（压杠）、门锁及其联锁装置等。

特种设备的安全附件、安全保护装置有的在特种设备一旦出现异常情况时能够起到自我保护的作用，如锅炉、压力容器、压力管道上的安全阀，电梯的安全钳、起重机械的超载限制器等；有的是观察特种设备是否正常使用的“眼睛”，如锅炉的温度计、水位表等。如果安全附件、保护装置失灵，特种设备在出现异常现象时，将得不到自我保护。据统计分析，因安全附件、安全保护装置等失灵引起的事故占事故起数的16.2%。因此，对在用特种设备的安全附件、安全保护装置进行定期校验、检修十分重要，必须切实做好，并做出记录。对计量仪器、仪表，如压力表等，属于计量强检的应当按照计量法律、法规的要求，经计量部门检定。

上述工作中所提到的安全技术规范，应执行质量技术监督总局发布的系列特种设备的有关技术规范和标准。

在表4-2中，根据相关技术标准，列举了部分特种设备定期检验的相关要求。

（4）特种设备的能耗管理。

特种设备能效指标是指按照规定的测试程序确定的特种设备产品能源转换或能源利用效率的目标值（最高能效）和限定值（最低能效），国家以安全技术规范或强制性标准的形式公布各类特种设备产品的能效指标。生产企业在出厂随机文件标明其产品的能效指标（目标值和限定值）时，应当同时明确达到能效指标（目标值和限定值）时的工况和条件。

《中华人民共和国特种设备安全法》第十九条规定，特种设备生产单位应当保证特种设备生产符合安全技术规范及相关标准的要求，对其生产的特种设备的安全性能负责。不得生产不符合安全性能要求和能效指标以及国家明令淘汰的特种设备。生产经营单位在采购、使用特种设备时应当选择符合规定的产品。

根据《中华人民共和国节约能源法》第十六条“对高耗能的特种设备，按照国务院的规定实行节能审查和监管”的规定，负责特种设备监督管理的部门，制定了高耗能特种设备节能管理办法，结合实施的安全监督管理工作，开展了设计文件节能方面审查、能耗测试等工作。

〖文件及记录〗

（1）特种设备定期检验申请。

（2）特种设备定期检验报告。

（3）特种设备定期检验合格标志。

（4）特种设备自行检查、维护保养记录。

（5）特种设备应急措施或预案。

（6）特种设备报废档案。

表 4－2　　特种设备检验周期一览表（部分）

序号	设备名称及代码			检验项目及周期		标准规范	发布时间	备注
1	锅炉（1000）			外部检验	每年一次	TSG G7002—2015《锅炉定期检验规则》	2015年7月7日	内部检验： 1. 成套装置中的锅炉结合成套装置的大修周期进行，电站锅炉结合锅炉检修同期进行，一般每3～6年进行一次； 2. 首次内部检验在锅炉投入运行后一年进行，成套装置中的锅炉和电站锅炉可以结合第一次检修进行； 3. 移装锅炉投运前； 4. 锅炉停止运行1年以上（含1年）需要恢复运行前
				内部检验	每2年一次			
				水（耐）压试验	每3年一次			
2	压力容器（2000）	固定式（2100）		定期自行检查	每月、每年至少开展一次月度、年度检查	TSG 21—2016《固定式压力容器安全技术监察规程》第7.1.5条、8.1.6条、8.3节	2016年2月22日	压力容器的检查方式包括定期自行检查和定期检验两种。 全面检验的项目一般包括宏观检验、壁厚测定、表面缺陷检测、安全附件检验
				定期检验	金属压力容器一般于投用后3年内进行首次全面检验。以后的定期检验周期，由检验机构根据压力容器的安全状况等级确定。 1. 安全状况等级为1、2级的，一般每6年一次； 2. 安全状况等级为3级的，一般3～6年一次； 3. 安全状况等级为4级的，其检验周期由检验机构确定； 4. 安全状况等级为5级的，应当对缺陷进行处理，否则不得继续使用			
		移动式（2200）	汽车罐车（2220）、铁路罐车（2210）、罐式集装箱（224）	年度检查	每年至少一次，当进行年度检验的，可不进行年度检查	TSG R0005—2011《移动式压力容器安全技术监察规程》第8.3.1条	2011年11月15日	

续表

<table>
<tr><th>序号</th><th colspan="3">设备名称及代码</th><th colspan="2">检验项目及周期</th><th>标准规范</th><th>发布时间</th><th>备　注</th></tr>
<tr><td rowspan="6">2</td><td rowspan="6">压力容器（2000）</td><td rowspan="2">移动式（2200）</td><td rowspan="2">汽车罐车（2220）、铁路罐车（2210）、罐式集装箱（224）</td><td>定期检验</td><td>新罐车首次检验1年；安全状况等级为1、2级的，汽车罐车每5年至少一次，铁路罐车每4年至少一次，罐式集装箱每5年至少一次；安全状况等级为3级，汽车罐车每3年至少一次，铁路罐车每2年至少一次，罐式集装箱每2.5年至少一次</td><td rowspan="6">TSG R0006—2014《气瓶安全技术监察规程》</td><td rowspan="6">2014年9月5日</td><td rowspan="6"></td></tr>
<tr><td>耐压试验</td><td>每6年至少进行一次</td></tr>
<tr><td colspan="2" rowspan="4">气瓶（2300）</td><td colspan="2">钢质无缝气瓶、捆质焊接气瓶（不含液化石油气、液化二甲醚、溶解乙炔、车用气瓶及焊接绝接热气瓶等钢瓶）、铝合金无缝气瓶：
1. 盛装氮、六氟化硫、惰性气体及纯度大于等于99.999%的无腐蚀性高纯气体的气瓶，每5年检验1次；
2. 盛装对瓶体材料能产生腐蚀作用的气体的气瓶、潜水气瓶以及常与海水接触的气瓶，每2年检验1次；
3. 盛装其他气体白屏工作，每3年检验1次</td></tr>
<tr><td colspan="2">溶解乙炔气瓶、呼吸器用复合气瓶：每3年检验1次</td></tr>
<tr><td colspan="2">车用液化石油气钢瓶、车用液化二甲醚钢瓶：每5年1次</td></tr>
<tr><td colspan="2">液化石油气钢瓶、液化二甲醚钢瓶：每4年检验1次</td></tr>
<tr><td rowspan="2">3</td><td colspan="3" rowspan="2">电梯（3000）</td><td colspan="2">每年进行1次自行检查检验</td><td>TSG T5002—2017《电梯维护保养规则》</td><td>2017年1月16日</td><td rowspan="2"></td></tr>
<tr><td colspan="2">每年进行1次定期检验</td><td>TSG T7001—2009《电梯监督检验和定期检验规则——曳引与强制驱动电梯》</td><td>2009年</td></tr>
</table>

续表

序号	设备名称及代码		检验项目及周期	标准规范	发布时间	备　注
4	起重机械（4000）		第四条　在用起重机械定期检验周期如下： （一）塔式起重机、升降机、流动式起重机每年1次； （二）桥式起重机、门式起重机、门座式起重机、缆索式起重机、桅杆式起重机、机械式停车设备每2年1次，其中涉及吊运熔融金属的起重机，每年1次。 注：定期检验日期以安装改造重大修理监督检验、首次检验、停用后重新检验的检验合格日期为基准计算，下次定期检验日期不因本周期内的复检、不合格整改或者逾期检验而变动	TSG Q7015—2016《起重机械定期检验规则》第5条	2016年3月23日	
			在用起重机械至少每月进行一次日常维护保养和自行检查，每年进行一次全面检查	TSG Q5001—2009《起重机械使用管理规则》第34条	2009年8月31日	
5	场（厂）内专用机动车辆（5000）		定期检验周期为1年	TSG N0001—2017《场（厂）内专用机动车辆安全技术监察规程》	2017年1月16日	
6	安全附件及安全保护装置（F000）	锅炉、压力容器用安全阀（7310）	每年至少校验一次；特殊情况按相应的技术规范规定执行	TSG ZF001—2006《安全阀安全技术监察规程》B6.3.1条	2007年1月1日	
		爆破片（F220）	检验是否按期更换	TSG ZF001—2006《安全阀安全技术监察规程》B6.3.1条	2007年1月1日	

4.1.13 设备报废

设备设施存在严重安全隐患，无改造、维修价值，或者超过规定使用年限，应当及时报废。

〖工作依据〗

《中华人民共和国特种设备安全法》(主席令第四号)；

《建设工程安全生产管理条例》(国务院令第393号)；

SL 721—2015《水利水电工程施工安全管理导则》。

〖工作要点〗

(1) 检查现场是否存在应报废未报废，且正常使用的设备。

(2) 已报废的设备应进行了现场封存或撤出现场。在《建设工程安全生产管理条例》第三十四条对设备报废提出了明确要求，施工单位采购、租赁的安全防护用具、机械设备、施工机具及配件，应当具有生产(制造)许可证、产品合格证，并在进入施工现场前进行查验。

施工现场的安全防护用具、机械设备、施工机具及配件应设专人管理，定期进行检查、维修和保养，建立相应的资料档案，并按照国家有关规定及时报废。

〖文件及记录〗

(1) 设备台账。

(2) 设备检查、拆除、报废记录。

(3) 设备报废管理制度。

4.1.14 设备设施拆除

设备设施拆除前应制订方案，办理作业许可，作业前进行安全技术交底，现场设置警示标志并采取隔离措施，按方案组织拆除。

〖工作要求〗

参见《评审标准》第4.1.4条文件与记录的相关内容：①拆除方案；②作业许可批复；③安全技术交底记录。

二、作业安全

作业安全部分主要针对施工现场的施工技术管理、临时用电、消防、交通，以及脚手架、高处作业、高边坡、深基坑、有(受)限空间、洞室作业等危险性较大单项工程作业，根据技术标准提出了安全生产管理过程中应重点控制的内容。施工过程中，除按《评审标准》要求开展相关工作外，还应执行相关技术标准的规定，确保施工作业处于安全、可控的状态。

4.2.1 施工现场管理

施工总体布局与分区合理，规范有序，符合安全文明施工、交通、消防、职业健康、环境保护等有关规定。

〖工作依据〗

GB 50720—2011《建设工程施工现场消防安全技术规范》；

SL 303—2017《水利水电工程施工组织设计规范》；

SL 398—2007《水利水电工程施工通用安全技术规程》；

SL 714—2015《水利水电工程施工安全防护设施技术规范》；

SL 721—2015《水利水电工程施工安全管理导则》。

〖**工作要点**〗

（1）基本要求。此条主要对工程施工现场总体布局作出规定，具体工作内容在评审标准的其他评审要素中有更详细的规定，如施工现场交通、消防、临时用电和警示标志等。

（2）施工现场总平面布置。工程开工后施工单位应依据 SL 398—2007 第 3.1 节“基本规定”、3.2 节“现场布置”、3.3 节“施工交通与道路”、3.4 节“职业卫生与环境保护”和 3.5 节“消防”，GB 50720—2011 第 3 章“总平面布局”的要求及合同约定进行施工现场的总体布置与管理，对施工现场总体布置方案应报监理单位审批后实施。

由于大部分水利工程施工现场位于山区及河流附近，自然环境和生产生活条件较为恶劣，施工临时设施选址时，应对周边环境进行充分考察、合理布局、规划。在 SL 303—2017 中规定，下列地点不应设置施工临时设施：

（1）严重不良地质区或滑坡体危害区。

（2）泥石流、山洪、沙暴或雪崩可能危害区。

（3）受爆破或其他因素影响严重的区域。

（4）重点保护文物、古迹、名胜区或自然保护区。

（5）与重要资源开发有干扰的区域等。

根据 SL 398—2007 第 3.5.11 条和 GB 50720—2011 第 3.2.1 条对施工生产作业区与建筑物之间的防火安全距离（强制性条文）的规定，应作为现场安全管理的重点严格执行，条文规定：

（1）用火作业区距所建的建筑物和其他区域不得小于 25m。

（2）仓库区、易燃、可燃材料堆集场距所建的建筑物和其他区域不小于 20m。

（3）易燃品集中站距所建的建筑物和其他区域不小于 30m。

GB 50720—2011 中规定，易燃易爆危险品库房与在建工程的防火间距不应小于 15m，可燃材料堆场及其加工厂、固定动火作业场与在建工程的防火间距不应小于 10m，其他临时用房、临时设施与在建工程的防火间距不应小于 6m。

（3）施工现场环境与卫生可参照 JGJ 146—2009《建筑施工现场环境与卫生标准》的要求进行现场管理。

（4）现场临时设施可参照 GB 50720—2011 和 JGJ/T 188—2009《施工现场临时建筑物技术规范》的要求进行现场管理：

4.2.1 宿舍、办公用房的防火设计应符合下列规定：

1 建筑构件的燃烧性能等级应为 A 级。当采用金属夹芯板材时，其芯材的燃烧性能等级应为 A 级。

2 建筑层数不应超过 3 层，每层建筑面积不应大于 300m²。

3 层数为 3 层或每层建筑面积大于 200m² 时，应设置至少 2 部疏散楼梯，房间疏散门至疏散楼梯的最大距离不应大于 25m。

4 单面布置用房时，疏散走道的净宽度不应小于 1.0m；双面布置用房时，疏散走道的净宽度不应小于 1.5m。

5　疏散楼梯的净宽度不应小于疏散走道的净宽度。

6　宿舍房间的建筑面积不应大于 $30m^2$，其他房间的建筑面积不宜大于 $100m^2$。

7　房间内任一点至最近疏散门的距离不应大于 15m，房门的净宽度不应小于 0.8m；房间建筑面积超过 $50m^2$ 时，房门的净宽度不应小于 1.2m。

8　隔墙应从楼地面基层隔断至顶板基层底面。

4.2.2　发电机房、变配电房、厨房操作间、锅炉房、可燃材料库房及易燃易爆危险品库房的防火设计应符合下列规定：

1　建筑构件的燃烧性能等级应为 A 级。

2　层数应为 1 层，建筑面积不应大于 $200m^2$。

3　可燃材料库房单个房间的建筑面积不应超过 $30m^2$，易燃易爆危险品库房单个房间的建筑面积不应超过 $20m^2$。

4　房间内任一点至最近疏散门的距离不应大于 10m，房门的净宽度不应小于 0.8m。

4.2.3　其他防火设计应符合下列规定：

1　宿舍、办公用房不应与厨房操作间、锅炉房、变配电房等组合建造。

2　会议室、文化娱乐室等人员密集的房间应设置在临时用房的第一层，其疏散门应向疏散方向开启。

（5）施工企业可参照 JGJ 59—2011《建筑施工安全检查标准》第 3 节的要求进行管理，并定期开展检查。检查工作可与综合检查、专项检查、季节性检查、节假日检查、日常检查等工作结合开展。

〖文件及记录〗

（1）经批复的现场总体布置文件。

（2）现场检查记录。

4.2.2　施工技术管理

设置施工技术管理机构，配足施工技术管理人员，建立施工技术管理制度，明确职责、程序及要求；工程开工前，应参加设计交底，并进行施工图会审；对施工现场安全管理和施工过程的安全控制进行全面策划，编制安全技术措施，并进行动态管理；达到一定规模的危险性较大单项工程应编制专项施工方案，超过一定规模的危险性较大单项工程的专项施工方案，应组织专家论证；施工组织设计、施工方案等技术文件的编制、审核、批准、备案规范；施工前按规定分层次进行交底，并在交底书上签字确认；专项施工方案实施时安排专人现场监护，方案编制人员、技术负责人应现场检查指导。

〖工作依据〗

《建设工程安全生产管理条例》（国务院令第 393 号）；

《水利工程建设安全生产管理规定》（水利部令第 26 号）；

SL 398—2007《水利水电工程施工通用安全技术规程》；

SL 721—2015《水利水电工程施工安全管理导则》。

〖工作要点〗

（1）施工技术管理制度。

施工企业应编制施工技术管理制度，制度中应重点明确施工组织设计（包含安全技术措施）、专项施工方案等的内部编制、审核、审批要求，明确主管部门（技术管理机构）及责任人。施工组织设计及专项施工方案应由项目经理组织编写，施工单位技术负责人进行审批。关于技术措施的审批，在《建设工程安全生产管理条例》第二十六条规定：

施工单位应当在施工组织设计中编制安全技术措施和施工现场临时用电方案，对下列达到一定规模的危险性较大的分部分项工程编制专项施工方案，并附具安全验算结果，经施工单位技术负责人、总监理工程师签字后实施，由专职安全生产管理人员进行现场监督：

（1）基坑支护与降水工程；

（2）土方开挖工程；

（3）模板工程；

（4）起重吊装工程；

（5）脚手架工程；

（6）拆除、爆破工程；

（7）国务院建设行政主管部门或者其他有关部门规定的其他危险性较大的工程。

施工组织设计（包含安全技术措施）和专项施工方案所编写的内容应符合相关标准、规范，特别是强制性条文的要求。专项方案的编制、审核、论证和审批等具体要求应符合SL 721—2015 的相关规定。

经内部审核、审批后的施工组织设计（包含安全技术措施）和专项施工方案应按合同约定的程序报监理单位（或项目法人）审批后施行。

（2）安全技术措施专篇。

根据 SL 721—2015 的规定，施工单位在编制施工组织设计时，其中的安全技术措施专篇应包括以下内容：

1）安全生产管理机构设置、人员配备和安全生产目标计划。

2）危险源的辨识、评价及采取的控制措施、生产安全事故隐患排查治理方案。

3）安全警示标志设置。

4）安全防护措施。

5）危险性较大的单项工程安全技术措施。

6）对可能造成损害的毗邻建筑物、构筑物和地下管线等专项防护措施。

7）机电设备使用安全措施。

8）冬季、雨季、高温等不同季节及不同施工阶段的安全措施。

9）文明施工及环境保护措施。

10）消防安全措施。

11）危险性较大的单项工程专项施工方案等。

（3）专项施工方案。

1）专项施工方案的编制。

根据水利部令第 26 号和 SL 721—2015 的规定，水利工程施工过程中，对达到一定规模和超过一定规模的单项工程应编制专项施工方案，超过一定规模的单项工程专项施工方案还应组织专家进行论证。除 SL 721—2015 中的相关规定外，在 SL 398—2007 中规定，对进行三级、特级、悬空高处作业时，应事先制定专项安全技术措施。施工前，应向所有施工人员进行技术交底。对于三级及以上高处作业也要求编制专项施工方案，并且为强制性条文。根据SL 721—2015的规定，专项施工方案的内容一般应包括以下内容：

1）工程概况：危险性较大的单项工程概况、施工平面布置、施工要求和技术保证条件等；

2）编制依据：相关法律、法规、规章、制度、标准及图纸（国标图集）、施工组织设计等；

3）施工计划：包括施工进度计划、材料与设备计划等；

4）施工工艺技术：技术参数、工艺流程、施工方法、质量标准、检查验收等；

5）施工安全保证措施：组织保障、技术措施、应急预案、监测监控等；

6）劳动力计划：专职安全生产管理人员、特种作业人员等；

7）设计计算书及相关图纸等。

对于达到一定规模和超过一定规模的危险性较大单项工程，在SL 721—2015的附录A和附录B中给出了明确的标准：

A.0.1　达到一定规模的危险性较大的单项项工程

1　基坑支护、降水工程。开挖深度达到3m（含3m）～5m或虽未超过3m但地质条件和周边环境复杂的基坑（槽）支护、降水工程。

2　土方和石方开挖工程。开挖深度达到3m（含3m）～5m的基坑（槽）的土方和石方开挖工程。

3　模板工程及支撑体系

1）各类工具式模板工程：包括大模板、滑模、爬模、飞模等工程；

2）混凝土模板支撑工程：搭设高度5m～8m；搭设跨度10m～18m；施工总荷载$10kN/m^2$～$15kN/m^2$；集中线荷载15kN/m～20kN/m；高度大于支撑水平投影宽度且相对独立无联系构件的混凝土模板支撑工程；

3）承重支撑体系：用于钢结构安装等满堂支撑体系。

4　起重吊装及安装拆卸工程

1）采用非常规起重设备、方法，且单件起吊重量在10kN～100kN的起重吊装工程；

2）采用起重机械进行安装的工程；

3）起重机械设备自身的安装、拆卸；

5　脚手架工程

1）搭设高度24m～50m的落地式钢管脚手架工程；

2）附着式整体和分片提升脚手架工程；

3）悬挑式脚手架工程；

4）吊篮脚手架工程；

5）自制卸料平台、移动操作平台工程；

6）新型及异型脚手架工程。

6　拆除、爆破工程

7　围堰工程

8　水上作业工程

9　沉井工程

10　临时用电工程

11　其他危险性较大的工程

A.0.2　超过一定规模的危险性较大的单项工程

1　深基坑工程

1）开挖深度超过5m（含5m）的基坑（槽）的土方开挖、支护、降水工程；

2）开挖深度虽未超过5m，但地质条件、周围环境和地下管线复杂，或影响毗邻建筑（构筑）物安全的基坑（槽）的土方开挖、支护、降水工程。

2　模板工程及支撑体系

1）工具式模板工程：包括滑模、爬模、飞模工程；

2）混凝土模板支撑工程：搭设高度8m及以上；搭设跨度18m及以上；施工总荷载$15kN/m^2$及以上；集中线荷载20kN/m及以上；

3）承重支撑体系：用于钢结构安装等满堂支撑体系，承受单点集中荷载700kg以上。

3　起重吊装及安装拆卸工程

1）采用非常规起重设备、方法，且单件起吊重量在100kN及以上的起重吊装工程；

2）起重量300kN及以上的起重设备安装工程；高度200m及以上内爬起重设备的拆除工程。

4　脚手架工程

1）搭设高度50m及以上落地式钢管脚手架工程；

2）提升高度150m及以上附着式整体和分片提升脚手架工程；

3）架体高度20m及以上悬挑式脚手架工程。

5　拆除、爆破工程

1）采用爆破拆除的工程；

2）可能影响行人、交通、电力设施、通信设施或其他建、构筑物安全的拆除工程；

3）文物保护建筑、优秀历史建筑或历史文化风貌区控制范围的拆除工程。

6　其他

1）开挖深度超过16m的人工挖孔桩工程；

2）地下暗挖工程、顶管工程、水下作业工程；

3）采用新技术、新工艺、新材料、新设备及尚无相关技术标准的危险性较大的单项工程。

施工单位在现场应对照上述标准，确定需要编制专项施工方案的单项工程，组织进行编制。

2）专项施工方案的管理。

对于施工单位编制的安全技术措施及专项施工方案而言，管理的重点主要有两方面：一是方案内容应符合标准、规范特别是强制性条文的规定，并符合现场实际施工要求；二是方案的编制、审核、审批等管理工作应符合相关规定的要求。

①专项施工方案的审核。根据SL 721的规定，专项施工方案应由施工单位技术负责

人组织施工技术、安全、质量等部门的专业技术人员进行审核。经审核合格的，应由施工单位技术负责人签字确认。实行分包的，应由总承包单位和分包单位技术负责人共同签字确认。不需专家论证的专项施工方案，经施工单位审核合格后应报监理单位，由项目总监理工程师审核签字，并报项目法人备案。

②专项施工方案的论证。关于专项施工方案的论证，在 SL 721—2015 中规定：

对于超过一定规模的危险性较大的单项工程专项施工方案应由施工单位组织召开审查论证会。

审查论证会应有下列人员参加：

1 专家组成员；

2 项目法人单位负责人或技术负责人；

3 监理单位总监理工程师及相关人员；

4 施工单位分管安全的负责人、技术负责人、项目负责人、项目技术负责人、专项施工方案编制人员、项目专职安全生产管理人员；

5 勘察、设计单位项目技术负责人及相关人员等。

专家组应由 5 名及以上符合相关专业要求的专家组成，各参建单位人员不得以专家身份参加审查论证会。

专家组成员应具备以下基本条件：

1 诚实守信、作风正派、学术严谨；

2 从事相关专业工作 15 年以上或具有丰富的专业经验；

3 具有高级专业技术职称。

审查论证会应就以下主要内容进行审查论证，并提交论证报告。

1 专项施工方案是否完整、可行，质量、安全标准是否符合工程建设标准强制性条文规定；

2 设计计算书是否符合有关标准规定；

3 施工的基本条件是否符合现场实际等。

审查论证报告应对审查论证的内容提出明确的意见，并经专家组成员签字。

③专项施工方案的审批。施工单位应根据审查论证报告修改完善专项施工方案，经施工单位技术负责人、总监理工程师、项目法人单位负责人审核签字后，方可组织实施。工作开展过程中，除应对方案的合规性、适用性进行检查外，还应注意检查方案的编制、审核、论证、审批程序是否符合规范要求，只有内容合规、适用，审批程序合规的专项施工方案才能在工程中应用。

（4）图纸会审。

施工单位在接收到由监理单位签发的施工图纸后，应组织技术管理人员进行图纸核查，参加施工图技术交底，针对核查中发现的问题，及时提交监理单位协调设计单位进行解释、说明。

（5）安全技术交底。

施工单位施工组织设计和专项方案实施之前，应向相关人员进行安全技术交底，使管理人员、作业人员熟悉、掌握方案的要点。在 SL 721—2015 中，对方案交底工作提出了要求：

1）工程开工前，施工单位技术负责人应就工程概况、施工方法、施工工艺、施工程序、安全技术措施和专项施工方案，向施工技术人员、施工作业队（区）负责人、工长、班组长和作业人员进行安全交底。

2）单项工程或专项施工方案施工前，施工单位技术负责人应组织相关技术人员、施工作业队（区）负责人、工长、班组长和作业人员进行全面、详细的安全技术交底。

3）各工种施工前，技术人员应进行安全作业技术交底。

4）每天施工前，班组长应向工人进行施工要求、作业环境的安全交底。

5）交叉作业时，项目技术负责人应根据工程进展情况定期向相关作业队和作业人员进行安全技术交底。

6）施工过程中，施工条件或作业环境发生变化的，应补充交底；相同项目连续施工超过1个月或不连续重复施工的，应重新交底。

7）安全技术交底应填写安全交底单，由交底人与被交底人签字确认。安全交底单应及时归档。

8）安全技术交底必须在施工作业前进行，任何项目在没有交底前不得进行施工作业。

在工作开展过程中，应注意检查：

1）是否施工组织设计（包含安全技术措施）和全部专项施工方案都履行了交底的手续。

2）交底的组织形式是否符合规范规定。

3）交底记录及相关人员签字是否齐全。

（6）方案实施。

施工单位应严格按照专项施工方案组织施工，不得擅自修改、调整专项施工方案。如因设计、结构、外部环境等因素发生变化确需修改的，修改后的专项施工方案应当重新审核。对于超过一定规模的危险性较大的单项工程的专项施工方案，施工单位应重新组织专家进行论证。所有编制专项施工方案的单项工程在实施过程中，均应按专人进行现场监护，对监护情况进行详细记录并存档。

如在SL 398—2007中规定，爆破、高边坡、隧洞、水上（下）、高处、多层交叉施工、大件运输、大型施工设备安装及拆除等危险作业应有专项安全技术措施，并设专人进行安全监护。

（7）方案验收。

对于危险性较大的单项工程，施工单位、监理单位应组织有关人员进行验收。验收合格的，经施工单位（项目部）技术负责人及总监理工程师签字后，方可进入下一道工序。

〖文件及记录〗

（1）以正式文件发布的施工技术管理制度。

（2）施工技术管理机构及人员配备文件。

（3）施工图会审记录。

（4）施工组织设计（安全技术措施）及监理审批记录。

（5）专项施工方案文本和论证、审查、审批记录。

（6）施工组织设计、专项施工方案分级安全技术交底记录。

（7）危险性较大单项工程现场监督检查记录。

（8）危险性较大单项工程验收记录。

4.2.3　施工用电管理

按照有关法律法规、技术标准做好施工用电管理。建立施工用电管理制度；按规定编制用电组织设计或制定安全用电和电气防火措施；外电线路及电气设备防护满足要求；配电系统、配电室、配电箱、配电线路等符合相关规定；自备电源与网供电源的联锁装置安全可靠；接地与防雷满足要求；电动工器具使用管理符合规定；照明满足安全要求；施工用电应经验收合格后投入使用，并定期组织检查。

〖工作依据〗

GB 50194—2014《建设工程施工现场供用电安全规范》；

SL 398—2007《水利水电工程施工通用安全技术规程》；

SL 714—2015《水利水电工程施工安全防护设施技术规范》；

SL 721—2015《水利水电工程施工安全管理导则》。

〖工作要点〗

（1）施工用电管理制度。

施工单位应编制施工现场的施工临时用电管理制度，用以规范方案编制、临时电系统建设、检查、维修等工作内容。目前水利行业的相关技术标准中，对于施工现场临时用电的技术要求规定不够详细、具体，在施工过程中可参照 JGJ 46—2005《施工现场临时用电安全技术规范》。

（2）施工用电技术方案编制。

SL 398—2007 第 4.1.1 条规定，施工单位应编制施工用电方案及安全技术措施。

SL 721—2015 附录 A 规定，“现场临时用电”属于达到一定规模的危险性较大的单项工程，需要编制专项施工方案，并按要求组织审核、报监理单位审批、项目法人单位备案。

JGJ 46—2005 中对需要编制施工用电方案及安全技术措施的情形做出了明确规定，在水利工程施工过程中可参考执行：

3.1.1　施工现场临时用电设备在 5 台及以上或设备总容量在 50kW 及以上者，应编制用电组织设计。

3.1.2　施工现场临时用电组织设计应包括下列内容：

1　现场勘测；

2　确定电源进线、变电所或配电室、配电装置、用电设备位置及线路走向；

3　进行负荷计算；

4　选择变压器；

5　设计配电系统：

1）设计配电线路，选择导线或电缆；

2）设计配电装置，选择电器；

3）设计接地装置；

4）绘制临时用电工程图纸，主要包括用电工程总平面图、配电装置布置图、配电系统接线图、接地装置设计图。

6 设计防雷装置；

7 确定防护措施；

8 制定安全用电措施和电气防火措施。

对低于3.1.5条中用电设备台数及容量的情况，可参照JGJ 46—2005的有关规定：

3.1.6 施工现场临时用电设备在5台以下和设备总容量在50kW以下者，应制定安全用电和电气防火措施，并应符合本规范第3.1.4、3.1.5条规定。

（3）施工临时用电系统验收。

施工现场临时用电系统按批复的技术方案建设完成后，应由施工单位自行组织验收，经验收合格后方可投入使用。有关验收的要求应参照JGJ 46—2005和GB 50194—2014的相关规定进行。

JGJ 46—2005规定，临时用电工程必须经编制、审核、批准部门和使用单位共同验收，合格后方可投入使用。

GB 50194—2014规定，供用电工程施工完毕，电气设备应按GB 50150《电气装置安装工程　电气设备交接试验标准》的规定试验合格。供用电工程施工完毕后，应有完整的平面布置图、系统图、隐蔽工程记录、试验记录，经验收合格后方可投入使用。

（4）施工配电系统。

JGJ 46—2005第1.0.3条规定，建筑施工现场临时用电工程专用的电源中性点直接接地的220/380V三相四线制低压电力系统，必须符合下列规定：①采用三级配电系统；②采用TN－S接零保护系统；③采用二级漏电保护系统。也就是说施工现场有专用电源（通常指变压器）的，必须采用TN－S，如果施工现场没有专用变压器，而是从电网中直接接入，则应与电网系统保持一致。

此外，关于电缆的芯数，JGJ 46—2005第7.2.1条规定，电缆中必须包含全部工作芯线和用作保护零线或保护线的芯线。需要三相四线制配电的电缆线路必须采用五芯电缆。在TN－S系统中，电缆的芯数主要取决于负荷（通常指用电设备）的情况，如三相动力设备，圆盘锯、平刨、钢筋弯曲机、钢筋切断机等设备，三根相线能工作，外加一根PE线，总计四芯，即三相三线四芯电缆就满足TN－S要求；照明设备一般为一根相线和一根工作零线（N线），外加一根保护零线（PE线），总计三芯，即单相两线三芯电缆。交流电弧焊机为两根相线，外加一根保护零线（PE线），即两项两线三芯电缆。这些设备都不需要采用五芯电缆，但仍然是TN－S系统，满足规范要求。施工现场中塔吊等设备设施，因为其既有三相动力负荷，也有单相照明、电铃等负荷，此类设备为“三相四线制”设备，需要三根相线（L_1、L_2、L_3）、一根工作零线（N线），外加一根保护零线（PE线），规范要求必须使用五芯电缆，不得采用四芯电缆外加一根线替代五芯电缆。

对无专用电源、施工现场与外电线路共用同一供电系统时，电气设备的接地、接零保护应与原系统保护一致。不得一部分设备做保护接零，另一部分设备做保护接地。用TN系统做保护接零时，工作零线（N线）必须通过总漏电保护器，保护零线（PE线）必须由电源进线零线重复接地处或总漏电保护器电源侧零线处，引出形成局部TN－S接零保护系统。

（5）配电箱及开关箱。

1）施工现场临时用电配电系统一般情况下应遵循“三级配电、二级保护、一机一闸一保护”的原则。考虑到施工现场可能出现的特殊情况，在 GB 50194—2014 中规定：一般施工现场的低压配电系统宜采用三级配电，而非必须，可根据施工现场具体情况进行调整。如在第 6.1.1 条条文说明中明确，向非重要负荷供电时，可适当增加配电级数，但不宜过多。对于小型施工现场采用二级配电也是允许的。

对于非重要负荷供电，由于现场布置的原因，需要增加配电级数的情况，在 GB 50194—2014 中规定，总配电箱以下可设若干分配电箱；分配电箱以下可设若干末级配电箱。分配电箱以下可根据需要，再设分配电箱。

关于开关箱，应符合 SL 398—2007 第 4.5 条“配电箱、开关箱与照明”和 GB 50194—2014、JGJ 46—2005 的要求，每台用电设备应有各自专用的开关箱，严禁用同一开关电器直接控制两台及两台以上用电设备（含插座）。

2）配电箱箱体材质、尺寸、装设要求、内部电器配置等，均应符合 SL 398—2007 第 4.1～4.5 节的相关要求，也可参照 GB 50194—2014、JGJ 46—2005 中的有关规定。

3）对于配电箱内的电器装置，可参照 JGJ 6—2005 第 8.2 节的有关要求配置。如隔离开关，为提高工作可靠性，在 JGJ 46—2005 第 8.2.2 条第 3 款中规定，隔离开关应设置于电源进线端，应采用分断时具有可见分断点，并能同时断开电源所有极的隔离电器。如采用分断时具有可见分断点的断路器，可不另设隔离开关。

4）施工现场的配电箱、开关箱等安装使用应符合 SL 714—2015 的强制性要求：

3.7.3　施工现场的配电箱、开关箱等安装使用应符合下列规定：

6　配电箱、开关箱应装设在干燥、通风及常温场所，设置防雨、防尘和防砸设施。不应装设在有瓦斯、烟气、蒸汽、液体及其他有害介质环境中，不应装设在易受外来固体物撞击、强烈振动、液体浸溅及热源烘烤的场所。

（6）配电线路。

输电线路敷设的方式，考虑到施工现场的实际情况，可以采取的敷设方式包括架空、地埋和其他方式，其他方式包括沿支架、沿墙面地面、电缆沟、临时设施内部等，并应符合 SL 398—2007 第 4.4 节和 GB 50194—2014 第 7 章“配电线路”的有关要求。

对于穿越道路及易受机械损伤的场所时应符合 SL 714—2015 的强制性要求：

3.7.4　施工用电线路架设使用应符合下列要求：

7　线路穿越道路或易受机械损伤的场所时必须设有套管防护。管内不得有接头，其管口应密封。

（7）施工区照明。

SL 398—2007 第 4.5.9 - 4.5.1 条的规定：

4.5.10　一般场所宜选用额定电压为 220V 的照明器，对下列特殊场所应使用安全电压照明器：

1　地下工程，有高温、导电灰尘，且灯具距离地面高度低于 2.5m 等场所的照明，电源电压不应大于 36V。

2 在潮湿和易触及带电体场所的照明电压电压不应大于24V。

3 在特别潮湿的场所、导电良好的地面、锅炉或金属容器内工作的照明电源电压不应大于12V。

4.5.12 照明变压器应使用双绕组型，严禁使用自耦变压器。

SL 378—2007《水工建筑物地下开挖工程施工规范》规定：

12.3.3 洞内供电电压应符合下列规定：

1 宜采用380V/220V三相四线制。

2 动力设备应采用三相三线380V。

3 隧洞开挖、支护工作面可使用电压为220V的投光灯照明，但应经常检查灯具和电缆的绝缘性能。

施工现场照明除满足上述规定外，还应符合GB 50720—2011《建设工程施工现场消防安全技术规范》中对有关照明灯具对消防安全方面的要求：

6.3.2 施工现场用电应符合下列规定：

6 可燃材料库房不应使用高热灯具，易燃易爆危险品库房内应使用防爆灯具。

7 普通灯具与易燃物的距离不宜小于300mm，聚光灯、碘钨灯等高热灯具与易燃物的距离不宜小于500mm。

(8) 自备电源。

施工现场设置自备电源时，应按SL 398—2007的要求对电压为400/230V的自备发电机组电源应与外电线路电源连锁，严禁并列运行。

此外对于现场多套自备电源并列运行时，应符合JGJ 46—2005的要求，发电机组并列运行时，必须装设同期装置，并在机组同步运行后再向负载供电。

(9) 接地（接零）与防雷。

施工现场的接地（接零）与防雷应符合SL 398—2007第4.2节“接地（接零）与防雷”的有关规定。如变压器或发电机的工作接地电阻值不应大于4Ω，重复接地装置的接地电阻值不应大于10Ω等。关于接地（接零）系统，在SL 398—2007中规定：

4.2.1 施工现场专用的中性点直接接地的电力线路中应采用TN-S接零保护系统。

2 当施工现场与外电线路共用同一个供电系统时，电气设备应根据当地的要求作保护接零，或作保护接地。不得一部分设备作保护接零，另一部分设备作保护接地。

同时，还可参照JGJ 46—2005中的相关规定：

1.0.3 建筑施工现场临时用电工程专用的电源中性点直接接地的220/380V三相四线制低压电力系统，必须符合下列规定：

1 采用三级配电系统；

2 采用TN-S接零保护系统；

3 采用二级漏电保护系统。

5.1.1 在施工现场专用变压器的供电的TN-S接零保护系统中，电气设备的金属外壳必须与保护零线连接。保护零线应由工作接地线、配电室（总配电箱）电源侧零线或总漏电保护器电源侧零线处引出。

5.1.2 当施工现场与外电线路共用同一供电系统时，电气设备的接地、接零保护应与原系统保护一致。不得一部分设备做保护接零，另一部分设备做保护接地。

（10）防雷、接地、接零及用电设施的检查。

根据现行技术规范，要求对防雷、接零及用电设施定期开展检查工作。检查周期一般最长为1个月。针对配电系统各分部、分项的检查，可按照GB 50194—2014的有关规定进行。

对于配电箱、开关箱和手持式电动工具的检查应符合SL 398—2007的相关规定：

4.5.8　配电箱、开关箱的使用于维护，应遵守下列规定：

2　所有配电箱、开关箱应每月进行检查和维修一次；检查、维修时应按规定穿、戴绝缘鞋、绝缘手套，使用电工绝缘工具；应将其前一级相应的电源开关分闸断电，并悬挂（“禁止合闸、有人工作”）停电标志牌，严禁带电作业。

4.6.6　手持式电动工具，应遵守下列规定：

5　手持式电动工具的外壳、手柄、负荷线、插头、开关等应完好无损，使用前应作空载检查，运转正常方可使用。

此外，关于临时用电工程的检查还可参照JGJ 46—2005的有关要求：

3.3.3　临时用电工程应定期（最长为1个月）检查。定期检查时，应复查接地电阻值和绝缘电阻值。

3.3.4　临时用电工程定期检查（最长为1个月）应按分部、分期工程进行，对安全隐患必须及时处理，并应履行复查验收手续。

在GB 50194—2014中，对供电设施的日常运行检查维护提出以下要求：

12.0.3　供用电设施的日常运行、维护应符合下列规定：

1　变配电所运行人员单独值班时，不得从事检修工作。

2　应建立供用电设施巡视制度及巡视记录台账。

3　配电装置和变压器，每班应巡视检查1次。

4　配电线路的巡视和检查，每周不应少于1次。

5　配电设施的接地装置应每半年检测1次。

6　剩余电流动作保护器应每月检测1次。

7　保护导体（PE）的导通情况应每月检测1次。

8　根据线路负荷情况进行调整，宜使线路三相保持平衡。

施工现场室外供用电设施除经常维护外，遇大雨、暴雨、冰雹、雪、霜、雾等恶劣天气时，应加强巡视和检查；巡视和检查时，应穿绝缘靴且不得靠近避雷器和避雷针。

新投入运行或大修后投入运行的电气设备，在72h内应加强巡视，无异常情况后，方可按正常周期进行巡视。

〖**文件及记录**〗

（1）以正式文件发布的施工临时用电管理制度。

（2）施工用电专项方案及安全技术措施、审批文件。

（3）临时用电系统验收记录。

（4）接地、接零、防雷定期检测记录。

（5）施工用电设备定期检查记录。

（6）施工临时用电工程日常运行、检查记录。

4.2.4　施工脚手架管理

按照有关法律法规、技术标准做好脚手架管理。建立脚手架安全管理制度；脚手架搭拆前，应编制施工作业指导书或专项施工方案，超过一定规模的危险性较大脚手架工程应经专门设计、方案论证，并严格执行审批程序；脚手架的基础、材料应符合规范要求；脚手架搭设（拆除）应按审批的方案进行交底、签字确认后方可实施；按审批的方案和规程规范搭设（拆除）脚手架，过程中安排专人现场监护；脚手架经验收合格后挂牌使用；在用的脚手架应定期检查和维护，并不得附加设计以外的荷载和用途；在暴雨、台风、暴风雪等极端天气前后组织有关人员对脚手架进行检查或重新验收。

〖工作依据〗

GB 51210—2016《建筑施工脚手架安全技术统一标准》；

SL 398—2007《水利水电工程施工通用安全技术规程》；

SL 714—2015《水利水电工程施工安全防护设施技术规范》；

SL 721—2015《水利水电工程施工安全管理导则》。

〖工作要点〗

（1）脚手架管理制度。

施工单位应编制脚手架管理制度，并以正式文件发布。

在水利工程的脚手架工程施工过程中，SL 398—2007 和 SL 714—2015 对于脚手架施工要求只做了原则性的规定，实施细节规定不详。建议在施工过程中参照 GB 51210—2016 和 JGJ 130—2011《建筑施工扣件式钢管脚手架安全技术规范》的有关要求，虽然这两个规范中注明的适用范围为房屋建筑与市政工程，但是从专业角度和内容的完整性方面看更能有效指导、规范现场脚手架工程的施工。

（2）施工方案。

SL 721—2015 附录 A 的规定，脚手架根据其规模不同划分为达到一定规模和超过一定规模的危险性较大的单项工程，两类单项工程应编制专项施工方案，专项施工方案应符合标准规范特别是强制性条文的有关规定。依据 SL 721—2015 第 7.3 节“专项施工方案”的要求组织审核、专家论证并报监理单位、项目法人单位审批备案。

（3）构配件材质要求。

搭设脚手架所用的钢管、扣件、脚手板、型钢等构配件材质应符合 GB 51210—2016、SL 714—2015、JGJ 130—2011 等规范中关于脚手架“材料、构配件”的要求。

如钢管规格尺寸应符合 SL 714—2015 或 JGJ 130—2011 第 3 章“构配件”的规定：

3.1.2　脚手架钢管宜采用 ϕ48.3×3.6 钢管。每根钢管的最大质量不应大于 25kg。

3.2.2　扣件在螺栓拧紧扭力矩达到 65N·m 时，不得发生破坏。

3.4.1　可调托撑螺杆外径不得小于 36mm。

脚手架所有材料、构配件使用前应向监理单位提交“进场报验单”，并附相应证明材料，按 GB 51210—2016 的有关规定进行报验，并提供材料合格证、型式检验报告，按规定抽检复验合格的报告单等内容。

10.0.3　搭设脚手架的材料、构配件和设备应按进入施工现场的批次分品种、规格进行检验，检验合格后方可搭设施工，并应符合下列要求：

1 新产品应有产品质量合格证，工厂化生产的主要承力杆件、涉及结构安全的构件应具有型式检验报告；

2 材料、构配件和设备质量应符合本标准及国家现行相关标准的规定；

3 按规定应进行施工现场抽样复验的构配件，应经抽样复验合格；

4 周转使用的材料、构配件和设备，应经维修检验合格。

10.0.4 在对脚手架材料、构配件和设备进行现场检验时，应采用随机抽样的方法抽取样品进行外观检验、实量实测检验、功能测试检验。抽样比例应符合下列规定：

1 按材料、构配件和设备的品种、规格应抽检1%～3%；

2 安全锁扣、防坠装置、支座等重要构配件应全数检验；

3 经过维修的材料、构配件抽检比例不应少于3%。

（4）搭设、验收、检查与维护。

1）脚手架搭设和拆除前，应按 SL 721—2015 第 7.6 节的要求对已经批复的专项方案进行安全技术交底，并留存交底记录；施工人员应持“登高架设”特种作业证书作业。

2）脚手架搭设和拆除过程中，应严格按批复的专项方案进行。

3）脚手架搭设完成后，应组织进行验收，验收合格后挂牌使用，验收工作应符合 GB 51210—2016 的规定：

10.0.7 在落地作业脚手架、悬挑脚手架、支撑脚手架达到设计高度后，附着式升降脚手架安装就位后，应对脚手架搭设施工质量进行完工验收。脚手架搭设施工质量合格判定应符合下列要求：

1 所用材料、构配件和设备质量应经现场检验合格；

2 搭设场地、支承结构件固定应满足稳定承载的要求；

3 阶段施工质量检查合格，符合本标准及脚手架相关的国家现行标准、专项施工方案的要求；

4 观感质量检查应符合要求；

5 专项施工方案、产品合格证及型式检验报告、检查记录、测试记录等技术资料应完整。

4）在脚手架使用过程中，不得附加设计以外的荷载和用途。

控制脚手架作业层的荷载，是脚手架使用过程中安全管理的重要内容，规定脚手架作业层上严禁超载的目的，是为了在脚手架使用中控制作业层上永久荷载和可变荷载的总和不应超过荷载设计值总和，保证脚手架使用安全。在脚手架专项施工方案设计时，是按脚手架的用途、搭设部位、荷载、搭设材料、构配件及设备等搭设条件选择了脚手架的结构和构造，并通过设计计算确定了立杆间距、架体步距等技术参数，这也就确定了脚手架可承受的荷载总值。脚手架在使用过程中，永久荷载和可变荷载总值不应超过荷载设计值，否则架体有倒塌危险。

作业脚手架上固定支撑脚手架、拉缆风绳、固定架设混凝输送泵管道等设施或设备，会使架体超载、受力不清晰、产生振动等，而危及作业脚手架的使用安全，此方面的规定是为了消除危及作业脚手架使用安全的行为发生。作业脚手架是按正常使用的条件设计和搭设的，在作业脚手架的专项方案设计时，未考虑也不可能考虑在作业脚手架上固定支撑脚手架、拉缆风绳、固定混凝土输送泵管、固定卸料平台等施工设施、设备，因为如果一旦将支撑脚手架、缆风绳、混凝土输送泵管、卸料平台等设备、设施固定在作业脚手架上，作业脚手架的相应部位承受多少荷载很难确定，会造成作业脚手架的受力不清晰、超载，且混凝土输送泵管、卸料平台等设备、设施对作业脚手架还有振动冲击作用，因此，应禁止上述危及作业脚手架安全的行为发生。

5）脚手架在使用过程中，应依据技术标准和规范，定期开展检查工作，特别是在暴雨、台风、暴风雪等极端天气前后，并提供检查记录。在 GB 51210—2016 中规定：

11.1.5 脚手架在使用过程中，应定期进行检查，检查项目应符合下列规定：

1 主要受力杆件、剪刀撑等加固杆件、连墙件应无缺失、无松动，架体应无明显变形；

2 场地应无积水，立杆底端应无松动、无悬空；

3 安全防护设施应齐全、有效，应无损坏缺失；

4 附着式升降脚手架支座应牢固，防倾、防坠装置应处于良好工作状态，架体升降应正常平稳；

5 悬挑脚手架的悬挑支承结构应固定牢固。

11.1.6 当脚手架遇有下列情况之一时，应进行检查，确认安全后方可继续使用：

1 遇有 6 级及以上强风或大雨过后；

2 冻结的地基土解冻后；

3 停用超过 1 个月；

4 架体部分拆除；

5 其他特殊情况。

具体的检查技术标准及要求可参照 JGJ 130—2011 第 8.2 节的规定进行。检查的项目及周期，应依据上述标准、规范要求在“脚手架使用管理制度”中进行明确。

〖文件及记录〗

（1）脚手架使用管理制度。

（2）脚手架专项施工方案（含设计文件）或作业指导书。

（3）脚手架搭设（拆除）设计、方案审批记录，超过一定规模的专家论证资料。

（4）脚手架搭设（拆除）方案交底记录。

（5）登高架设特种人员作业证书。

（6）材料、构配件进场检查验收记录。

（7）搭设过程中检查记录。

（8）脚手架验收记录（挂牌）。

（9）现场监督检查及验收记录（含极端天气前后）。

4.2.5 防洪度汛管理

按照有关法律法规、技术标准做好防洪度汛管理。有防洪度汛要求的工程应编制防洪度汛方案和超标准洪水应急预案；成立防洪度汛的组织机构和防洪度汛抢险队伍，配置足够的防洪度汛物资，并组织演练；施工进度应满足安全度汛要求；施工围堰、导流明渠、涵管及隧洞等导流建筑物应满足安全要求；开展防洪度汛专项检查；建立畅通的水文气象信息渠道；做好汛期值班。

〖工作依据〗

《中华人民共和国防洪法》(主席令第四十八号);

《中华人民共和国防汛条例》(国务院令第 86 号);

《水利工程建设安全生产管理规定》(水利部令第 26 号);

SL 398—2007《水利水电工程施工通用安全技术规程》;

SL 721—2015《水利水电工程施工安全管理导则》。

〖工作要点〗

(1) 防洪度汛及抢险措施。

根据《水利工程建设安全生产管理规定》的要求,水利工程建设项目的防洪度汛工作应在项目法人的统一指挥、部署下进行,由项目法人单位根据工程实际情况编制工程防洪度汛方案和超标准应急预案。要求施工单位根据批准的度汛方案和超标准洪水应急预案,制定防汛度汛及抢险措施,报项目法人(监理单位)批准,并按批准的措施落实防汛抢险队伍和防汛器材、设备等物资准备工作,做好汛期值班,保证汛情、工情、险情信息渠道畅通。涉及防汛调度或者影响其他工程设施度汛安全的,由项目法人报有管辖权的防汛指挥机构批准。

施工单位所编制的防汛度汛及抢险措施应包括以下内容:

1) 截至度汛前工程应达到的度汛形象面貌。

2) 临时和永久工程建筑物的汛期防护措施。

3) 防汛器材设备和劳动力配备。

4) 施工区和生活区的度汛防护措施。

5) 临时通航的安全度汛措施。

6) 遭遇超标准洪水时的应急度汛措施。

7) 监理人要求提交的其他施工度汛资料。

(2) 防汛演练。

施工单位应参加项目法人统一组织的防汛应急演练,必要时也应至少自行组织一次防汛应急演练。

(3) 工程形象进度。

汛期来临前,施工单位应完成批复的度汛方案中要求工程度汛形象面貌,施工围堰、导流明渠、涵管及隧洞等导流建筑物应满足度汛要求,以确保工程安全度汛。

(4) 防汛专项检查及防汛值班。

施工单位应参加或接受项目法人统一组织的防汛(汛前、汛中和汛后)检查工作,并单独组织防汛专项检查工作,针对检查出的问题及时进行整改。

施工单位应通过广播、电视、网络、电话等方式建立通畅的水文气象信息渠道,保证能及时接收并传达防汛相关信息。以项目部成员为主建立防汛值班制度,相关人员认真履行值班职责,并对值班期间的水文、气象、施工现场情况等信息进行详细记录。

〖文件及记录〗

(1) 防汛度汛及抢险措施及项目法人(监理)批复、备案记录。

(2) 成立防洪度汛的组织机构和防洪度汛抢险队伍的文件。

(3) 防洪度汛值班制度。

(4) 防洪应急预案演练记录。

(5) 防洪度汛专项检查记录。

(6) 防洪度汛值班记录。

(7) 防汛(应急)物资台账、物资检查、维护、保养等记录，必要时与地方救援队伍签订的互助协议。

4.2.6 交通安全管理

按照有关法律法规、技术标准做好交通安全管理。建立交通安全管理制度；施工现场道路(桥梁)符合规范要求，交通安全防护设施齐全可靠，警示标志齐全完好；定期对车船进行检测和检验，保证安全技术状态良好；车船不得违规载人；车辆在施工区内应限速行驶；定期组织驾驶人员培训，严格驾驶行为管理，严禁无证驾驶、酒后驾驶、疲劳驾驶、超载驾驶；大型设备运输或搬运应制定专项方案。

〖工作依据〗

SL 398—2007《水利水电工程施工通用安全技术规程》；

SL 714—2015《水利水电工程施工安全防护设施技术规范》。

〖工作要点〗

(1) 交通安全管理制度。

施工单位应根据施工现场的实际情况，编制场内交通安全管理制度，制度中应明确施工现场道路、交通安全防护设施、机动车辆检测和检验、驾驶行为管理、大型设备运输或搬运制定专项施工方案和安全措施等方面的内容，并以正式文件下发执行。

(2) 交通警示标志。

施工现场道路、交通安全防护设施、警示标志等应符合 SL 398—2007 第 3.3 节“施工道路及交通”和 SL 714—2015 第 4.1 节“水平运输”的相关要求，其中警示标志还应符合 GB 2894—2008《安全标志及其使用导则》的相关要求。

(3) 大件运输。对于规格尺寸或重量达到一定规模的大型设备运输或搬运，施工单位应编制专项安全措施，向交通管理部门办理申请手续，并根据需要对运输超大件或超重件所需的道路和桥梁临时加固。

(4) 检测检验。现场机动车辆的检测和检验工作可结合本章第二节“一、设备设施管理”工作一并开展。

(5) 教育培训。现场应加强对驾驶人员的安全教育培训和管理工作，杜绝违章驾驶的情况发生。对土石方工程作业安全，可参照 JGJ 180—2009《建筑施工土石方工程安全技术规范》的相关要求。

〖文件及记录〗

(1) 以正式文件发布的交通安全管理制度。

(2) 大型设备运输或搬运的专项安全措施。

(3) 机动车辆定期检测和检验记录。

(4) 驾驶人员教育培训记录。

(5) 现场监督检查记录(含警示标志和交通安全设施)。

4.2.7　消防安全管理

按照有关法律法规、技术标准做好消防安全管理。建立消防管理制度，建立健全消防安全组织机构，落实消防安全责任制，建立重点防火部位或场所档案；临建设施之间的安全距离、消防通道等均符合消防安全规定；仓库、宿舍、加工场地及重要设备配有足够的消防设施、器材，并建立台账；消防设施、器材应有防雨、防冻措施，并定期检验、维修，确保完好有效；严格执行动火审批制度；组织开展消防培训和演练。

〖工作依据〗

《中华人民共和国消防法》（主席令第六号）；

GB 50140—2010《建筑灭火器配置设计规范》；

GB 50444—2008《建筑灭火器配置验收及检查规范》；

GB 50720—2011《建设工程施工现场消防安全技术规范》；

SL 398—2007《水利水电工程施工通用安全技术规程》；

SL 721—2015《水利水电工程施工安全管理导则》；

GA 95—2015《灭火器维修》。

〖工作要点〗

（1）消防管理制度。

施工单位应编制消防管理制度，并以正式文件下发执行。根据 GB 50720—2011 的规定，消防安全管理制度一般应包括以下内容：

1　消防安全教育与培训制度。

2　可燃及易燃易爆危险品管理制度。

3　用火、用电、用气管理制度。

4　消防安全检查制度。

5　应急预案演练制度。

（2）消防组织机构。

施工现场应成立由项目经理为主要负责的消防安全组织机构，制定相应消防安全责任制并监督落实。

（3）防火重点部位与场所。

根据现场设施、场所的重要性和危险程度，首先应确定重点防火部位，包括生活区、办公区、可燃材料库房、可燃材料堆场及其加工厂、易燃易爆物品库房、固定动火作业场所、发电机房、变配电房等，并设置明显的防火警示标志。其次是建立重点防火部位的档案，档案资料应包括建筑平面布置图、疏散通道布置、物品存储明细（品种、数量等）、消防责任人、消防管理制度、应急救援（现场处置）措施、消防器材配备、消防安全检查记录等内容。

（4）消防安全距离及消防通道。

施工现场布置时，临时设施的消防安全距离及消防通道应符合规范要求，施工过程中可参照 GB 50720—2011 的相关规定进行布置：

3.2.1　易燃易爆危险品库房与在建工程的防火间距不应小于 15m，可燃材料堆场及其加工厂、固定动火作业场与在建工程的防火间距不应小于 10m，其他临时用房、临时设

施与在建工程的防火间距不应小于6m。

3.2.2 施工现场主要临时用房、临时设施的防火间距不应小于表3.2.2的规定，当办公用房、宿舍成组布置时，其防火间距可适当减小，但应符合下列规定：

1 每组临时用房的栋数不应超过10栋，组与组之间的防火间距不应小于8m。

2 组内临时用房之间的防火间距不应小于3.5m，当建筑构件燃烧性能等级为A级时，其防火间距可减少到3m。

表3.2.2 施工现场主要临时用房、临时设施的防火间距（m）

名称 间距 名称	办公用房、宿舍	发电机房、变配电房	可燃材料库房	厨房操作间，锅炉房	可燃材料堆场及其加工厂	固定动火作业场	易燃易爆危险品库
办公用房、宿舍	4	4	5	5	7	7	10
发电机房、变配电房	4	4	5	5	7	7	10
可燃材料库房	5	5	5	5	7	7	10
厨房操作间，锅炉房	5	5	5	5	7	7	10
可燃材料堆场及其加工厂	7	7	7	7	7	10	10
固定动火作业场	7	7	7	7	10	10	12
易燃易爆危险品库房	10	10	10	10	10	12	12

注：1 临时用房、临时设施的防火间距应按临时用房外墙外边线或堆场、作业场、作业棚边线间的最小距离计算，当临时用房外墙有突出可燃构件时，应从其突出可燃构件的外缘算起。

2 两栋临时用房相邻较高一面的外墙为防火墙时，防火间距不限。

3 本表未规定的，可按同等火灾危险性的临时用房，临时设施的防火间距确定。

3.3.1 施工现场内应设置临时消防车道，临时消防车道与在建工程、临时用房、可燃材料堆场及其加工厂的距离不宜小于5m，且不宜大于40m；施工现场周边道路满足消防车通行及灭火救援要求时，施工现场内可不设置临时消防车道。

3.3.2 临时消防车道的设置应符合下列规定：

1 临时消防车道宜为环形，设置环形车道确有困难时，应在消防车道尽端设置尺寸不小于12m×12m的回车场。

2 临时消防车道的净宽度和净空高度均不应小于4m。

3 临时消防车道的右侧应设置消防车行进路线指示标识。

4 临时消防车道路基、路面及其下部设施应能承受消防车通行压力及工作荷载。

4.3.2 在建工程作业场所临时疏散通道的设置应符合下列规定：

1 耐火极限不应低于0.5h。

2 设置在地面上的临时疏散通道，其净宽度不应小于1.5m；利用在建工程施工完毕的水平结构、楼梯作临时疏散通道时，其净宽度不宜小于1.0m；用于疏散的爬梯及设置在脚手架上的临时疏散通道，其净宽度不应小于0.6m。

3 临时疏散通道为坡道，且坡度大于25°时，应修建楼梯或台阶踏步或设置防滑条。

4 临时疏散通道不宜采用爬梯，确需采用时，应采取可靠固定措施。

5 临时疏散通道的侧面为临空面时，应沿临空面设置高度不小于1.2m的防护栏杆。

6　临时疏散通道设置在脚手架上时，脚手架应采用不燃材料搭设。

7　临时疏散通道应设置明显的疏散指示标识。

8　临时疏散通道应设置照明设施。

（5）消防设施配备。

施工现场应根据可能发生的火灾类型及消防需要，配置灭火器、临时消防给水系统、砂土和应急照明等临时消防设施，并采取有效的防护措施。配备要求可参照 GB 50720—2011 第 5 章“临时消防设施”和 GB 50140—2010 的有关规定。对临时消防设施应做好日常检修、维护工作，对已失效、损坏或丢失的消防设施应及时更换、修复或补充。对于灭火器的验收与检查可参照 GB 50444—2008 的有关规定；维修与报废应执行 GA 95—2015 的有关规定。

对于使用较多的灭火器，应满足 GB 50720—2011 的相关要求：

1　灭火器的类型应与配备场所可能发生的火灾类型相匹配。即施工现场的某些场所既可能发生固体火灾，也可能发生液体或气体或电气火灾灭火器配置场所的火灾种类可划分为以下五类：

1）A 类火灾：固体物质火灾场所，应选择水型灭火器、磷酸铵盐干粉灭火器、泡沫灭火器或卤代烷灭火器。

2）B 类火灾：液体火灾或可熔化固体物质火灾场所，应选择泡沫灭火器、碳酸氢钠干粉灭火器、磷酸铵盐干粉灭火器、二氧化碳灭火器、灭 B 类火灾的水型灭火器或卤代烷灭火器。极性溶剂的 B 类火灾场所应选择灭 B 类火灾的抗溶性灭火器。

3）C 类火灾：气体火灾场所，应选择磷酸铵盐干粉灭火器、碳酸氢钠干粉灭火器、二氧化碳灭火器或卤代烷灭火器。

4）D 类火灾：金属火灾场所，应选择扑灭金属火灾的专用灭火器。

5）E 类火灾（带电火灾）场所，应选择磷酸铵盐干粉灭火器、碳酸氢钠干粉灭火器、卤代烷灭火器或二氧化碳灭火器，但不得选用装有金属喇叭喷筒的二氧化碳灭火器物体带电燃烧的火灾。

在选配灭火器时，应选用能同时扑灭多类火灾的灭火器（如 ABC 型）。

2　灭火器的最低配置标准应符合表 5.2.2-1 的规定。

3　灭火器的配置数量应按现行国家标准《建筑灭火器配置设计规范》GB 50140 的有关规定经计算确定，且每个场所的灭火器数量不应少于 2 具。

4　灭火器的最大保护距离应符合表 5.2.2-2 的规定。

表 5.2.2-1　　　　灭火器的最低配置标准

项　目	固体物质火灾		液体或可熔化固体物质火灾、气体火灾	
	单具灭火器最小灭火级别	单位灭火级别最大保护面积（m^2/A）	单具灭火器最小灭火级别	单位灭火级别最大保护面积（m^2/B）
易燃易爆危险品存放及使用场所	3A	50	89B	0.5
固定动火作业场	3A	50	89B	0.5
临时动火作业场	2A	50	55B	0.5

续表

项目	固体物质火灾		液体或可熔化固体物质火灾、气体火灾	
	单具灭火器最小灭火级别	单位灭火级别最大保护面积（m^2/A）	单具灭火器最小灭火级别	单位灭火级别最大保护面积（m^2/B）
可燃材料存放加工及使用场所	2A	75	55B	1.0
厨房操作间、锅炉房	2A	75	55B	1.0
自备发电机房	2A	75	55B	1.0
变配电房	2A	75	55B	1.0
办公用房、宿舍	1A	100	—	—

表 5.2.2－2　　灭火器的最大保护距离（m）

灭火器配置场所	固体物质火灾	液体或可熔化固体物质火灾、气体火灾
易燃易爆危险品存放及使用场所	15	9
固定动火作业场	15	9
临时动火作业场	10	6
可燃材料存放加工及使用场所	20	12
厨房操作间、锅炉房	20	12
发电机房、变配电房	20	12
办公用房、宿舍	25	—

（6）消防检查。

施工单位应定期开展消防检查工作，检查周期应结合现场实际在消防管理制度中进行明确。根据 GB 50720—2011 的规定，消防检查应包括以下主要内容：

6.1.9　施工过程中，施工现场的消防安全负责人应定期组织消防安全管理人员对施工现场的消防安全进行检查。消防安全检查应包括下列主要内容：

1　可燃物及易燃易爆危险品的管理是否落实。

2　动火作业的防火措施是否落实。

3　用火、用电、用气是否存在违章操作，电、气焊及保温防水施工是否执行操作规程。

4　临时消防设施是否完好有效。

5　临时消防车道及临时疏散设施是否畅通。

（7）动火作业审批。

动火作业是指在施工现场进行明火、爆破、焊接、气割或采用酒精炉、煤油炉、喷灯、砂轮、电钻等工具进行可能产生火焰、火花和赤热表面的临时性作业。

施工现场动火作业前，应由动火作业人提出动火作业申请。动火作业申请至少应包含动火作业的人员、内容、部位或场所、时间、作业环境及灭火救援措施等内容。

施工现场用（动）火管理缺失和动火作业不慎引燃可燃、易燃建筑材料是导致火灾事故发生的主要原因。为此对施工现场动火审批、常见的动火作业、生活用火及用火各环节的防火管理应符合GB 50720—2011第6.3.1条的要求。

(8) 消防教育培训与演练。

消防安全教育与培训应侧重于普遍提高施工人员的消防安全意识和扑灭初起火灾、自我防护的能力。消防安全教育、培训的对象为全体施工人员。教育培训和交底要求可参照GB 50720—2011第6.1.7、6.1.8条的有关规定:

6.1.7 施工人员进场时,施工现场的消防安全管理人员应向施工人员进行消防安全教育和培训。消防安全教育和培训应包括下列内容:

1 施工现场消防安全管理制度、防火技术方案、灭火及应急疏散预案的主要内容。

2 施工现场临时消防设施的性能及使用、维护方法。

3 扑灭初起火灾及自救逃生的知识和技能。

4 报警、接警的程序和方法。

6.1.8 施工作业前,施工现场的施工管理人员应向作业人员进行消防安全技术交底。消防安全技术交底应包括下列主要内容:

1 施工过程中可能发生火灾的部位或环节。

2 施工过程应采取的防火措施及应配备的临时消防设施。

3 初起火灾的扑救方法及注意事项。

4 逃生方法及路线。

施工单位应依据消防(灭火)应急预案,定期开展消防演练工作。

〖文件及记录〗

(1) 以正式文件发布的消防管理制度。

(2) 消防安全组织机构成立文件。

(3) 消防安全责任制。

(4) 防火重点部位或场所档案。

(5) 消防设施设备台账。

(6) 消防设施设备定期检查、试验、维修记录。

(7) 动火作业审批记录。

(8) 消防应急预案。

(9) 消防演练评审记录。

(10) 消防培训记录。

(11) 消防演练记录。

4.2.8 易燃易爆危险品管理

按照有关法律法规、技术标准做好易燃易爆危险品管理。建立易燃易爆危险品管理制度;易燃易爆危险品运输应按规定办理相关手续并符合安全规定;现场存放炸药、雷管等,得到当地公安部门的许可,并分别存放在专用仓库内,指派专人保管,严格领退制度;氧气、乙炔、液氨、油品等危险品仓库屋面采用轻型结构,并设置气窗及底窗,门、窗向外开启;有避雷及防静电接地设施,并选用防爆电器;氧气瓶、乙炔瓶存放、使用应符合规定;带有放射源的仪器的使用管理,应满足相关规定。

〖工作依据〗

《危险化学品安全管理条例》（国务院令第645号）；

《民用爆炸物品安全管理条例》（国务院令第653号）；

《水利行业涉及危险化学品安全风险的品种目录》（办安监函〔2016〕849号）；

SL 398—2007《水利水电工程施工通用安全技术规程》；

SL 721—2015《水利水电工程施工安全管理导则》。

〖工作要点〗

（1）危害品管理制度。

施工现场有易燃易爆或有毒危险品的，应根据SL 398—2007第11章的有关规定，编制采购、运输、储存、使用、回收、销毁等相应的防火消防措施和管理制度。

（2）危险品辨识。

依据国家有关要求，辨识施工现场存在的易燃易爆或有毒危险化学品。

根据《危险化学品安全管理条例》，凡列入《危险化学品目录（2015版）》（国家安全监管总局等10部门公告，2015年第5号）中的化学品均应按条例有关规定进行管理。

为深刻吸取天津港"8·12"瑞海公司危险品仓库特别重大火灾爆炸等事故的教训，落实有关事故防范措施，有效防范和遏制危险化学品重特大事故，国务院安委会组织研究编制了《涉及危险化学品安全风险的行业品种目录》，并以《国务院安全生产委员会关于印发〈涉及危险化学品安全风险的行业品种目录〉的通知》（安委〔2016〕7号）印发，用于指导各地区和各有关行业全面摸排涉及危险化学品的安全风险。其中涉及水利行业的有以下几种，见表4-4。

表4-4　　水利行业涉及危险化学品安全风险的品种目录

行业类别名称	涉及的典型危险化学品	主要安全风险
水利管理业	水质监测使用硫酸、盐酸、高锰酸钾、碘化汞等	腐蚀、中毒
	水保监测使用氧气、乙炔、氢气气瓶以及三氯甲烷、硫酸、盐酸、高锰酸钾、丙酮、甲苯、醋酸酐等	火灾、爆炸、中毒、腐蚀
	水利水电工程使用汽油、氧气、乙炔等	火灾、爆炸
	水文实验室使用氟化氢、硫酸、盐酸、三氯甲烷、正己烷等试剂，重铬酸钾、氰化钠、叠氮化钠等剧毒化学品	火灾、爆炸、中毒、腐蚀
	水利科研实验室使用乙炔、丙烷、甲醛、苯、硫酸、硝酸、盐酸等	中毒、腐蚀、火灾、爆炸
土木工程建筑业	水利水电工程建设使用硝铵炸药	爆炸

（3）爆破作业危险品管理。

施工单位自行从事爆破作业的，在使用、存放、运输雷管、炸药时，应严格遵守《民用爆炸物品安全管理条例》的有关规定。相关技术要求应满足SL 398—2007第8章"爆破器材与爆破作业"的规定。如施工单位无《爆破作业单位许可证》需要委托爆破公司进行爆破作业的，应与爆破公司签订分包合同，在合同中写明双方安全责任。对爆破公司的资质、人员资格、爆炸物品采购、运输、使用管理等资料进行收集、验证。

（4）其他危险品管理。

现场除雷管、炸药之外其他危险化学品的管理，应符合《危险化学品安全管理条例》的要求。具体技术要求应符合 SL 398—2007 第 11 章“危险物品管理”的有关规定。现场氧气、乙炔瓶的使用与管理应符合 SL 398—2007 第 9.7 节“气焊与气割”的规定。

（5）带有放射源的仪器的使用管理。

使用放射源食品的单位应取得“辐射安全许可证”，操作人员应通过辐射安全和防护专业知识及相关法律法规的培训和考核。应重点检查检查仪器的使用、保养维护和保管是否满足规定要求。检查操作人员的个人辐射剂量记录档案。检查保管仪器放射源核泄漏情况检测记录档案等。

SL 399—2007《水利水电工程土建施工安全技术规程》中对使用核子水分/密度仪使用提出以下要求：

6.7.5 采用核子水分/密度仪进行无损检测时，应遵守下列规定：

1 操作者在操作前应接受有关核子水分/密度仪安全知识的培训和训练，只有合格者方可进行操作。应给操作者配备防护铅衣、裤、鞋、帽、手套等防护用品。操作者应在胸前佩戴胶片计量仪，每 1～2 月更换一次。胶片计量仪一旦显示操作者达到或超过了允许的辐射值，应即停止操作。

3 应派专人负责保管核子水分/密度仪，并应设立专台档案。每隔半年应把仪器送有关单位进行核泄漏情况检测，仪器储存处应牢固地张贴“放射性仪器”的警示标志。

4 核子水分/密度仪受到破坏，或者发生放射性泄漏，应立即让周围的人离开，并远离出事场所，直到核专家将现场清除干净。

在 SL 275—2014《核子水分-密度仪现场测试规程》中对核子水分-密度仪的使用和保管也进行了规定。

SL 275—2014 7.1.2 现场测试技术要求：

f）现场测试中的仪器使用、维护保养和保管中有关辐射防护安全要求应按附录 B 的规定执行。

SL 275—2014 附录 B：

B.1 凡使用核子水分-密度仪的单位均应取得“许可证”，操作人员应经培训并取得上岗证书。

B.2 由专业的人员负责仪器的使用、维护保养和保管，但不得拆装仪器内放射源。

B.3 仪器工作时，应在仪器放置地点的 3m 范围设置明显放射性标志和警戒线，无关人员应退至警戒线外。

B.4 仪器非工作期间，应将仪器手柄置于安全位置。核子水分-密度仪应装箱上锁，放在符合辐射安全规定的专门地方，并由专人保管。

B.5 仪器操作人员在使用仪器时，应佩戴射线剂量计，监测和记录操作人员所受射线剂量，并建立个人辐射剂量记录档案。

B.6 每隔 6 个月按相关规定对仪器进行放射源泄漏检查，检查结果不符合要求的仪器不得再投入使用。

SL 275—2014 7.1.2 现场测试技术要求：

f）现场测试中的仪器使用、维护保养和保管应执行本标准第 1 部分附录 B 的规定。

〖文件及记录〗

(1) 以正式文件发布的易燃易爆或有毒危险品管理制度。

(2) 易燃易爆或有毒危险化学品防火消防措施。

(3) 现场存放炸药、雷管等的许可证(公安部门)。

(4) 运输易燃易爆等危险物品的许可证(公安部门)。

(5) 与爆破公司签订的分包合同,爆破公司资质证书、爆破作业人员上岗证书及其他与爆破作业相关的资料。

(6) 危险物品领、退记录。

(7) 现场监督检查记录。

4.2.9 高边坡或基坑作业

按照有关法律法规、技术标准进行高边坡、基坑作业。根据施工现场实际编制专项施工方案或作业指导书,经过审批后实施;施工前,在地面外围设置截、排水沟,并在开挖开口线外设置防护栏,危险部位应设置警示标志;排架、作业平台搭设稳固,底部生根,杆件绑扎牢固,脚手板应满铺,临空面设置防护栏杆和防护网;自上而下清理坡顶和坡面松碴、危石、不稳定体,不在松碴、危石、不稳定体上或下方作业;垂直交叉作业应设隔离防护棚,或错开作业时间;对断层、裂隙、破碎带等不良地质构造的高边坡,按设计要求采取支护措施,并在危险部位设置警示标志;严格按要求放坡,作业时随时注意边坡的稳定情况,发现问题及时加固处理;人员上下高边坡、基坑走专用爬梯;安排专人监护、巡视检查,并及时进行分析、反馈监护信息;高处作业人员同时系挂安全带和安全绳。

〖工作依据〗

《水利工程建设安全生产管理规定》(水利部令第26号);

SL 398—2007《水利水电工程施工通用安全技术规程》;

SL 399—2007《水利水电工程土建施工安全技术规程》;

SL 714—2015《水利水电工程施工安全防护设施技术规范》;

SL 721—2015《水利水电工程施工安全管理导则》。

〖工作要点〗

(1) 专项施工方案的编制。

根据水利部令第26号的规定,高边坡属于危险性较大单项工程,所编制的施工方案应组织专家进行论证。SL 399—2007中规定的高边坡是指开挖高度大于50m的边坡,并在第3.1.4条要求高边坡等危险作业应有专项安全技术措施;SL 721—2015中将开挖深度超过3m的基坑开挖、支护与降水工程列为达到一定规模危险性较大单项工程,超过5m的为超过一定规模的危险性较大单项工程,要求编制专项施工技术方案,并按规定的程序履行审核(超过一定规模的需要进行论证和审批手续后方可施工)。专项施工方案中的施工工艺应满足现场实际情况,并符合相关规范要求。

对于危险性较大单项工程,相关规章、技术标准中所给定的标准为最低值,在实际施工过程中,应根据现场实际情况,对虽未达到技术标准规定值但施工中因特殊情况,可能存在较大风险的分部分项工程,应进一步确认是否需要编制专项施工方案及组织专家论证,确保方案科学、合理,保证施工安全。

（2）施工降、排水。

高边坡和基坑施工过程中，应做好临边安全防护，坡（坑）顶部位应设置截、排水沟拦截地表水，将地表水疏导出开挖边坡范围，防止引起边坡冲蚀、坍塌。在 SL 398—2007 第 3.8 节中，对地表水及基坑内降、排水提出了明确要求，施工过程中应遵照执行。

（3）临边防护。

临边部位应设置符合 SL 714—2015 第 3.2.2 条规定的防护栏杆，并按规范要求设置挡脚板。

对开挖高度大于 5m、小于 100m，坡度大于 45°的低、中、高边坡和基坑开挖，临边防护栏杆应符合 SL 399—2007 第 3.4.9 条和 SL 714—2015 第 5.1.4 条的规定。

对坡高大于 100m 的超高边坡和坡高大于 300m 的特高边坡作业，其作业平台、临边防护及其他技术要求应符合 SL 399—2007 第 3.4.9 条和 SL 714—2015 第 5.1.5 条的规定。

涉及垂直交叉作业的，应采取设置安全隔离防护棚等安全防护措施或采取错时施工的方法，确保施工过程处于安全状态，安全防护的相关技术要求应满足 SL 398—2007 及 SL 714—2015 的相关规定。JGJ 80—2016《建筑施工高处作业安全技术规范》中，对隔离防护棚等交叉防护技术要求规定得更详细、具体，施工过程中可参照执行。

（4）施工支护及监测。

为保证高边坡和基坑施工过程中的作业安全，应进行必要的支护，特别是对不良地质构造部位一定要加强支护，并符合 SL 399—2007 第 3 章“土石方工程”中有关规定。同时在高边坡和深基坑施工过程中，应设置监测装置，对边坡稳定进行监测，发现问题及时进行处理，并在危险部位设置警示标志。

（5）安全管理。

施工人员上下高边坡、基坑应走专用爬梯；安排专人监护、巡视检查，并及时进行分析、反馈监护信息；高处作业人员同时系挂安全带和安全绳。

〖文件及记录〗

（1）施工专项施工方案（如需论证的，需提供论证资料）。

（2）边坡、基坑监测记录及分析资料。

（3）专人监护记录。

（4）现场检查记录。

4.2.10　洞室作业

按照有关法律法规、技术标准进行洞室作业。根据现场实际制定专项施工方案；进洞前，做好坡顶坡面的截水排水系统；Ⅲ、Ⅳ、Ⅴ类围岩开挖除对洞口进行加固外，应在洞口设置防护棚；洞口边坡上和洞室的浮石、危石应及时处理，并按要求及时支护；交叉洞室在贯通前优先安排锁口锚杆的施工；位于河水位以下的隧洞进、出口，应设置围堰或预留岩坎等防止水淹洞室的措施；洞内渗漏水应集中引排处理，排水通畅；有瓦斯等有害气体的防治措施；按要求布置安全监测系统，及时进行监测、分析、反馈观测资料，并按规定进行检查；遇到不良地质地段开挖时，采取浅钻孔、弱爆破、多循环，尽量减少对围岩的扰动，并及时进行支护。遇不良地质构造或易塌方地段，有害气体逸出及地下涌水等突发事件，立即停工，并撤至安全地点；洞内照明、通风、除尘满足规范要求。

〖工作依据〗

GB 50086—2015《岩土锚固与喷射混凝土支护工程技术规范》；

SL 377—2007《水利水电工程锚喷支护技术规范》；

SL 378—2007《水工建筑物地下开挖工程施工规范》；

SL 398—2007《水利水电工程施工通用安全技术规程》；

SL 399—2007《水利水电工程土建施工安全技术规程》；

SL 714—2015《水利水电工程施工安全防护设施技术规范》。

〖工作要点〗

（1）专项施工方案。

SL 721—2015 附录 A 的规定，“地下暗挖工程”属于超过一定规模的危险性较大的单项工程，需要编制专项施工方案，并按要求组织审核、论证并报监理单位审批、项目法人单位备案。

（2）洞口开挖。

隧洞施工过程中，应在进洞前对洞口按设计要求进行必要的安全防护和支护措施，相关技术要求应符合 SL 714—2015 第 5.3.1 条和 SL 378—2007 第 5.2 节的相关规定。地下洞室洞口削坡应自上而下分层进行，严禁上下垂直作业。进洞前，应做好开挖及其影响范围内的危石清理和坡顶排水，按设计要求进行边坡加固。

（3）不良地质洞段施工。

不良地质洞段的开挖应符合 SL 378—2007 第 5.8 节的相关规定。

隧洞开挖过程中，断层及破碎带缓倾角节理密集带岩溶发育、地下水丰富及膨胀岩体地段和高地应力区等不良地质条件洞段开挖，应根据地质预报针对其性质和特殊的地质问题制定专项保证安全施工的工程措施。不良地质条件洞段应采用短进尺和分部开挖方式。施工开挖后应立即进行临时支护，支护完成后方可进行下一循环或下一分部的开挖。开挖循环进尺应根据监测结果调整。分部方法可根据地质构造及围岩稳定程度确定。

地下水丰富地段应探明地下水活动规律、涌水量大小、地下水位及补给来源，可视实际情况采用排、堵、截、引等技术措施。

施工地段含有瓦斯气体时应参照《煤矿安全规程》中关于瓦斯防治的要求，结合实际情况制定预防瓦斯的安全措施。

暗挖作业中，在遇到不良地质构造或易发生塌方地段、有害气体逸出及地下涌水等突发事件，应即令停工，作业人员撤至安全地点。

（4）安全监测。

隧洞工程施工过程中的安全监测应满足 SL 399—2007 第 3.5.12 条和 SL 378—2007 第 10 章的有关规定，地下开挖工程施工期的安全监测，应根据工程等级、地形、地貌、围岩条件、施工方法等确定监测项目数量、选择监测仪器。施工前应对监测仪器的布置做出专门设计。

应及时整理分析监测资料，绘制变形与时间、变形与开挖进尺的关系曲线，遇有变形异常除应对观测资料进行复核外，还应对地质条件和临时支护进行宏观调查。

围岩变形稳定标准可参照 GB 50086—2015《岩土锚固与喷射混凝土支护工程技术规范》的规定作为判定准则，在实际使用过程中可根据工程的具体情况进行调整。

（5）照明、通风与除尘。

隧洞工程施工区照明应符合 SL 398—2007 第 4.5.1～4.5.9 条和 SL 378—2007 的有关要求，并满足 SL 378—2007 强制性条文的要求：

12.3.7 洞内供电线路的布设应符合下列规定：

3 电力起爆主线应与照明及动力线分两侧架设。

隧洞工程洞内通风与除尘应符合 SL 378—2007 第 11 章“通用与除尘”的有关要求，并满足以下强制性条文的要求：

11.1.1 洞内氧气体积不应少于20%，有害气体和粉尘含量应符合表 11.1.1 的规定标准。

11.2.8 对存在有害气体、高温等作业区，必须做专项通风设计，并设置监测装置。

（6）瓦斯气体防治。

施工地段含有瓦斯气体时应参照《煤矿安全规程》中关于瓦斯防治的要求，结合实际情况制定预防瓦斯的安全措施，并应遵守下列规定：

1）定期测定空气中瓦斯的含量。当工作面瓦斯浓度超过 1.0%，或二氧化碳浓度超过 1.5%时，必须停止作业，撤出施工人员采取措施进行处理。

2）施工单位人员应通过预防瓦斯学习掌握预防瓦斯的方法。

3）机电设备及照明灯具均应采用防爆式。

4）应配备专职瓦斯检测人员，检测设备应定期校检，报警装置应定期检查。

（7）特大断面洞室和斜井、竖井施工。隧洞工程施工过程中，还应加强对特大断面洞室、斜井、竖井开挖的安全管理工作。在 SL 378—2007 中，以强制性条文对特大断面洞室、斜井、竖井开挖等进行了规定：

5.5.5 当特大断面洞室设有拱座，采用先拱后墙法开挖时，应注意保护和加固拱座岩体。拱脚下部的岩体开挖，应符合下列条件：

1 拱脚下部开挖面至拱脚线最低点的距离不应小于 1.5m；

2 顶拱混凝土衬砌强度不应低于设计强度的 75%。

8.4.2 竖井吊罐及斜井运输车牵引绳，应有断绳保险装置。

8.4.11 井口应设阻车器、安全防护栏或安全门。

8.4.12 斜井、竖井自上而下扩大开挖时，应有防止导井堵塞和人员坠落的措施。

13.3.5 竖井和斜井运送施工材料或出渣时应遵守下列规定：

1 严禁人、物混运，当施工人员从爬梯上下竖井时，严禁运输施工材料或出渣；

2 井口应有防止石渣和杂物坠落井中的措施。

9.1.17 竖井或斜井中的锚喷支护作业应遵守下列安全规定：

1 井口应设置防止杂物落入井中的措施；

2 采用溜筒运送喷射混凝土混合料时，井口溜筒喇叭口周围应封闭严密。

12.4.5 洞内电、气焊作业区，应设有防火设施和消防设备。

13.2.6 当相向开挖的两个工作面相距小于 30m 或 5 倍洞径距离爆破时，双方人员均应撤离工作面；相距 15m 时，应停止一方工作，单向开挖贯通。

13.2.7 竖井或斜井单向自下而上开挖，距贯通面5m时，应自上而下贯通。

13.2.10 采用电力起爆方法，装炮时距工作面30m以内应断开电源，可在30m以外用投光灯或矿灯照明。

〖文件及记录〗

(1) 隧洞开挖专项施工方案及相关审核、论证、审批、交底记录。

(2) 瓦斯防治措施。

(3) 安全监测方案、记录及分析资料。

(4) 环境监测记录。

(5) 专项通风设计。

(6) 现场监督检查记录。

4.2.11 爆破、拆除作业

按照有关法律法规、技术标准进行爆破、拆除作业。爆破、拆除作业单位必须持有相应的资质，建立爆破、拆除安全管理制度；作业前编制方案，进行爆破、拆除设计，履行审批程序，并严格安全交底；装药、堵塞、网络联结以及起爆，由爆破负责人统一指挥，爆破员按爆破设计和爆破安全规程作业；影响区采取相应安全警戒和防护措施，作业时有专人现场监护；爆破工程技术人员、爆破员、安全员、保管员和押运员等应持证上岗。

〖工作依据〗

《民用爆炸物品安全管理条例》(国务院令第653号)；

GB 6722—2014《爆破安全规程》；

SL 378—2007《水工建筑物地下开挖工程施工规范》；

SL 398—2007《水利水电工程施工通用安全技术规程》；

SL 399—2007《水利水电工程土建施工安全技术规程》；

SL 714—2015《水利水电工程施工安全防护设施技术规范》；

GA 990—2012《爆破作业单位资质条件和管理要求》；

GA 991—2012《爆破作业项目管理要求》。

〖工作要点〗

(1) 爆破、拆除作业安全管理制度。施工企业应编制爆破、拆除作业的管理制度，明确工作职责、工作程序和工作要求。

(2) 爆破试验与爆破设计。爆破作业开工前，施工单位应进行爆破试验和爆破设计，以确定各项爆破参数，并严格履行向监理、项目法人及有关监管部门审批的手续。关于爆破设计审批的要求，在GB 6722—2014中规定：

5.2.5 设计审批

5.2.5.1 A、B级爆破工程设计及在城区、名胜风景区、距重要设施500m范围内实施的爆破工程设计，应经所在地设区的市级公安机关审批，未经审批不准开工。

5.2.5.2 申请设计审批时，应如实向审批公安机关提交以下材料：

——设计、施工、安全评估、安全监理单位持有的《爆破作业单位许可证》、工商营业执照及复印件；

——设计、施工单位与建设单位签订的爆破作业合同；
——安全评估单位与建设单位签订的安全评估合同；
——安全监理单位与建设单位签订的安全监理合同；
——爆破技术设计；
——安全评估单位出具的安全评估报告及附件；
——法律、行政法规规定的其他文件。

5.2.5.3 C、D级爆破工程技术设计，应经具有相应级别和作业范围的爆破作业单位技术负责人审批，并报当地审批公安机关备案。

5.2.5.4 岩土爆破工程的标准爆破技术设计，由本单位具有相应级别和作业范围的爆破技术负责人审批；若总药量达到A、B级，应报当地负责设计审批的公安机关备案。

5.2.5.5 其他不纳入分级管理的爆破技术设计，应经具有相应作业范围的施工单位爆破技术负责人批准。

关于爆破试验和爆破设计，在SL 378—2007中规定：

6.3.1 施工前应进行爆破试验爆破试验，可根据工程规模、地质条件选择下列项目和内容：

1 火工材料性能试验。

2 爆破参数及爆破方法试验。

3 光面爆破预裂爆破参数试验。

4 测定地震波的衰减规律。

5 测定爆破影响深度。

6 爆破震动试验。

对于小型工程爆破试验可以结合开挖施工进行。

6.3.2 爆破试验应由具有爆破资质的单位进行爆破试验，所使用的仪器应经计量部门检定。

6.1.4 施工单位应根据设计图纸地质情况、爆破器材性能及钻孔机械等条件和爆破试验结果进行钻孔爆破设计，设计应包括下列内容：

1 掏槽方式：应根据开挖断面大小、围岩类别、钻孔机具等因素确定，若采用中空直眼掏槽时应尽量加大空眼直径和数目。

2 炮孔布置深度及角度：炮孔应均匀布置；孔深应根据断面大小、钻孔机具性能和循环进尺要求等因素确定；钻孔角度应按炮孔类型进行设计，同类钻孔角度应一致，钻孔方向可按平行或收放等形式确定。

3 装药量：应根据围岩类别确定。任一炮孔装药量所引起的爆破裂隙伸入到岩体的影响带不应超过周边孔爆破产生的影响带。应选用合适的炸药，特别是周边孔应选用低爆速炸药或采用间隔装药、专用小直径药卷连续装药。

4 确定堵塞方式。

5 起爆方式及顺序：宜采用塑料导爆管、非电毫秒雷管，根据孔位布置分段爆破，其分段爆破时差，应使每段爆破独立作用；周边孔应同时起爆。

6 当施工现场附近存在相邻建筑物、浅埋隧洞或附近有重点保护文物时应按其抗震要求进行专项设计，并进行爆破震动控制计算。

7　绘制炮孔布置图。

(3) 爆破单位资质和人员资格。

《民用爆炸物品安全管理条例》规定：

第三十一条　申请从事爆破作业的单位，应当具备下列条件：

(一) 爆破作业属于合法的生产活动；

(二) 有符合国家有关标准和规范的民用爆炸物品专用仓库；

(三) 有具备相应资格的安全管理人员、仓库管理人员和具备国家规定执业资格的爆破作业人员；

(四) 有健全的安全管理制度、岗位安全责任制度；

(五) 有符合国家标准、行业标准的爆破作业专用设备；

(六) 法律、行政法规规定的其他条件。

第三十二条　申请从事爆破作业的单位，应当按照国务院公安部门的规定，向有关人民政府公安机关提出申请，并提供能够证明其符合本条例第三十一条规定条件的有关材料。受理申请的公安机关应当自受理申请之日起20日内进行审查，对符合条件的，核发《爆破作业单位许可证》；对不符合条件的，不予核发《爆破作业单位许可证》，书面向申请人说明理由。

营业性爆破作业单位持《爆破作业单位许可证》到工商行政管理部门办理工商登记后，方可从事营业性爆破作业活动。

爆破作业单位应当在办理工商登记后3日内，向所在地县级人民政府公安机关备案。

第三十三条　爆破作业单位应当对本单位的爆破作业人员、安全管理人员、仓库管理人员进行专业技术培训。爆破作业人员应当经设区的市级人民政府公安机关考核合格，取得《爆破作业人员许可证》后，方可从事爆破作业。

第三十四条　爆破作业单位应当按照其资质等级承接爆破作业项目，爆破作业人员应当按照其资格等级从事爆破作业。爆破作业的分级管理办法由国务院公安部门规定。

(4) 爆破作业安全管理。

爆破作业应统一指挥，统一信号，严格执行爆破设计和爆破安全规程，设专人警戒并划定安全警戒区。爆破后须经爆破人员检查，确认安全后，其他人员方能进入现场。关于安全距离的划定，应满足SL 398—2007第8.5.5条的规定。

(5) 拆除作业。

《评审标准》中的拆除作业是指对建（构）物的拆除。根据SL 721—2015的规定，拆除作业属危险性较大单项工程并列入重大危险源考虑范围。在施工过程中应按以下要求开展工作：

1) 编制专项施工方案。施工单位应根据SL 721—2015的规定，编制专项施工方案，并按规定的程序履行审核、论证（如需要）、审批、备案等手续。

2) 拆除过程中，严格依据审批的专项施工方案组织施工。

因现行水利行业技术标准对拆除作业无明确、详细的规定，在施工过程中，可参考JGJ 147—2016《建筑拆除工程安全技术规范》的相关内容。

〖文件及记录〗

（1）爆破、拆除管理制度。

（2）爆破、拆除方案及监理审批记录。

（3）爆破试验方案、爆破试试验成果材料及监理审批记录。

（4）爆破单位资质及人员资格验证文件。

（5）爆破作业监督检查记录。

4.2.12　水上水下作业

按照有关法律法规、技术标准进行水上水下作业。建立水上水下作业安全管理制度；从事可能影响通航安全的水上水下活动应按照有关规定办理《中华人民共和国水上水下活动许可证》；施工船舶应按规定取得合法的船舶证书和适航证书，在适航水域作业；编制专项施工方案，制订应急预案，对作业人员进行安全技术交底，作业时安排专人进行监护；水上作业有稳固的施工平台和梯道，平台不得超负荷使用；临水、临边设置牢固可靠的栏杆和安全网；平台上的设备固定牢固，作业用具应随手放入工具袋；作业平台上配齐救生衣、救生圈、救生绳和通信工具；施工平台、船舶设置明显标识和夜间警示灯；建立畅通的水文气象信息渠道；作业人员正确穿戴救生衣、安全帽、防滑鞋、安全带；作业人员按规定经培训考核合格后持证上岗，并定期进行体检；雨雪天气进行水上作业，采取防滑、防寒和防冻措施，水、冰、霜、雪及时清除；遇到六级以上强风等恶劣天气不进行水上作业，暴风雪和强台风等恶劣天气后全面检查，消除隐患。

〖工作依据〗

《中华人民共和国水上水下活动通航安全管理规定》（交通部令第 5 号）；

《中华人民共和国内河避碰规则》（交通部令第 30 号）；

SL 398—2007《水利水电工程施工通用安全技术规程》；

SL 399—2007《水利水电工程土建施工安全技术规程》；

SL 714—2015《水利水电工程施工安全防护设施技术规范》；

SL 17—2014《疏浚与吹填工程技术规范》；

SL 260—2014《堤防工程施工规范》。

〖工作要点〗

（1）水上作业的范围。水上作业的范围包括使用施工平台、船舶等作业行为和围堰、堤防、坝体及其他建筑物施工的临水作业。

（2）专项施工方案。根据 SL 398—2007 第 3.1.4 条的规定，水上作业前应编制专项安全技术措施及安全应急防护预案：

3.1.4　爆破、高边坡、隧洞、水上（下）、高处、多层交叉施工、大件运输、大型施工设备安装及拆除等危险作业应有专项安全技术措施，并设专人进行安全监护。

（3）船舶水上作业。涉及使用船舶进行水上作业的，应取得船舶检验机构签发的船舶适航证书，相关作业人员应持有相应的船员适任证书与船员服务簿，在开始作业前应进行教育培训，并定期进行体检，要求水上作业人员应正确穿戴救生衣、安全帽、防滑鞋、安全带等个人安全防护设备。船舶航行应遵守国家及相关行业的规定。

（4）航道内作业。在航道内作业，影响通航安全的，在开工前应向航证管理（海事）

部门提出施工作业许可申请，取得《中华人民共和国水上水下活动许可证》并办理发布航行通告的相关手续。

(5) 临边防护。临水临边的安全防护设施及施工平台和梯道等，应参照 SL 398—2007 第 5 章“安全防护设施”和 SL 714—2015 第 3.2 节“作业面”的相关规定。

(6) 救援设施设备。应按照作业人员数量配备相应的防护、救生设备，如救生衣、救生圈、救生绳和通信工具、救生艇等。作业人员应熟知水上作业救护知识，具备自救互救技能。

(7) 恶劣天气作业。雨雪天气进行水上作业，应采取防滑、防寒、防冻措施，水、冰、霜、雪及时清除；遇到六级以上强风等恶劣天气不进行水上作业，暴风雪和强台风后全面检查，消除隐患。

(9) 警示标志。施工平台、船舶上应设置明显标志和夜间警示灯，并保证运行正常。临水作业部位也应设置必要的警示标志，提醒作业及周边人员注意安全。

〖文件及记录〗

(1) 水上作业专项施工方案及应急预案。

(2) 船舶适航证书。

(3) 中华人民共和国水上水下活动许可证。

(4) 船员适任证书与船员服务簿。

(5) 作业人员培训合格证书及体检证书。

(6) 水文气象信息渠道建立的记录。

(7) 现场监督检查记录（含极端天气前后的检查记录）。

4.2.13 高处作业

按照有关法律法规、技术标准进行高处作业。建立高处作业安全管理制度；高处作业人员体检合格后上岗作业，登高架设作业人员持证上岗；坝顶、陡坡、悬崖、杆塔、吊桥、脚手架、屋顶以及其他危险边沿进行悬空高处作业时，临空面搭设安全网或防护栏杆，且安全网随着建筑物升高而提高；登高作业人员正确佩戴和使用劳动防护用品、用具，作业前应检查作业场所安全措施落实情况；有坠落危险的物件应固定牢固，无法固定的应先行清除或放置在安全处；雨天、雪天高处作业，应采取可靠的防滑、防寒和防冻措施；遇有六级及以上大风或恶劣气候时，应停止露天高处作业；高处作业应现场监护。

〖工作依据〗

GB/T 3608—2008《高处作业分级》；

SL 398—2007《水利水电工程施工通用安全技术规程》；

SL 714—2015《水利水电工程施工安全防护设施技术规范》。

〖工作要点〗

(1) 高处作业的定义与分级。

在 GB/T 3608—2008 中规定，对于在距坠落度基准面 2m 或 2m 以上有可能坠落的高处进行的作业，均应按高处作业的相关规范进行安全管理。对于高处作业根据高处作业高度分为 2～5m（含）、5～15m（含 ）、15～30m（含）及 30m 以上四个区段，具体级别计算及确定，应执行 GB/T 3608—2008 的要求。

(2) 高处作业安全管理制度。

施工企业应编制高处作业安全管理制度，明确高处作业管理职责、技术要求和工作程序等内容。

(3) 专项安全技术措施。

根据 SL 398—2007 的强制性条文规定，进行三级、特级、悬空高处作业时，应事先制定专项安全技术措施，施工前，应向所有施工人员进行技术交底。

(4) 作业人员。

高处作业人员体检合格后上岗作业，凡经医生诊断患高血压、心脏病、精神病等不适于高处作业病症的人员不应从事高处作业，涉及登高架设作业的人员应持证上岗。作业过程中，作业人员应正确佩戴安全帽、安全绳及其他安全防护用品。采取措施防止物件从高处坠落。

(5) 安全防护设施。

高处作业临边部位必须设置满足规定要求的安全防护设施，SL 398—2007 第 5.2 节“高处作业”对水利水电工程施工过程中高处作业做出了规定。关于安全防护设施如栏杆、安全网、防护棚等的技术要求和标准，可参考 JGJ 80—2016 的相关内容。

关于安全网，在 SL 398—2007 中规定：

5.1.3 高处临边、临空作业应设置安全网，安全网距工作面的最大高度不应超过 3.0m，水平投影宽度应不小于 2.0m。安全网应挂设牢固，随工作面升高而升高。

(6) 安全防护设施的检查及验收。

高处作业前，应对安全防护设施进行检查、验收，验收合格后方可进行作业，具体要求可参照 JGJ 80—2016 的相关规定，如：

1 防护栏杆立杆、横杆及挡脚板的设置、固定及其连接方式；

2 攀登与悬空作业时的上下通道、防护栏杆等各类设施的搭设；

3 操作平台及平台防护设施的搭设；

4 防护棚的搭设；

5 安全网的设置情况；

6 安全防护设施构件、设备的性能与质量；

7 防火设施的配备；

8 各类设施所用的材料、配件的规格及材质；

9 设施的节点构造及其与建筑物的固定情况，扣件和连接件的紧固程度。

对于高处作业期间的安全检查要求，在 SL 398—2007 中以强制性条文形式进行了规定：

5.2.2 高处作业下方或附近有煤气、烟尘及其他有害气体，应采取排除或隔离等措施，否则不得施工。

5.2.3 高处作业前，应检查排架、脚手板、通道、马道、梯子和防护设施，符合安全要求方可作业。高处作业使用的脚手架平台，应铺设固定脚手板，临空边缘应设高度不低于 1.2m 的防护栏杆。

5.2.10 高处作业时，应对下方易燃、易爆物品进行清理和采取相应措施后，方可进行电焊、气焊等动火作业，并应配备消防器材和专人监护。

当遇有6级以上强风、浓雾、沙尘暴等恶劣气候，不得进行露天攀登与悬空高处作业。暴风雪及台风暴雨后，应对高处作业安全设施进行检查，当发现有松动、变形、损坏或脱落等现象时，应立即修理完善，维修合格后再使用。

（7）专人进行监护。

对于特殊高处作业施工单位应安排专人进行现场监护。特殊高处作业包括以下几个类别：

1）在阵风风力6级以上的情况下进行的高处作业称为强风高处作业。

2）在高温或低温环境下进行的高处作业称为异温高处作业。

3）降雪时进行的高处作业称为雪天高处作业。

4）降雨时进行的高处作业称为雨天高处作业。

5）室外完全采用人工照明时进行的高处作业称为夜间高处作业。

6）在接近或接触带电体条件下进行的高处作业称为带电高处作业。

7）在无立足或无牢靠立足点的条件下进行的高处作业称为悬空高处作业。

8）对突然发生的各种灾害事故进行抢险的高处作业称为抢险高处作业。

一般高处作业系指除特殊高处作业以外的高处作业。

特殊高处作业都是在恶劣的环境中进行的高处作业，比一般高处作业更容易发生坠落事故。因此，在特殊高处作业时必须有专人监护、可靠的安全措施、可靠的通信装置。

（8）上述临近带电体的高处作业，安全防护距离应满足SL 378—2007第5.2.6条的规定：

5.2.6 在带电体附近进行高处作业时，距带电体的最小安全距离，应满足表5.2.6的规定，如遇特殊情况，应采取可靠的安全措施。

表5.2.6　　　　高处作业时与带电体的安全距离

电压等级（kV）	10及以下	20～35	44	60～110	154	220	330
工器具、安装构件、接地线等与带电体的距离（m）	2.0	3.5	3.5	4.0	5.0	5.0	6.0
工作人员活动范围与带电体的距离（m）	1.7	2.0	2.2	2.5	3.0	4.0	5.0
整体组立杆塔与带电体的距离	应大于倒杆距离（自杆塔边缘到带点体的最近侧为塔高）						

〖**文件及记录**〗

（1）以正式文件发布的高处作业安全管理制度。

（2）三级、特级和悬空高处作业专项安全技术措施及交底记录。

（3）高处作业人员体检证明。

（4）安全防护设施产品合格证、验收合格证明。

（5）安全防护设施检查、验收记录。

（6）高处作业现场监护记录。

（7）作业人员培训合格证书。

(8) 现场监督检查记录(含极端天气前后的检查记录)。

4.2.14 起重作业

按照有关法律法规、技术标准进行起重吊装作业。作业前应编制起重吊装方案或作业指导书,向作业人员进行安全技术交底;作业前对设备、安全装置、工器具进行检查,确保满足安全要求;起重吊装作业区域应设置警戒线,并安排专人进行监护;司机、信号司索工应持证上岗,按操作规程作业,信号传递畅通;吊装按规定办理审批手续;严禁以运行的设备、管道以及脚手架、平台等作为起吊重物的承力点;利用构筑物或设备的构件作为起吊重物的承力点时,应经核算;恶劣天气不得进行室外起吊作业。

〖工作依据〗

GB 5082—1985《起重吊运指挥信号》;

GB 5144—2006《塔式起重机安全规程》;

GB 10055—2007《施工升降机安全规程》;

GB/T 14405—2011《通用桥式起重机》;

GB/T 14406—2011《通用门式起重机》;

SL 398—2007《水利水电工程施工通用安全技术规程》;

SL 401—2007《水利水电工程施工作业人员安全操作规程》;

SL 425—2017《水利水电起重机械安全规程》;

SL 714—2015《水利水电工程施工安全防护设施技术规范》;

SL 721—2015《水利水电工程施工安全管理导则》。

〖工作要点〗

(1) 起重设施设备。各类起重作业前,应结合"设备设施"管理中的有关要求,对起重机械设备进行全面检查,确保功能正常,满足安全要求。

(2) 作业人员。根据2011年国家质量监督检验检疫总局发布的《特种作业人员作业项目和种类的通知》,与起重作业相关的起重机械指挥、桥门式起重机司机、塔式起重机司机、门座式起重机司机、缆索式起重机司机、流动式起重机司机、升降机司机等属于特种作业人员,均应持特种作业人员证书上岗。

施工单位应依据法规、规范和技术标准的规定,如SL 401—2007等,结合工种、岗位的特点编制岗位操作规程,并严格监督执行,不得违规作业。

(3)"大件"及特殊情况的吊装作业。SL 398—2007第7.1.16条对"大件"吊、运提出了安全管理要求,在其条文说明中解释:"大件"是指在水利水电工程施工中,几何尺寸和单件重量大的构件和设备,其运输、吊装对运输设备、运输线路有一定的安全技术要求。但未明确"大件"的几何尺寸和单件重量标准,实施过程中应结合实际情况进行确定。根据SL 398—2007第3.1.4条和7.1.16条的规定,对大件吊运应编制专项安全技术措施,并设专人进行安全监护:

3.1.4 爆破、高边坡、隧洞、水上(下)、高处、多层交叉施工、大件运输、大型施工设备安装及拆除等危险作业应有专项安全技术措施,并应设专人进行安全监护。

7.1.16 大件起吊运输和吊运危险的物品时,应制定专项安全技术措施,按规定要求审批后,方能施工。

根据SL 721—2015的规定，达到一定标准的“起重吊装及安装拆卸工程”属于危险性较大的单项工程，需要编制专项施工方案，并按要求组织审核、论证（如需要）并报监理单位审批、项目法人单位备案。

（4）起重吊装作业指导书。施工单位应针对起重吊装作业编制作业指导书及相关操作规程，并按SL 721—2015的有关规定开展安全技术交底或教育培训工作。

（5）严格遵守操作规程。起重吊装过程中，需要办理审批手续的应及时办理；严禁以运行的设备、管道以及脚手架、平台等作为起吊重物的承力点；利用构筑物或设备的构件作为起吊重物的承力点时，应经核算；遇到大雪、暴雨、大雾及六级以上大风等恶劣天气，无法看清场地、吊物情况和指挥信号等情况下不得进行起重操作；对起重吊装影响区域划定警戒区域，设置必要的安全警示标志；相关操作人员应严格按操作规程进行作业，严格遵守SL 401—2007中第4.1.12条关于“十不吊”及其他相关规定。

〖文件及记录〗

（1）起重吊装作业指导书及安全操作规程。

（2）起重设备检查记录（结合设备设施部分工作开展）。

（3）指挥和操作人员上岗证件。

（4）大件吊装方案、审批记录、交底记录。

（5）危险性较大单项工程专项技术方案和审核、论证、审批、交底记录。

（6）现场旁站、监督检查记录。

4.2.15　临近带电体作业

按照有关法律法规、技术标准进行临近带电体作业。建立临近带电体作业安全管理制度；作业前编制专项施工方案或安全防护措施，向作业人员进行安全技术交底，并办理安全施工作业票，安排专人现场监护；电气作业人员应持证上岗并按操作规程作业；作业时施工人员、机械与带电线路和设备的距离应大于最小安全距离，并有防感应电措施；当小于最小安全距离时，应采取绝缘隔离的防护措施，并悬挂醒目的警告标志，当防护措施无法实现时，应采取停电等措施。

〖工作依据〗

GB 26859—2011《电力安全工作规程电力线路部分》；

GB 50194—2014《建设工程施工现场供用电安全规范》；

SL 398—2007《水利水电工程施工通用安全技术规程》；

SL 401—2007《水利水电工程施工作业人员安全操作规程》；

SL 714—2015《水利水电工程施工安全防护设施技术规范》。

〖工作要点〗

（1）临近带电体定义。

临近带电体是指在运行中的电压在250V（或按相关规定）及以上的发电、变电、输配电和带电运行的电气设备附近进行的可能影响电气设备和人员安全的作业行为。在此附近施工时，如不能保证标准允许的安全距离，则应采取必要的防护或申请停电措施，以确保作业安全。

在临近带电体作业时，应保证标准规定的安全距离，在SL 398—2007中，对各种作业情况的安全距离进行了规定：

4.1.5 在建工程（含脚手架）的外侧边缘与外电架空线路的边线之间应保持安全操作距离。最小安全操作距离应不小于表4.1.5的规定。

表4.1.5 在建工程（含脚手架）的外侧边缘与外电架空线路边线之间的最小安全操作距离

外线线路电压（kV）	<1	1～10	35～110	154～220	330～500
最小安全操作距离（m）	4	6	8	10	15

注 上、下脚手架的斜道严禁搭设在有外电线路的一侧。

k）4.1.6 施工现场的机动车道与外电架空线路交叉时，架空线路的最低点与路面的垂直距离不应小于表4.1.6的规定。

表4.1.6 施工现场的机动车道与外电架空线路交叉时的最小垂直距离

外线线路电压（kV）	<1	1～10	35
最小垂直距离（m）	6	7	7

5.2.6 在带电体附近进行高处作业时，距带电体的最小安全距离，应满足表5.2.6的规定，如遇特殊情况，应采取可靠的安全措施。

表5.2.6 高处作业时与带电体的安全距离

电压等级（kV）	10及以下	20～35	44	60～110	154	220	330
工器具、安装构件、接地线等与带电体的距离（m）	2.0	3.5	3.5	4.0	5.0	5.0	6.0
工作人员活动范围与带电体的距离（m）	1.7	2.0	2.2	2.5	3.0	4.0	5.0
整体组立杆塔与带电体的距离	应大于倒杆距离（自杆塔边缘到带点体的最近侧为塔高）						

在JGJ 46—2005中对起重机构与架空线路的最小安全距离和绝缘防护设施做出如下规定：

4.1.4 起重机械严禁超过无防护设施的外电架空线路作业。在外电架空线路附近吊装时，起重的任何部位或被吊物边缘在最大偏斜时与代线路连线的最小安全距离应符合表4.1.4规定。

表4.1.4 起重机与架空线路边线的最小安全距离

电压（kV）／安全距离（m）	<1	10	35	110	220	330	500
沿垂直方向	1.5	3.0	4.0	5.0	6.0	7.0	8.5
沿水平方向	1.5	2.0	3.5	4.0	6.0	7.0	8.5

4.1.6 当达不到本规范第4.1.2～4.1.4条中的规定时，必须采取绝缘隔离防护措施，并应悬挂醒目的警告标志。

架设防护设施时，必须经有关部门批准，采用线路暂时停电或其他可靠的安全技术措施，并应有电气工程技术人员和专职安全人员监护。

防护设施与外电线路之间的安全距离不应小于表 4.1.6 所列数值。

防护设施应坚固、稳定，且对外电线路的隔离防护应达到 IP30 级。

表 4.1.6　　防护设施与外电线路之间的最小距离

外线线路电压等级（kV）	<10	35	110	220	330	500
最小安全距离（m）	1.7	2.0	2.5	4.0	5.0	6.0

4.1.7　当本规范第 4.1.6 条规定的防护措施无法实现时，必须与有关部门协商，采取停电、迁移外电线路或改变工程位置等措施，未采取上述措施的严禁施工。

在 GB 50194—2014 中对施工现场供用电架空线路与道路等设施的最小距离，也做出了规定：

7.2.6　施工现场供用电架空线路与道路等设施的最小距离应符合表 7.2.6 的规定，否则应采取防护措施。

表 7.2.6　　施工现场供用电架空线路与道路等设施的最小距离（m）

<table>
<tr><th rowspan="2">类　别</th><th rowspan="2" colspan="2">距　　离</th><th colspan="2">供用电绝缘线路电压等级</th></tr>
<tr><th>1kV 及以下</th><th>10kV 及以下</th></tr>
<tr><td rowspan="2">与施工现场</td><td colspan="2">沿道路边架设时距离道路边沿最小水平距离</td><td>0.5</td><td>1.0</td></tr>
<tr><td colspan="2">跨越道路时距路面最小垂直距离</td><td>6.0</td><td>7.0</td></tr>
<tr><td>与在建工程，包括脚手架工程</td><td colspan="2">最小水平距离</td><td>7.0</td><td>8.0</td></tr>
<tr><td>与临时建（构）筑物</td><td colspan="2">最小水平距离</td><td>1.0</td><td>2.0</td></tr>
<tr><td rowspan="6">与外电电力线路</td><td rowspan="3">最小垂直距离</td><td>与 10kV 及以下</td><td colspan="2">2.0</td></tr>
<tr><td>与 220kV 及以下</td><td colspan="2">4.0</td></tr>
<tr><td>与 500kV 及以下</td><td colspan="2">6.0</td></tr>
<tr><td rowspan="3">最小水平距离</td><td>与 10kV 及以下</td><td colspan="2">3.0</td></tr>
<tr><td>与 220kV 及以下</td><td colspan="2">7.0</td></tr>
<tr><td>与 500kV 及以下</td><td colspan="2">13.0</td></tr>
</table>

（2）管理制度。

施工企业应按相关法律法规、技术标准编制临近带电体作业安全管理制度，在制度中明确工作职责、工作要求及工作程序等内容。

（3）编制专项施工方案或安全防护措施。

施工企业在作业前应根据现场实际情况编制专项施工方案或安全防护措施，并向作业人员进行安全技术咨询，办理安全施工作业票，安排专人现场监护。

（4）安全防护设施。

绝缘安全防护设施应达到 JGJ 46—2005 要求的防护等级（IP30 级），IP30 级的规定是指防护设施的缝隙，能防止 ϕ2.5mm 固体异物穿越。

GB 16895.21《建筑物的电气装置　第4－41部分：安全防护电击防护》对直接接触防护措施中用遮拦、外护物防护和用阻挡物防护规定，防护设施宜采用木、竹或其他绝缘材料搭设，不宜采用钢管等金属材料搭设，防护设施的警示标志必须昼、夜均醒目可见。

防护设施坚固、稳定是指所设的防护设施能承受施工过程中人体、工具、器材落物的意外撞击，而保持其防护功能。

（5）工作票。

临近带电体安全施工应实行工作票的管理制度，经审批后方可作业。工作票的管理要求可参照GB 26859—2011的有关规定，同时在作业过程中应安排专人进行现场监护：

5.3　工作票种类。

5.3.1　需要线路或配电设备全部停电或部分停电的工作，填用电力线路第一种工作票（见附录A）。

注：配电设备全部停电是指供给该配电设备上的所有电源线路均已全部断开。

5.3.2　带电线路杆塔上与带电导线符合表1最小安全距离规定的工作以及运行中的配电设备上的工作，填用电力线路第二种工作票（见附录B）。

表1　　在带电线路杆塔上工作与带电导线最小安全距离

电压等级（kV）	安全距离（m）	电压等级（kV）	安全距离（m）
10及以下	0.70	220	3.00
20、35	1.00	330	4.00
66、110	1.50	500	5.00

5.3.3　带电作业或与带电设备距离小于表1规定的安全距离但按带电作业方式开展的不停电工作，填用带电作业工作票（见附录C）。

5.3.4　事故紧急抢修工作使用紧急抢修单（见附录D）或工作票。非连续进行的事故修复工作应使用工作票。

〖文件及记录〗

（1）以正式文件发布的临近带电体作业管理制度。

（2）专项施工方案、安全防护措施或审批（电业部门）记录。

（3）方案交底记录。

（4）电气人员上岗证件。

（5）安全施工作业票。

（6）专人监护记录。

4.2.16　焊接作业

按照有关法律法规、技术标准进行焊接作业。建立焊接作业安全管理制度；焊接前对设备进行检查，确保性能良好，符合安全要求；焊接作业人员持证上岗，按规定正确佩戴个人防护用品，严格按操作规程作业；进行焊接、切割作业时，有防止触电、灼伤、爆炸和引起火灾的措施，并严格遵守消防安全管理规定；焊接作业结束后，作业人员清理场地、消除焊件余热、切断电源，仔细检查工作场所周围及防护设施，确认无起火危险后离开。

〖工作依据〗

GB 50194—2014《建设工程施工现场供用电安全规范》;

SL 398—2007《水利水电工程施工通用安全技术规程》;

SL 401—2007《水利水电工程施工作业人员安全操作规程》;

SL 714—2015《水利水电工程施工安全防护设施技术规范》。

〖工作要点〗

(1) 管理制度。

施工企业应建立焊接作业安全管理制度,在制度中明确焊接作业的工作职责、技术要求和工作程序等内容。

(2) 设备检查。

焊接主要包括电焊和气焊(割)两种形式。在焊接前应结合“设备设施管理”相关评审标准的要求,对电焊机和气焊(割)设备进行检查,确保性能良好。

对于电焊机来讲,主要应预防因漏电对操作人员产生的伤害。因此,应重点检查设备及导线的绝缘、安全防护装置的齐全有效,漏电保护器参数应匹配、安装应正确,动作应灵敏可靠,接零应良好等。

交流电焊机除在开关箱内装设一次侧漏电保护器以外,还应在二次侧装设漏电保护器,是为了防止电焊机二次空载电压可能对人体构成的触电伤害。

对于气焊(割)设备应重点检查气瓶及其安全附件处于安全、可靠的状态,放置、使用符合规范要求。

对于上述设备的检查,应按 SL 398—2007、SL 714—2015、GB 50194—2014 的要求进行。此外,在 JGJ 160—2016 中针对不同类型的电焊机和气焊(割)设备检查的内容及要求进行了详细的、具体的规定,可供借鉴和参考。

(3) 作业人员资格。

根据《特种作业人员安全技术培训考核管理规定》(安监总局令第 30 号)的规定,焊接作业人员属于特种作业人员,应取得《中华人民共和国特种作业操作证》方可上岗作业。

施工单位应依据 SL 401—2007 的有关规定,制定上述相关岗位的操作规程,正确佩戴安全防护用品,并严格监督执行,不得违规作业。

(4) 作业环境检查。

焊接作业前,应对作业区域及可能影响区域进行检查,确认无易燃易爆物品及其他可能导致安全事故的因素。应对水利工程建设标准强制性条文中规定的相关内容做重点检查,在 SL 378—2007 中规定:

12.4.5　洞内电、气焊作业区,应设有防火设施和消防设备。

在 SL 398—2007 中规定:

5.2.10　高处作业时,应对下方易燃、易爆物品进行清理和采取相应措施后,方可进行电焊、气焊等动火作业,并应配备消防器材和专人监护。

9.1.6　对储存过易燃易爆及有毒容器、管道进行焊接与切割时,要将易燃物和有毒气体放尽,用水冲洗干净,打开全部管道窗、孔,保持良好通风,方可进行焊接和切割,容器外要有专人监护,定时轮换休息。密封的容器、管道不得焊割。

9.1.8 严禁在储存易燃易爆的液体、气体、车辆、容器等的库区内从事焊割作业。

9.3.7 在坑井或深沟内焊接时，应首先检查有无集聚的可燃气体或一氧化碳气体，如有应排除并保持通风良好。必要时应采取通风除尘措施。

焊接作业结束后，作业人员清理场地、消除焊件余热、切断电源，仔细检查工作场所周围及防护设施，确认无起火危险后离开。

〖文件及记录〗

(1) 以正式文件发布的焊接作业安全管理制度。

(2) 电焊作业安全操作规程。

(3) 焊接作业人员证书。

(4) 设备检查记录。

(5) 现场监督检查记录。

4.2.17 交叉作业

按照有关法律法规、技术标准进行交叉作业。建立交叉作业安全管理制度；制定协调一致的安全措施，进行充分的沟通和交底，且应有专人现场检查与协调、监护；两个以上不同作业队伍在同一作业区域内进行作业活动时，应签订安全管理协议，明确各自的管理职责和采取的措施；垂直交叉作业应搭设严密、牢固的防护隔离设施；交叉作业时，严禁上下投掷材料、边角余料；工具应随手放入工具袋，严禁在吊物下方接料或逗留。

〖工作依据〗

GB 50720—2011《建设工程施工现场消防安全技术规范》；

SL 398—2007《水利水电工程施工通用安全技术规程》；

SL 714—2015《水利水电工程施工安全防护设施技术规范》。

〖工作要点〗

(1) 管理制度。

施工企业应建立交叉作业安全管理制度，在制度中明确焊接作业的工作职责、技术要求和工作程序等内容。

(2) 交叉作业定义。

根据 SL 714—2015 的定义：交叉作业是指在一个区域内，凡一项作业可能对其他作业造成危害或对其作业人员造成伤害的作业。交叉作业包括立体作业和平面交叉作业。立体作业即通常所说的上、下层同时作业或垂直交叉作业，应作为交叉作业中的管理重点。水平交叉的现场，也应进行风险辨识与评估，如存在安全风险或隐患，也应采取必要的安全防护措施。

(3) 交叉作业安全技术措施。

对于存在交叉作业的施工现场（包括上方作业、下方存在人行通道的部位），施工单位应根据 SL 398—2007 的有关规定编制专项安全技术措施，并组织交叉作业队伍进行充分的沟通、协调，组织开展安全交底工作，使作业人员充分熟悉、掌握交叉作业的安全风险及相应防范措施。施工期应安排专人进行监护，及时制止违规作业：

3.1.4 爆破、高边坡、隧洞、水上（下）、高处、多层交叉施工、大件运输、大型施工设备安装及拆除等危险作业应有专项安全技术措施，并应设专人进行安全监护。

（4）垂直交叉作业安全防护措施。

垂直交叉作业现场应按 SL 398—2007 第 5.5.7 条和 SL 714—2015 第 6.1.1 条的有关规定搭设满足规范要求的隔离防护棚，如在 SL 398—2007 中规定：

5.5.7 在同一垂直方向同时进行两层以上交叉作业时，底层作业面上方应设置防止上层落物伤人的隔离防护棚，防护棚宽度应超过作业面边缘 1m 以上。

在 SL 714—2015 中对于交叉作业规定：

3.3.6 排架、井架、施工用电梯、大坝廊道、隧洞等出入口和上部有施工作业的通道，应设有防护棚，其长度应超过可能坠落范围，宽度不应小于通道的宽度。当可能坠落的高度超过 24m 时，应设双层防护棚。

4.1.4 皮带栈桥供料线运输应符合下列安全规定：

9 供料线下方及布料皮带覆盖范围内的主要人行通道，上部必须搭设牢固的防护棚，转梯顶部设置必要防护，在该范围内不应设备非施工必需的各类机房、仓库。

6.1.1 灌浆作业应符合下列要求：

3 交叉作业场所，各通道应保持畅通，危险出入口、井口、临边部位应设有警告标志或钢防护设施。

在 SL 32—2014《水工建筑物滑动模板施工技术规范》中对交叉作业规定：

9.2.4 当滑模施工进行立体交叉作业时，在上、下工作面之间应搭设安全隔离棚。

除上述水利行业标准规范对交叉作业的安全防护技术标准提出要求外，在 JGJ 80—2016 第 7 章专门针对“交叉作业”进行了详细规定，如需要设置安全防护棚的情况，通道口防护棚的结构型式等的具体要求，具有很强的可操作性，施工过程中可参照此规范的相关规定开展工作。

（5）与生产运行区的交叉作业。

在与生产运行区进行交叉作业时，应按规定执行工作票制度，制定安全施工措施，进行交底后严格执行，应有运行单位专人监护，并满足 GB 50720—2011 的有关规定：

4.3.3 既有建筑进行扩建、改建施工时，必须明确划分施工区和非施工区。施工区不得营业、使用和居住；非施工区继续营业、使用和居住时，应符合下列规定：

1 施工区和非施工区之间应采用不开设门、窗、洞口的耐火极限不低于 3.0h 的不燃烧体隔墙进行防火分隔。

2 非施工区内的消防设施应完好和有效，疏散通道应保持畅通，并应落实日常值班及消防安全管理制度。

3 施工区的消防安全应配有专人值守，发生火情应能立即处置。

4 施工单位应向居住和使用者进行消防宣传教育，告知建筑消防设施、疏散通道的位置及使用方法，同时应组织疏散演练。

5 外脚手架搭设不应影响安全疏散、消防车正常通行及灭火救援操作，外脚手架搭设长度不应超过该建筑物外立面周长的 1/2。

（6）作业行为管理。

施工过程中加强对作业人员作业行为的管理，交叉作业时，不上下投掷材料、边角余料，工具放入袋内，不在吊物下方接料或逗留，防止发生物体打击伤害。

〖文件及记录〗

(1) 交叉作业安全管理制度。

(2) 专项安全技术措施。

(3) 沟通、交底记录。

(4) 专人监护记录。

(5) 交叉作业施工安全协议。

4.2.18 有(受)限空间作业

按照有关法律法规、技术标准进行有(受)限空间作业。建立有(受)限空间作业安全管理制度;实行有(受)限空间作业审批制度;有(受)限空间作业应当严格遵守"先通风、再检测、后作业"的原则;作业人员必须经安全培训合格方能上岗作业;向作业人员进行安全技术交底;必须配备个人防中毒窒息等防护装备,严禁无防护监护措施作业;作业现场应设置安全警示标志,应有监护人员;制定应急措施,现场必须配备应急装备,科学施救。

〖工作依据〗

SL 398—2007《水利水电工程施工通用安全技术规程》;

SL 714—2015《水利水电工程施工安全防护设施技术规范》;

GB 8958—2006《缺氧危险作业安全规程》;

GB 30871—2014《化学品生产单位特殊作业安全规范》。

〖工作要点〗

在 GB 8958—2006 及 GB 30871—2014 中,对有(受)限空间做出以下规定,在水利工程施工过程中可参照执行。

(1) 基本概念。

有(受)限空间是指进出口受限,通风不良,可能存在易燃易爆、有毒有害物质或缺氧,对进入人员的身体健康和生命安全构成威胁的封闭、半封闭设施及场所,如反应器、塔、釜、槽、罐、炉膛、锅筒、管道以及建筑孔桩、地下室、窨井、坑(池)、电缆管沟、下水道或其他封闭、半封闭场所。有(受)限空间作业是指进入或探入受限空间进行的作业。

水利工程涉及有(受)限空间作业的施工一般包括输水管道工程(含管线及阀井、设备等)、人工挖孔桩、地下室、坑(池)沟、地下工程、容器,水轮机、发电机及压力管道安装,顶管工程施工等处于封闭或半封闭的作业场所。

(2) 环境检测。

在有(受)限空间作业过程中,应对含氧量和有毒有害气体进行检测,当从事具有缺氧危险的作业时,按照"先检测后作业"的原则,检测合格后方可作业。具体指标可参考 GB 30871—2014 的规定:

1) 氧含量为18%~21%,在富氧环境下不应大于23.5%。

2) 有毒气体(物质)浓度应符合 GBZ 2.1 的规定。

3) 可燃气体浓度当被测气体或蒸汽的爆炸下限大于或等于4%时,其被测浓度应不大于0.5%(体积分数);当被测气体或蒸汽的爆炸下限小于4%时,其被测浓度应不大于

0.2%（体积分数）。

在作业开始前，对作业场空气中的氧含量进行准确测定，并记录下列各项：

1）测定日期。

2）测定时间。

3）测定地点。

4）测定方法和仪器。

5）测定时的现场条件。

6）测定次数。

7）测定结果。

8）测定人员和记录人员。

在准确测定氧含量前，严禁进入该作业场所。根据测定结果采取相应措施，并记录所采取措施的要点及效果。在作业进行中，应监测作业场所空气中氧含量的变化并随时采取必要措施。在氧含量可能发生变化的作业中，应保持必要的测定次数或连续监测。

应对受限空间内的气体浓度进行严格监测，监测要求如下：

1）作业前30min内，应对受限空间进行气体分析，分析合格后方可进入，如现场条件不允许，时间可适当放宽，但不应超过60min。

2）监测点应有代表性，容积较大的受限空间，应对上、中、下各部位进行监测分析。

3）分析仪器应在校验有效期内，使用前应保证其处于正常工作状态。

4）监测人员深入或探入受限空间监测时应采取规定的个体防护措施。

5）作业中应定时监测，至少每2h监测一次，如监测分析结果有明显变化，应立即停止作业，撤离人员，对现场进行处理，分析合格后方可恢复作业。

6）对可能释放有害物质的受限空间，应连续监测，情况异常时应立即停止作业撤离人员，对现场进行处理，分析合格后方可恢复作业。

7）涂刷具有挥发性溶剂的涂料时，应做连续分析，并采取强制通风措施。

8）作业中断时间超过60min时，应重新进行分析。

（3）通风。

应保持受限空间空气流通良好，可采取如下措施：

1）打开人孔、手孔、料孔、风门、烟门等与大气相通的设施进行自然通风。

2）必要时，应采用风机强制通风或管道送风，管道送风前应对管道内介质和风源进行分析确认。

（4）有（受）限空间作业防护措施。

1）缺氧或有毒的受限空间经清洗或置换仍达不到规定要求的，应佩戴隔绝式呼吸器，必要时应拴带救生绳。

2）易燃易爆的受限空间经清洗或置换仍达不到规定要求的，应穿防静电工作服及防静电工作鞋，使用防爆型低压灯具及防爆工具。

3）酸碱等腐蚀性介质的受限空间，应穿戴防酸碱防护服、防护鞋、防护手套等防腐蚀护品。

4）有噪声产生的受限空间，应佩戴耳塞或耳罩等防噪声护具。

5）有粉尘产生的受限空间，应佩戴防尘口罩、眼罩等防尘护具。

6）高温的受限空间，进入时应穿戴高温防护用品，必要时采取通风、隔热、佩戴通信设备等防护措施。

7）低温的受限空间，进入时应穿戴低温防护用品，必要时采取供暖、佩戴通信设备等措施。

（5）照明及用电安全。

1）有（受）限空间照明电压应小于或等于36V，在潮湿容器、狭小容器内作业电压应小于或等于12V。

2）在潮湿容器中，作业人员应站在绝缘板上，同时保证金属容器接地可靠。

（6）作业监护。

1）在受限空间外应设有专人监护，作业期间监护人员不应离开。

2）在风险较大的受限空间作业时，应增设监护人员，并随时与受限空间内作业人员保持联络。

（7）其他要求。

1）受限空间外应设置安全警示标志，备有空气呼吸器（氧气呼吸器）、消防器材和清水等相应的应急用品。

2）受限空间出入口应保持畅通。

3）作业前后应清点作业人员和作业工器具。

4）作业人员不应携带与作业无关的物品进入受限空间；作业中不应抛掷材料、工器具等物品；在有毒、缺氧环境下不应摘下防护面具；不应向受限空间充氧气或富氧空气；离开受限空间时应将气割（焊）工器具带出。

5）难度大、劳动强度大、时间长的受限空间作业应采取轮换作业方式。

6）作业结束后，受限空间所在单位和作业单位共同检查受限空间内外，确认无问题后方可封闭受限空间。

7）最长作业时限不应超过24h，特殊情况超过时限的应办理作业延期手续。

〖文件及记录〗

（1）有（受）限空间作业管理制度。

（2）作业人员培训合格证书。

（3）安全技术交底记录。

（4）个人防护装备发放记录。

（5）含氧量、有毒有害气体检测记录。

（6）应急抢险措施方案。

（7）监护记录。

4.2.19　岗位达标

建立班组安全活动管理制度，明确岗位达标的内容和要求，开展安全生产和职业卫生教育培训、安全操作技能训练、岗位作业危险预知、作业现场隐患排查、事故分析等岗位达标活动，并做好记录。从业人员应熟练掌握本岗位安全职责、安全生产和职业卫生操作规程、安全风险及管控措施、防护用品使用、自救互救及应急处置措施。

〖工作依据〗

《国务院关于进一步加强企业安全生产工作的通知》(国发〔2010〕23号);

GB/T 33000—2016《企业安全生产标准化基本规范》。

〖工作要点〗

岗位达标是国家安全生产方针、政策、标准、规范在生产(管理)岗位得到具体落实和实现的状态。岗位是企业安全管理的基本单元,是安全生产的前沿阵地,只有做好每个岗位的安全生产工作,才能保证企业生产安全。企业可以根据各自的生产特点和生产组织状况划分岗位安全达标创建的岗位单元(如相对独立的一个工艺生产操作单元,涉及的有关人员能相对集中工作,相关辅助岗位可并入该操作单元),根据国家方针、政策和涉及本岗位的标准规范制定相应的岗位安全标准,确定工作方案在岗位逐步展开。

此三级要素首先要开展的工作是要求各施工班组建立安全活动管理制度,将各项安全管理工作制度化、规范化、标准化。其中各项工作可与评审标准中的相关工作结合开展,不能孤立地进行。最终使各岗位作业人员达到掌握本岗位安全职责、安全生产和职业卫生操作规程、安全风险及管控措施、防护用品使用、自救互救及应急处置措施情况的目的。

〖文件及记录〗

(1)以正式文件发布的岗位达标管理制度。

(2)岗位达标活动记录(可结合评审标准中其他相关工作开展)。

4.2.20 分包管理制度

工程分包、劳务分包、设备物资采购、设备租赁管理制度应明确各管理层次和部门管理职责和权限,包括分包方的评价和选择、分包招标合同谈判和签约、分包项目实施阶段的管理、分包实施过程中或结束后的再评价等。

4.2.21 分包方评价

对分包方进行全面评价和定期再评价,包括经营许可和资质证明,专业能力,人员结构和素质,机具装备,技术、质量、安全、施工管理的保证能力,工程业绩和信誉等,建立并及时更新合格分包方名录和档案。

4.2.22 分包方选择

确认分包方具备相应资质和能力,按规定选择分包方;依法与分包方签订分包合同和安全生产协议,明确双方安全生产责任和义务。

4.2.23 分包方管理

对分包方进场人员和设备进行验证;督促分包方对进场作业人员进行安全教育,考核合格后进入现场作业;对分包方人员进行安全交底;审查分包方编制的安全施工措施,并督促落实;定期识别分包方的作业风险,督促落实安全措施。

〖工作依据〗

《中华人民共和国安全生产法》(主席令第十三号);

《建设工程质量管理条例》(国务院令第279号);

《建设工程安全生产管理条例》(国务院令第393号);

《建筑业企业资质管理规定》(住建部令第22号);

SL 721—2015《水利水电工程施工安全管理导则》。

〖工作要点〗

（1）管理制度。

施工单位应结合其他评审要素的工作要求，制定有关工程分包、劳务分包、设备物资采购和设备租赁等涉及相关方的管理制度。制度中明确对分包方的评价和选择、分包招标合同谈判和签约、分包项目实施阶段的管理、分包实施过程中或结束后的再评价等，以加强对相关方的管理。

（2）分包方选择。

施工单位依据管理制度，对所需的相关方通过多种途径如招标、谈判等方式，对相关方进行全面的评价，包括：经营许可和资质证明；专业能力；人员结构和素质；机具装备；技术质量、安全、施工管理的保证能力；工程业绩和信誉等。建立并及时更新合格供方资料库，并定期对资料库的内容进行更新和完善。

（3）分包管理。

分包分为工程分包和劳务分包。施工单位在工程分包前，应取得项目法人的批准，否则不得分包。根据《中华人民共和国建筑法》和《建设工程质量管理条例》的规定，主体工程不得分包，也不得将工程转包，经分包的工程不得再次分包。劳务分包无需监理或项目法人批准。

2015年住房和城乡建设部发布的《建筑业企业资质管理规定》中规定：建筑业企业资质分为施工总承包资质、专业承包资质、施工劳务资质三个序列。施工总承包资质、专业承包资质按照工程性质和技术特点分别划分为若干资质类别，各资质类别按照规定的条件划分为若干资质等级。施工劳务资质不分类别与等级。

涉及工程分包的，应对分包方的资质等级、安全生产许可证等进行审核，是否能满足拟分包工程的资质等级要求；是否具有安全生产许可证书或安全生产许可证书不在有效期内或安全生产许可证书被暂扣的情况等。

在与分包方签订分包合同时，根据各自职责在合同条款中应明确双方的安全责任。

（4）分包方人员及设备。

分包方的人员和设备进场前，应向总承包单位提出进场报验。总承包单位根据双方签订的分包合同，对进场人员和设备进行验证，并履行审批的手续。分包方的相关管理人员如专职安全员、特种作业人员等，均须具备相应资格并持证上岗；分包方的设备状况应良好、安全、适用。

分包方人员进场后，督促其对进场作业人员分工种进行安全教育培训，经考试合格后方可进入现场作业。作业前应组织对分包人员进行安全技术交底，交底人与被交底人在交底记录上履行签字手续。

分包方作业前，应对所分包的工程编制安全施工措施报总承包单位审批，作业过程中应对其措施落实情况进行监督检查。

作业过程中，应定期根据分包方工程进展情况开展作业风险识别工作，并将风险识别的结果通报给分包方，要求其制定安全措施并督促其落实。

（5）安全协议。

对于在同一施工现场不同的两家或几家施工单位共同作业时，相互间应签订安全协议。在施工过程中，应对因施工干扰可能导致的安全风险定期进行分析，并制定有效的控制措施。

〖**文件及记录**〗

(1) 工程分包、劳务分包、设备物资采购和租赁等合格供方选择的管理制度。

(2) 合格供方选择、评价过程资料。

(3) 合格供方的档案资料（要求一企一档)。

(4) 分包申请及审批记录。

(5) 分包方人员及设备进场报验资料。

(6) 分包方安全施工措施上报及审批记录。

(7) 针对分包方的风险分析及控制措施记录。

(8) 相邻施工单位安全协议。

(9) 监督检查记录。

三、职业健康

《评审标准》中规定了施工企业职业管理制度编制、作业场所、作业人员职业健康和职业健康防护用具管理等相关内容。

4.3 职业健康管理

4.3.1 建立职业健康管理制度，明确职业危害的管理职责、作业环境、“三同时”、劳动防护品及职业病防护设施、职业健康检查与档案管理、职业危害告知、职业病申报、职业病治疗和康复、职业危害因素的辨识、监测、评价和控制的职责和要求。

4.3.2 结合工程施工作业及其采用的工艺方法，按照有关规定开展职业危害因素辨识工作，并评估职业危害因素的种类、浓度、强度及其对人体危害的途径，策划并明确相应的控制措施。

4.3.3 为从业人员提供符合职业健康要求的工作环境和条件，配备相适应的职业健康防护用品。在产生职业病危害的工作场所应设置相应的职业病防护设施。砂石料生产系统、混凝土生产系统、钻孔作业、洞室作业等产生职业病危害的工作场所的粉尘、噪声、毒物等指标应符合有关标准的规定。

4.3.4 施工布置应确保使用有毒、有害物品的作业场所与生活区、辅助生产区分开，作业场所不应住人；将有害作业与无害作业分开，高毒工作场所与其他工作场所隔离。

4.3.5 在可能发生急性职业危害的有毒、有害工作场所，设置报警装置，制定应急处置方案，现场配置急救用品、设备，并设置应急撤离通道。

4.3.6 各种防护用品、器具定点存放在安全、便于取用的地方，建立台账，并指定专人负责保管防护器具，并定期校验和维护，确保其处于正常状态。

4.3.7 对从事接触职业病危害的作业人员应按规定组织上岗前、在岗期间和离岗时职业健康检查，建立健全职业卫生档案和员工健康监护档案。

4.3.8 按规定给予职业病患者及时的治疗、疗养；患有职业禁忌症的员工，应及时调整到合适岗位。

〖工作依据〗

《中华人民共和国安全生产法》(主席令第十三号);

《中华人民共和国职业病防治法》(主席令第八十一号);

《使用有毒物品作业场所劳动保护条例》(国务院令第352号);

《建设工程安全生产管理条例》(国务院令第393号);

《职业病危害因素分类目录》(国卫疾控发〔2015〕92号);

《职业病危害项目申报办法》(安监总局令第48号);

《用人单位职业健康监护监督管理办法》(安监总局令第49号);

GB Z 158—2003《工作场所职业病危害警示标识》;

GB Z 188—2014《职业健康监护技术规范》;

GBZ/T 211—2008《建筑行业职业病危害预防控制规范》;

SL 398—2007《水利水电工程施工通用安全技术规程》;

SL 714—2015《水利水电工程施工安全防护设施技术规范》;

AQ/T 4256—2015《建筑施工企业职业病危害防治技术规范》。

〖工作要点〗

(1) 职业健康管理制度。

施工单位应在相关法律法规、规范和其他要求的基础上制定切实可行的职业健康管理制度。制度中应明确职业病因素识别、评价,工作场所职业病危害因素防控、监测,从业人员职业健康教育培训、个人防护设施设备配备、职业健康监护、职业病危害告知、职业病人员的救治、现场职业健康警示标志、告知等内容。

(2) 职业危害因素辨识。

施工单位在现场开展职业健康工作时,首先要开展职业危害因素辨识工作,辨识出存在职业危害因素的作业场所,再根据辨识的结果进行有针对性的职业健康管理工作。目前在标准化建设过程中,部分单位未在职业健康工作开展前进行职业危害因素辨识,不能准确判定施工现场存在的职业健康因素,导致职业健康管理工作带有一定的盲目性和随意性。如生产经营单位不具备职业危害因素辨识能力,可委托专业机构进行。

职业危害因素辨识工作应按卫生主管部门发布的《职业病危害因素分类目录》开展辨识工作。《目录》中将可能导致职业病的危害因素进行了分类,见表4-6。

表4-6　　职业病危害因素分类目录(部分)

序　号	名　　称	CAS号
1	矽尘(游离 SiO_2 含量≥10%)	14808-60-7
2	煤尘	
3	石墨粉尘	7782-42-5
4	炭黑粉尘	1333-86-4
5	石棉粉尘	1332-21-4
6	滑石粉尘	14807-96-6
7	水泥粉尘	
8	云母粉尘	12001-26-2

续表

序　号	名　　称	CAS号
9	陶土粉尘	
10	铝尘	7429-90-5
11	电焊烟尘	
⋮	⋮	

施工单位职业健康危害因素辨识工作可参照AQ/T 4256—2015附录A的有关规定进行：

表A.1　建筑施工单位职业危害归类表

职业危害种类		危害作业	危害工艺
粉尘	矽尘	挖土机、推土机、刮土机、铺路机、压路机、打桩机、钻孔机、凿岩机、碎石设备、爆破作业、喷砂除锈作业、电焊作业、石材切割	土石方工程、桩基础工程、砌体工程、钢筋混凝土工程、结构吊装工程、防水工程、装饰工程
	水泥尘		
	电焊尘		
	石棉尘		
	其他粉尘		
噪声	机械性噪声	凿岩机、钻孔机、打桩机、挖土机、推土机、刮土机、自卸车、挖泥船、升降机、起重机、混凝土搅拌机、柴油打桩机、拔桩机、传输机、混凝土破碎机、碎石机、压路机、铺路机、移动沥青铺设机和整面机、混凝土振动棒、电动圆锯、刨板机、金属切割机、电钻、磨光机、射钉枪类工具；通风机、鼓风机，空气压缩机、铆枪、发电机爆破作业、管道吹扫等作业	土石方工程、桩基础工程、钢筋混凝土工程、结构吊装工程、防水工程、装饰工程
	空气动力性噪声		
振动		混凝土振动棒、凿岩机、风钻、射钉枪类、电钻、电锯、砂轮磨光机、挖土机，推土机、刮土机、移动沥青铺设机和整面机、铺路机、压路机、打柱机	土石方工程、桩基础工程、钢筋混凝土工程、结构吊装工程、防水工程、装饰工程
化学毒物		爆破作业、油漆、防腐作业、涂料作业、敷设沥青作业、电焊作业、地下储罐等地下作业	防水工程、装饰工程
密闭空间		排水管、排水沟、螺旋桩、桩基井、桩井孔、地下管道、烟道、隧道、涵洞、地坑、箱体、密闭地下室；密闭储罐、反应塔（釜）、炉、槽车等设备的安装作业	
电离辐射		挖掘作业、地下建筑以及在放射性元素的区域作业	
高气压		潜水作业、沉箱作业、隧道作业	
低气压		高原地区作业	
紫外线		电焊作业、高原作业	
高温		露天作业、沥青制备、焊接、预热	
低温		北方冬季作业	
可能接触生物因素		旧建筑物和污染建筑物的拆除、疫区等作业	

(3) 作业环境与防护用品。

施工企业应为从业人员提供符合规定的作业环境，并提供个人防护用品。

在施工过程中，施工企业应对存在职业病危害因素场所的作业人员，在施工工艺、防护措施上提供满足规范要求的作业环境。在 SL 398—2007 中的规定：

3.4.3 常见产生粉尘危害的作业场所应采取以下相应措施控制粉尘浓度：

1 钻孔应采取湿式作业或采取干式捕尘措施，不应打干钻。

2 水泥储存、运送、混凝土拌和等作业应采取隔离、密封措施。

3 密闭容器、构件及狭窄部位进行电焊作业时应加强通风，并佩戴防护电焊烟尘的防护用品。

4 地下洞室施工应有强制通风设施，确保洞内粉尘、烟尘、废气及时排出。

5 作业人员应配备防尘口罩等防护用品。

3.4.7 对产生噪声危害的作业场所应符合下列要求：

1 筛分楼、破碎车间、制砂车间、空压机站、水泵房、拌和楼等生产性噪声危害作业场所应设隔音值班室，作业人员应佩戴防噪耳塞等防护用品。

2 木工机械、风动工具、喷砂除锈、锻造、铆焊等临时性噪声危害严重的作业人员，应配备防噪耳塞等防护用品。

3 砂石料的破碎、筛分、混凝土拌和楼、金属结构制作厂等噪音严重的施工设施，不应布置在居民区、工厂、学校、生活区附近。因条件限制时，因采取降噪措施，使运行时噪声排放符合规定标准。

3.4.8 宜采用无毒或低毒的原材料及先进的生产工艺，对易产生毒物危害的作业场所应采取通风、净化装置或密闭等措施，使毒物排放符合规定要求。

在 AQ/T 4256—2015 中的规定：

5 防尘技术措施

5.1 一般防尘措施

5.1.1 采用不产生或少产生粉尘的施工工艺、施工设备和工具，淘汰粉尘危害严重的施工工艺、施工设备和工具。

5.1.2 采用机械化、自动化或密闭隔离操作。如将挖土机、推土机、刮土机、铺路机、压路机等施工机械的驾驶室或操作室密闭隔离。

5.1.3 劳动者作业时应在上风向操作。

5.1.4 建筑物拆除和翻修作业时，在接触石棉的施工区域应设置警示标识，禁止无关人员进人。

5.1.5 对施工现场裸露的道路应进行硬化处理，成立现场清洁队每天对施工道路进行清扫和洒水。

5.1.6 原材料在贮存与运输过程中应有可靠的防水、防雨雪、防散漏措施。

5.1.7 大量的粉状辅料宜采用密闭性较好的集装箱（袋）或料罐车运输。袋装粉料的包装应具有良好的密闭性和强度。

5.1.8 根据粉尘的种类和浓度，按照 GB/T 18664 的要求为劳动者配备符要求的呼吸防护用品，并定期更换。

5.2 专项防尘措施

5.2.1 凿岩作业

5.2.1.1 凿岩作业应正确选择和使用凿岩机械，配备除尘装置，采取湿式作业法。

5.2.1.2 在缺水或供水困难地区进行凿岩作业时，应设置捕尘装置，保证工作地点粉尘浓度符合GBZ 2.1的要求。

5.2.1.3 对于任何挖方工程、竖井、土方工程、地下工程或隧道均须采取通风措施，保证所有工作场所有足够的通风，粉尘浓度不得超出GBZ 2.1的规定。

施工企业应为接触职业病危害因素场所的作业人员提供满足GB/T 11651《个体防护装备选用规范》和GB/T 18664《呼吸防护用品的选择、使用与维护》规范要求的个人防护用品，如在AQ/T 4256—2015中的规定：

11.1 建筑施工单位应按GB/T 11651和GB/T 18664为作业人员配备合格的个体劳动防护装备。

11.2 应定期或不定期检查个体劳动防护装备，保证其有效。

11.3 作业人员应按规定正确使用个体劳动防护装备。

（4）临时设施布置。

施工企业在临时设施总体布置时，应确保将有毒、有害物品的作业场所与生活区、辅助生产区分开，作业场所不应住人；采取隔离措施将有害作业与无害作业分开，高毒工作场所与其他工作场所隔离。

使用有毒物品的工作场所应设置黄色区域警示线、警示标志和中文警示说明。警示说明应载明产生职业中毒危害的种类、后果、预防以及应急救援措施等内容。使用高毒物品的工作场所应当设置红色区域警示线、警示标志和中文警示说明，并设置通信报警设备，设置应急撤离通道和必要的泄险区。

（5）重点场所检测。

在水利工程施工中，砂石料生产系统、混凝土生产系统、钻孔作业、洞室作业等是常见的存在粉尘、噪声、毒物等职业病危害因素的场所，应重点加强对上述场所的检测和监测工作，检（监）测结果应符合标准要求，否则应采取相应防护、隔离等措施。

（6）急性职业危害场所管理。

在可能发生急性职业危害的有毒、有害工作场所，如化学毒物：爆破作业、油漆、防腐作业、涂料作业、敷设沥青作业、电焊作业、地下储罐等地下作业；密闭空间：排水管、排水淘、螺旋桩、桩基井、桩井孔、地下管道、烟道、隧道、涵洞、地坑、箱体、密闭地下室；密闭储罐、反应塔（釜）、炉、槽车等设备的安装作业；高温：露天作业、沥青制备、焊接、预热等，应在现场设置报警装置，并制定应急处置预案，配置现场急救用品，保证紧急撤离通道畅通。

（7）职业健康防护用具管理。

为保证职业健康防护用具处于有效状态，施工单位应指定专人负责、定期开展校验和维护工作，并将工作记录存档。关于呼吸防护用品的校验与维护工作应执行GB/T 18664—2002《呼吸防护用品的选择、使用与维护》的要求。

（8）职业健康监护。

施工企业应在职业病危害因素辨识的基础上，对有职业病危害因素接触的作业人员开展职业健康体检工作。很多用人单位对于职业健康体检的概念存在错误的认知，即把常规体检等同于职业健康体检。根据《中华人民共和国职业病防治法》的规定，开展职业健康体检应符合以下要求：

第三十五条 对从事接触职业病危害的作业的劳动者，用人单位应当按照国务院安全生产监督管理部门、卫生行政部门的规定组织上岗前、在岗期间和离岗时的职业健康检查，并将检查结果书面告知劳动者。职业健康检查费用由用人单位承担。

用人单位不得安排未经上岗前职业健康检查的劳动者从事接触职业病危害的作业；不得安排有职业禁忌的劳动者从事其所禁忌的作业；对在职业健康检查中发现有与所从事的职业相关的健康损害的劳动者，应当调离原工作岗位，并妥善安置；对未进行离岗前职业健康检查的劳动者不得解除或者终止与其订立的劳动合同。

职业健康检查应当由取得《医疗机构执业许可证》的医疗卫生机构承担。卫生行政部门应当加强对职业健康检查工作的规范管理，具体管理办法由国务院卫生行政部门制定。

因此，生产经营单位对从事接触职业病危害的作业人员开展职业健康检查，应按《中华人民共和国职业防治法》第三十五条的规定，分别于上岗前、在岗期间和离岗时的职业健康体检。上岗前，根据工种和岗位确定检查项目，评价劳动者是否适合从事相关作业；在岗期间，定期检查，评价健康变化，判断劳动者是否适合继续从事相关作业；离岗时，评价劳动者健康变化是否与职业病危害因素有关，以分清责任。在实际工作过程中，部分企业对该条款未全面理解、掌握，导致工作出现偏差，一般有以下几种情况：

用人单位应当选择由取得《医疗机构执业许可证》的医疗卫生机构、取得职业病诊断资格的执业医师承担职业健康检查工作。

二是对职业健康体检人员检查范围的界定不明确。《中华人民共和国职业防治法》第三十五条明确规定了需要进行职业健康体检的对象为：从事接触职业病危害的作业的劳动者。

三是检查频次不够。未按《中华人民共和国职业防治法》的第三十五条规定进行上岗前、在岗期间和离岗时三个阶段的职业健康体检工作。

SL 714—2015《水利水电工程施工安全防护设施技术规范》第 3.11.7 条规定，工程建设各单位应建立职业卫生管理规章制度和施工人员职业健康档案，对从事尘、毒、噪声等职业危害的人员应至少每年进行一次职业病体检，对确认职业病的职工应及时给予治疗，并调离工作岗位。

此外，生产经营单位还应依据《国家安全监管总局办公厅关于印发职业卫生档案管理规范的通知》（安监总厅安健〔2013〕171 号）做好职业卫生档案管理工作。

职业健康档案一般应包括：

1. 劳动者姓名、性别、年龄、籍贯、婚姻、文化程度、嗜好等情况；

2. 劳动者职业史、既往病史和职业病危害接触史；

3. 历次职业健康检查结果及处理情况；

4. 职业病诊疗资料；

5. 需要存入职业健康监护档案的其他有关资料。

劳动者离开用人单位时，有权索取本人职业健康监护档案复印件，用人单位应当如实、无偿提供，并在所提供的复印件上签章。

（9）职业病待遇。

施工企业应当根据职业健康检查结果对有职业禁忌的劳动者，调离或者暂时脱离原工作岗位；对健康损害可能与所从事的职业相关的劳动者，进行妥善安置；对需要复查的劳动者，按照职业健康检查机构要求的时间安排复查和医学观察；对疑似职业病病人，按照职业健康检查机构的建议安排其进行医学观察或者职业病诊断、治疗。

〖文件及记录〗

（1）以正式文件发布的职业健康管理制度。

（2）职业危害辨识评估报告（包括控制措施）。

（3）劳动防护用品发放标准、台账、采购记录。

（4）劳动防护用品的出厂合格证、生产许可证等资料。

（5）劳保用品发放记录。

（6）职业健康安全设备设施台账。

（7）检（监）测记录。

（8）施工现场总平面布置图及检查记录。

（9）报警装置台账及布设图。

（10）应急处置方案。

（11）现场急救用品、设备台账及维护记录。

（12）防护用品、设备维护专人任命文件。

（13）应急装置及急救用品台账。

（14）应急装置及急救用品校验和维护记录。

（15）职业健康检查计划。

（16）职业健康监护档案（劳动者的职业史和职业中毒危害接触史、职业危害告知书、作业场所职业危害因素监测结果、职业健康检查结果及处理情况、职业病诊疗情况）。

（17）职业病患者治疗、疗养记录。

4.3.9　与从业人员订立劳动合同时，如实告知作业过程中可能产生的职业危害及其后果、防护措施等。

4.3.10　对接触严重职业危害的作业人员进行警示教育，使其了解施工过程中的职业危害、预防和应急处理措施；在严重职业危害的作业岗位，设置警示标识和警示说明，警示说明应载明职业危害的种类、后果、预防以及应急救治措施。

〖工作依据〗

《中华人民共和国安全生产法》（主席令第十三号）；

《中华人民共和国职业病防治法》（主席令第八十一号）；

《使用有毒物品作业场所劳动保护条例》(国务院令第352号);

《建设工程安全生产管理条例》(国务院令第393号);

《国家卫生计生委等4部门关于印发〈职业病分类和目录〉的通知》(国卫疾控发〔2013〕48号);

《国家卫生计生委　人力资源社会保障部　国家安全监管总局　全国总工会关于印发〈职业病危害因素分类目录〉的通知》(国卫疾控发〔2015〕92号);

《职业危害申报管理办法》(安监总局令第48号);

《用人单位职业健康监护监督管理办法》(安监总局令第49号);

GBZ 158—2003《工作场所职业病危害警示标识》;

GBZ 188—2014《职业健康监护技术规范》;

GBZ/T 211—2008《建筑行业职业病危害预防控制规范》;

SL 398—2007《水利水电工程施工通用安全技术规程》;

SL 714—2015《水利水电工程施工安全防护设施技术规范》;

AQ/T 4256—2015《建筑施工企业职业病危害防治技术规范》。

〖工作要点〗

(1) 职业病危害因素告知。

施工企业的告知义务,应按《中华人民共和国职业病防治法》第三十三条规定,用人单位与劳动者订立劳动合同(含聘用合同,下同)时,应当将工作过程中可能产生的职业病危害及其后果、职业病防护措施和待遇等如实告知劳动者,并在劳动合同中写明,不得隐瞒或者欺骗。

劳动者在已订立劳动合同期间因工作岗位或者工作内容变更,从事与所订立劳动合同中未告知的存在职业病危害的作业时,用人单位应当依照前款规定,向劳动者履行如实告知的义务,并协商变更原劳动合同相关条款。

(2) 职业健康教育培训。

施工企业应对企业主要负责人、职业健康管理人员和作业人员开展职业健康教育培训工作;并将职业危害因素按照GBZ 158—2003《工作场所职业病危害警示标识》的规定设置警示标志和警示说明。在《中华人民共和国职业病防治法》中对相关工作规定如下:

第二十四条　产生职业病危害的用人单位,应当在醒目位置设置公告栏,公布有关职业病防治的规章制度、操作规程、职业病危害事故应急救援措施和工作场所职业病危害因素检测结果。

对产生严重职业病危害的作业岗位,应当在其醒目位置,设置警示标识和中文警示说明。警示说明应当载明产生职业病危害的种类、后果、预防以及应急救治措施等内容。

第三十四条　用人单位的主要负责人和职业卫生管理人员应当接受职业卫生培训,遵守职业病防治法律、法规,依法组织本单位的职业病防治工作。

用人单位应当对劳动者进行上岗前的职业卫生培训和在岗期间的定期职业卫生培训,普及职业卫生知识,督促劳动者遵守职业病防治法律、法规、规章和操作规程,指导劳动者正确使用职业病防护设备和个人使用的职业病防护用品。

劳动者应当学习和掌握相关的职业卫生知识，增强职业病防范意识，遵守职业病防治法律、法规、规章和操作规程，正确使用、维护职业病防护设备和个人使用的职业病防护用品，发现职业病危害事故隐患应当及时报告。

劳动者不履行前款规定义务的，用人单位应当对其进行教育。

《使用有毒物品作业场所劳动保护条例》中规定，使用有毒物品作业场所应当设置黄色区域警示线、警示标志和中文警示说明。警示说明应当载明产生职业中毒危害的种类、后果、预防以及应急救治措施等内容。

高毒作业场所应当设置红色区域警示线、警示标志和中文警示说明，并设置通信报警设备。

〖文件及记录〗

（1）劳动合同（应包含职业健康危害因素告知的内容）。

（2）职业病危害告知书。

（3）严重职业危害的作业人员教育培训档案。教育记录应涉及施工过程中的职业危害、预防和应急处理措施。

（4）严重职业危害的作业岗位警示说明。警示说明应载明职业危害的各类、后果、预防以及应急救治措施。

4.3.11　工作场所存在职业病目录所列职业病的危害因素的，按照有关规定，通过“职业病危害项目申报系统”及时、如实向所在地有关部门申报危害项目，发生变化后及时补报。

〖工作依据〗

《中华人民共和国职业病防治法》（主席令第八十一号）；

《职业病危害项目申报办法》（安监总局令第48号）。

〖工作要点〗

生产经营单位应按《中华人民共和国职业病防治法》对存在职业病危害因素的作业场所及时向安全监督管理部门进行申报，如有变化应及时进行补报：

第十六条　国家建立职业病危害项目申报制度。

用人单位工作场所存在职业病目录所列职业病的危害因素的，应当及时、如实向所在地安全生产监督管理部门申报危害项目，接受监督。

职业病危害因素分类目录由国务院卫生行政部门会同国务院安全生产监督管理部门制定、调整并公布。职业病危害项目申报的具体办法由国务院安全生产监督管理部门制定。

申报办法现阶段应按《职业病危害项目申报办法》的规定执行，申报的程序为：

1）登录“中国安全生产科学研究院”官方网站，点击“职业病危害项目申报与备案管理系统”。

2）如为新用户，首先需要注册，填写企业的基本信息；老用户直接输入用户名及密码即可登录。

3）就企业职业病危害项目在线填写《申报表》并上传。

4）打印《申报表》并签字盖章，按规定向项目所在地安全监督管理部门进行书面申报，并取得受理回执。

〖文件及记录〗

职业病危害项目申报资料。

4.3.12 按照规定制定职业危害场所检测计划，定期对职业危害场所进行检测，并将检测结果存档。

4.3.13 职业病危害因素浓度或强度超过职业接触限值的，制定切实有效的整改方案，立即进行整改。

〖工作依据〗

《中华人民共和国职业病防治法》（主席令第八十一号）；

《使用有毒物品作业场所劳动保护条例》（国务院令第352号）；

《用人单位职业健康监护监督管理办法》（安监总局令第49号）；

GBZ/T 211—2008《建筑行业职业病危害预防控制规范》；

SL 398—2007《水利水电工程施工通用安全技术规程》；

AQ/T 4256—2015《建筑施工企业职业病危害防治技术规范》。

〖工作要点〗

对辨识出的具有职业病危害因素的作业场所，施工企业应按规范要求开展检测工作。《中华人民共和国职业病防治法》第二十六条规定，用人单位应当实施由专人负责的职业病危害因素日常监测，并确保监测系统处于正常运行状态。

用人单位应当按照国务院安全生产监督管理部门的规定，定期对工作场所进行职业病危害因素检测、评价。检测、评价结果存入用人单位职业卫生档案，定期向所在地安全生产监督管理部门报告并向劳动者公布。

职业病危害因素检测、评价由依法设立的取得国务院安全生产监督管理部门或者设区的市级以上地方人民政府安全生产监督管理部门按照职责分工给予资质认可的职业卫生技术服务机构进行。职业卫生技术服务机构所作检测、评价应当客观、真实。

发现工作场所职业病危害因素不符合国家职业卫生标准和卫生要求时，用人单位应当立即采取相应治理措施，仍然达不到国家职业卫生标准和卫生要求的，必须停止存在职业病危害因素的作业；职业病危害因素经治理后，符合国家职业卫生标准和卫生要求的，方可重新作业。

根据SL 398—2007的规定，检测分两种：一是评价监测；二是定期检测。对监（检）测的超标作业环境应及时治理。其中评价监测可以与现场职业危害因素辨识工作结合开展，从专业的角度对现场职业危害因素进行全面、系统、科学的辨识和评价。

评价监测应由取得执业卫生技术服务资质的机构承担，并按规定定期检测（根据AQ/T 4256的规定，每年至少应开展一次）。生产使用周期在2年以上的大中型人工砂石料生产系统、混凝土生产系统，正式投产前应进行评价监测。

粉尘、毒物、噪声、辐射等定期检测可由建设单位或施工单位实施，也可委托执业卫生技术服务机构监测，并遵守下列规定：

(1) 粉尘作业区至少每季度测定一次粉尘浓度，作业区浓度严重超标应及时监测，并采取可靠的防范措施。

(2) 毒物作业点至少每半年测定一次，浓度超过最高允许浓度的测点应及时测定，直至浓度降至最高允许浓度以下。

(3) 噪声作业点至少每季度测定一次A声级，每半年进行一次频谱分析。

(4) 辐射每年监测一次，特殊情况及时监测。

施工企业应根据上述要求，对存在职业病危害因素的工作场所制定检测计划，计划中应根据危害因素的种类确定检测项目、频次、周期等具有可操作性的计划文件。在施工过程中依据检测计划，配备必要的检测设备，定期开展检测工作并将检测结果进行公布并存档。在SL 398—2007第3.4节"职业健康与环境保护"和SL 714—2015第3.11节"施工环境与职业卫生"中均对施工作业场所粉尘、噪声等指标给出了标准。

〖文件及记录〗

(1) 职业危害因素检测。

1) 根据《职业病危害因素分类及目录》确定危害场所及检测计划。

2) 职业危害场所评价监测报告。

3) 职业危害场所定期检测记录。

4) 检测结果公示牌和告知书。

(2) 职业危害因素超标场所的整改。

1) 职业危害因素整改方案。

2) 职业危害因素整改记录。

4.4 警示标志

4.4.1 制定包括施工现场安全和职业病危害警示标志、标牌的采购、制作、安装和维护等内容的管理制度。

4.4.2 按照规定和场所的安全风险特点，在有重大危险源、较大危险因素和严重职业病危害因素的场所（包括施工起重机械、临时供用电设施、脚手架、出入通道口、楼梯口、电梯井口、孔洞口、桥梁口、隧道口、陡坡边缘、变压器配电房、爆破物品库、油品库、危险有害气体和液体存放处等）及危险作业现场（包括爆破作业、大型设备设施安装或拆除作业、起重吊装作业、高处作业、水上作业、设备设施维修作业等），应设置明显的安全警示标志和职业病危害警示标识，告知危险的种类、后果及应急措施等，危险处所夜间应设红灯示警；在危险作业现场设置警戒区、安全隔离设施，并安排专人现场监护。

4.4.3 定期对警示标志进行检查维护，确保其完好有效。

〖工作依据〗

GB 13495.1—2015《消防安全标志　第1部分：标志》；

GBZ 158—2003《工作场所职业病危害警示标识》；

GB 2893—2008《安全色》；

GB 2894—2008《安全标志及使用导则》；

SL 398—2007《水利水电工程施工通用安全技术规程》。

〖工作要点〗

（1）管理制度。施工单位应根据相关标准要求制定安全警示标志、标牌使用管理制度。在管理制度中应结合本企业（项目部）的工作特点及实际情况，明确需要设置警示标志、标牌的部位、场所，一般应包括主要进出口处、危险作业场所、施工现场的井、洞、坑、沟、口等危险处、交通频繁的施工道路、交叉路口等；其次明确安全标志、标牌的制作标准及技术要求，严格遵照GB 2894、GB 5768、GB 13495等的规定制作、设置；明确对警示标志、标牌的安装、检查、维护等的工作要求。

（2）设置部位。根据标准、规范的规定，一般需要设置警示标志、标牌的场所和部位包括（不限于）：

1）主要进出口处应设有明显的施工警示标志和安全文明生产规定、禁令，包括“五牌一图”。

2）施工现场的井、洞、坑、沟、口等危险处。

3）机械设备、电气盘柜和其他危险部位。

4）电气设备检修、高压试验或动作试验作业。

5）施工机械设备检修，如混凝土拌和系统、片冰机等需要进入施工设备内部进行检修的作业。

6）交通频繁的施工道路、交叉路口。

7）重大危险源及重大事故隐患部位。

8）危险作业场所。

9）易燃易爆有毒危险物品存放场所。

10）库房、变配电场。

11）禁止烟火场所。

警示标志、标牌应符合GB 2894、GB 5768、GB 13495等标准的规定，并与所提示的风险相符。对警示标志、标牌应定期进行检查、维护，确保完好。

（3）隔离监护。在爆破作业、大型设备安拆、滑模施工等危险作业的影响区域，设置明显的隔离设施，并安排专人现场监护，留存监护记录。关于警戒区域，应视危险作业影响范围和标准要求来确定。

如SL 32—2014中对滑模施工影响区域规定如下：

9.2.2 在施工的建（构）筑物周围应划出施工危险警戒区，警戒线至建（构）筑物外边线的距离应不小于施工对象高度的1/10，且不小于10m。警戒线应设置围栏和明显的警戒标志，施工区出入口应设专人看守（强制性条文，2016版）。

SL 399—2007中对钢筋冷拉时，安全防护距离的规定：

6.3.1 钢筋加工应遵守下列规定：

8 冷拉时，沿线两侧各2m范围为特别危险区，人员和车辆不应进入。

（4）有毒物品工作场所。

使用有毒物品的工作场所应按GBZ 158—2003的规定，设置黄色区域警示线、警示标志和中文警示说明。警示说明应载明产生职业中毒危害的种类、后果、预防以及应急救援措施等内容。使用高毒物品的工作场所应当设置红色区域警示线、警示标识和中文警示说明，并设置通信报警设备，设置应急撤离通道和必要的泄险区。

（5）安全警示标志的维护。

施工单位应设专人负责施工现场安全警示标志的维护工作，建立安全警示标志台账，建立维护管理制度，定期开展维护工作，并留存工作记录。

〖文件及记录〗

（1）警示标志、标牌使用管理制度。

（2）警示标志、标牌台账。

（3）警示标志、标牌检查、维护记录。

（4）危险作业监护记录。

第三节　水管单位现场管理

一、设施设备管理

《评审标准》中对水管单位的设施设备管理，规定了水管单位所辖的水工建筑物、机电及金属结构设备、安全设施设备等的管理要求。

4.1.1　基本要求

按规定进行注册、变更登记；按规定进行安全鉴定，评价安全状况，评定安全等级，并建立安全技术档案；其他工程设施工作状态应正常，在一定控制运用条件下能实现安全运行。

〖工作依据〗

《水库大坝安全管理条例》（国务院令第 78 号）；

《水库大坝注册登记办法》（水政资〔1997〕538 号）；

《水库大坝安全鉴定办法》（水建管〔2003〕271 号）；

《水利部关于开展水库大坝注册登记和复查换证工作的通知》（水建管函〔2014〕343 号）；

《水利工程生产安全重大事故隐患判定标准（试行）》（水安监〔2017〕344 号）；

SL 101—2014《水工钢闸门和启闭机安全检测技术规程》；

SL 210—2015《土石坝养护修理规程》；

SL 230—2015《混凝土坝养护修理规程》；

SL 258—2017《水库大坝安全评价导则》；

SL 316—2015《泵站安全鉴定规程》；

SL 595—2013《堤防工程养护修理规程》。

〖工作要点〗

（1）注册登记。水管单位应对水库大坝（或水闸）组织进行注册、变更和注销登记；组织进行安全鉴定、评价安全状况和评定安全等级；涉及除险加固的，制定除险加固计划并组织实施，限期消除危险；按《水库大坝安全管理条例》第二十三条技术档案管理要求建立安全技术档案以及相应数据库。

按《水利部关于开展水库大坝注册登记和复查换证工作的通知》（水建管函〔2014〕

343号），目前有可能进行了注册，证书不一定下发至水管单位，但能查至注册登记号。水库大坝、水闸未按规定进行注册、变更登记的，不得评为达标。《水利部关于开展水库大坝注册登记和复查换证工作的通知》中规定，通过下闸蓄水验收的在建水库可以按有关规定办理大坝注册工作。

（2）安全鉴定。根据《水库大坝安全鉴定办法》的要求，大坝实行定期安全鉴定制度，首次安全鉴定应在竣工验收后5年内进行，以后应每隔6～10年进行一次。运行中遭遇特大洪水、强烈地震、工程发生重大事故或出现影响安全的异常现象后，应组织专门的安全鉴定。安全鉴定报告、大坝安全鉴定审查意见及相应资料备查。未按规定进行安全鉴定、评价安全状况和评定安全等级，不得评为达标。

（3）病险库处理。对鉴定为三类坝、二类坝的水库，鉴定组织单位应当对可能出现的溃坝方式和对下游可能造成的损失进行评估，并采取除险加固、降等或报废等措施予以处理。在处理措施未落实或未完成之前，应制定保坝应急措施，并限制运用。需要进行除险加固的，应提供除险加固计划、方案审批，实施记录和竣工验收的记录等完整记录资料。

（4）技术档案。定期收集、整编、整理和归档的资料主要包括以下内容：

1）大坝观测资料月、季、年度资料分析报表、分析报告。

2）大坝日常检查记录表、维护记录表、大坝监测自动化系统检查、维护记录、报告。

3）大坝工作计划、工作总结报告、年报、有关会议纪要。

4）大坝缺陷处理、补强加固、改造等的申请批复文件、设计报告、图纸、施工方案、施工记录及施工总结报告、监理验收报告等。

5）有关专项检查专题报告，包括注册复查报告、年度详查报告、专项检查、检测报告、安全鉴定资料等。

6）上级单位及本单位大坝运行管理有关文件。

〖文件及记录〗

（1）大坝注册登记有关文件（两个请示文件、审查会、登录网址及界面打印件、注册证书）。

（2）水闸注册登记有关文件。

（3）大坝安全鉴定报告。

（4）水闸安全评价报告。

（5）技术档案（设施设备台账、检查维护记录）。

4.1.2 土工建筑物

外观整齐美观，无缺损、塌陷；无獾狐、白蚁等洞穴；与其他建筑物的连接处无绕渗或渗流量符合有关规定；导渗沟等附属设施完整；各主要监测量的变化符合有关规定。

〖工作依据〗

GB/T 30948—2014《泵站技术管理规程》；

SL 75—2014《水闸技术管理规程》；

SL 210—2015《土石坝养护修理规程》；

SL 551—2012《土石坝安全监测技术规范》；

SL 595—2013《堤防工程养护修理规程》。

〖**工作要点**〗

(1) 管理制度。

水管单位应根据相关技术标准，结合工程管理实际，编制《工程巡视检查管理制度》。在制度中应明确土工建筑物、圬工建筑物、混凝土建筑物、机（厂）房、机电及金属结构设备等巡视检查工作要求。上述制度可合并编写也可以分类单独编写。在近年标准化工作建设过程中，有很多水管单位未制定工程巡视检查管理制度，导致工程检查工作处于无序状态。

(2) 检查工作要求。

在 SL 210—2015、SL 551—2012、SL 595—2013 中，针对土石坝、堤防等工程的检查分类、时间和频次，检查项目和内容等分别做了详细的规定。如在 SL 210—2015 中规定，检查应分为日常巡视检查、年度检查和特别检查。

日常巡视检查每月不宜少于 1 次，汛期应视汛情相应增加次数。库水位首次达到设计洪水位前后或出现历史最高水位时，每天不应少于 1 次。如遇特殊情况和工程出现险情，应增加次数。

年度检查宜在每年的汛前、汛后、高水位、死水位、低气温及冰冻较严重地区的冰冻和融冰期进行。每年不宜少于 2 次。

特别检查应在坝区遇到大洪水、有感地震、库水位骤升骤降，以及其他影响大坝安全的特殊情况时进行。

关于日常检查、年度检查和特别检查的项目和内容，检查方法和要求，检查记录、报告及存档等，在 SL 210—2015、SL 551—2012 中均做了详细规定。

此外，关于堤防工程，在 SL 595—2013 中也对检查的形式，检查项目和内容，检查方法和要求，检查记录、报告及存档做了详细规定。

(3) 检查记录。

关于检查记录的格式，可参考 SL 210—2015、SL 551—2012、SL 595—2013 给出的格式制定适用的“巡视检查记录表”，并按规定的周期进行巡视检查和记录。

应按评审标准对现场土工建筑物认真进行检查，形成照片等记录。有关土工建筑物的“巡视检查记录表”“维修养护记录”“蚁害、动物危害整治”“安全监测”等记录资料应真实完整；记录应规范，不应存在有发现险情不及时、报告不准确、抢护不及时、措施不得当等情况。

(4) 大坝监测。

在《水库大坝安全管理条例》及 SL 551—2012 中，对于土石坝的安全监测技术要求做了详细的规定。监测分为巡视检查、变形监测、渗流监测、压力（应力）监测、环境量监测等内容，并给出了监测自动化系统、监测资料整编与分析等技术要求。水管单位应根据相关规定，结合工程实际编制适用的监测管理制度。并根据制度要求开展各项安全监测工作。

(5) 其他。

其他水工建筑物及相关设备设施的检查在 GB/T 30948 和 SL 74 中也分别做出了详细

规定。

〖文件及记录〗

（1）以正式文件发布的巡视检查管理制度、工程监测管理制度。

（2）巡视检查资料（包括检查记录、现场照片等）。

（3）观测资料及成果分析资料。

（4）现场照片。

4.1.3 圬工建筑物

表面无裂缝，无松动、塌陷、隆起、倾斜、错动、渗漏、冻胀等缺陷，基础无冒水冒沙、沉陷等缺陷；防冲设施无冲刷破坏，反滤设施等保持畅通；各主要监测量的变化符合有关规定。

〖工作依据〗

SL 210—2015《土石坝养护修理规程》；

SL 230—2015《混凝土坝养护修理规程》；

SL 551—2012《土石坝安全监测技术规范》；

SL 595—2013《堤防工程养护修理规程》。

〖工作要点〗

（1）基本概念。

圬工结构是指以石（砖）材或混凝土包括以其块件和砂浆或小石子混凝土结合而成的砌体作为建筑材料所形成的建（构）筑物。在水利工程中通常为浆砌石、干砌石等，如干砌石护坡、浆砌石坝等建（构）筑物。

（2）检查要求。

根据相关工作依据，按不同类型建筑物，制定巡视检查管理制度及巡视检查记录表式，并按规定的周期进行巡视检查，形成检查记录。

（3）检查记录。

应按评审标准形成圬工建筑物的“巡视检查记录表”“维修养护记录”“安全监测”等记录资料应规范完整，不应存在有发现险情不及时、报告不准确、抢护不及时、措施不得当等情况。

〖文件及记录〗

（1）以正式文件发布的巡视检查管理制度、监测管理制度。

（2）巡视检查资料（包括检查记录、现场照片等）。

（3）观测资料。

（4）现场照片。

4.1.4 混凝土建筑物

表面整洁，无塌陷、变形、脱壳、剥落、露筋、裂缝、破损、冻融破坏等缺陷；伸缩缝填料无流失；附属设施完整；各主要监测量的变化符合有关规定。

〖工作依据〗

GB/T 30948—2014《泵站技术管理规程》；

SL 75—2014《水闸技术管理规程》。

SL 230—2015《混凝土坝养护修理规程》；

SL 595—2013《堤防工程养护修理规程》；

SL 601—2013《混凝土坝安全监测技术规范》。

〖工作要点〗

（1）检查要求。

在SL 230、SL 595和SL 601中，针对混凝土坝检查，监测方式、时间和频次，检查项目和内容，检查方法和要求，检查记录、报告及存档等给出了明确的要求。

水管单位可根据上述工作依据，按不同类型建筑物，制定巡视检查管理制度及巡视检查记录表式，并按规定的周期进行巡视检查，形成检查记录。

（2）检查记录。

应根据巡视检查管理制度开展巡视检查，且形成圬工建筑物的“巡视检查记录表”“维修养护记录”“安全监测”等记录资料应规范完整，不应存在有发现险情不及时、报告不准确、抢护不及时、措施不得当等情况。

〖文件及记录〗

（1）以正式文件发布的巡视检查管理制度、监测管理制度。

（2）巡视检查资料（包括检查记录、现场照片等）。

（3）观测资料。

（4）现场照片。

4.1.5　机（厂）房

外观整洁，结构完整，稳定可靠，满足抗震及消防要求，无裂缝、漏水、沉陷等缺陷；梁、板等主要构件及门窗、排水等附件完好；通风、防潮、防水满足安全运行要求；避雷装置安全可靠；边坡稳定，并有完好的监测手段。

〖工作依据〗

GB/T 30948—2014《泵站技术管理规程》；

GB 50057—2010《建筑物防雷设计规范》；

SL 75—2014《水闸技术管理规程》。

〖工作要点〗

（1）管理制度。

水管单位可根据上述工作依据，按不同类型建筑物，制定巡视检查管理制度及巡视检查记录表式，并按规定的周期进行巡视检查，形成检查记录。

（2）检查要求。

应按管理制度对现场机（厂）房开展巡视检查工作，尤其是现场的防雷装置、询问是否处于地震带等因素，并形成照片等记录。

定期委托防雷检测资质单位出具开展防雷接地系统检测，并与设计规范中的要求进行对比，以判定避雷装置是否安全可靠，形成检测报告。

〖文件及记录〗

（1）巡查资料。

（2）观测资料。

（3）现场（照片）。

（4）防雷检测报告。

4.1.6 金属结构

启闭机及升船机零部件及安全保护装置正常可靠，满足运行要求；按规定程序操作，并向有关单位通报信息；按规定开展启闭机及升船机设备管理等级评定；符合报废条件的及时按规定程序申请报废；运行记录规范；闸门表面无明显锈蚀；闸门止水装置密封可靠；闸门行走支承零部件无缺陷，平压设备（充水阀或旁通阀）完整可靠；门体的承载构件无变形；运转部位的加油设施完好、畅通；金属结构无变形、裂纹、锈蚀、气蚀、油漆剥落、磨损、振动以及焊缝开裂、铆钉或螺栓松动等现象；安全或附属装置运行正常；压力钢管伸缩节完好，无渗漏；每年汛前应对泄洪闸门进行检查和启闭试验。

〖工作依据〗

《水利工程管理考核办法》（水建管〔2016〕361号）；

GB/T 30948—2014《泵站技术管理规程》；

SL 75—2014《水闸技术管理规程》；

SL 101—2014《水工钢闸门和启闭机安全检测技术规程》；

SL 226—1998《水利水电工程金属结构报废标准》；

SL 240—1999《水利水电工程闸门及启闭机、升船机设备管理等级评定标准》。

SL 381—2007《水利水电工程启闭机制造安装及验收规范》。

〖工作要点〗

（1）管理制度。应根据《评审标准》及相关工作依据，结合现场管理的实际情况，编制金属结构设备检查维修、运行管理等规章制度，并编制“检查记录表”、工作票、操作票等记录表格，形成工作依据。

（2）应按评审标准对启闭机及升船机现场检查，尤其是安全保护装置、安全附件应满足技术标准要求。

（3）现场各类金属结构设备及启闭机应张贴与设备相符的操作规程。

（4）按SL 240—1999进行等级评定及现场张贴评级管理卡。

（5）规范填写现场操作票、工作票。

（6）操作过程中及时通报操作情况，操作记录应准确、完整。

（7）资料整理时注意对启闭机、闸门、金属结构、升船机技术档案资料，日常检查记录，等级评定记录，运行操作记录（工作票、操作票），维修保养记录，闸门安全检测报告，有关信息传达记录做到完整。

（8）应定期对闸门及金属结构现场检查，尤其是安全或附属装置是否满足要求，如齿轮箱油位、制动闸、过载保护装置、限绳器、是否有锁定梁、导绳器、压板螺栓及安装等是否处于正常状态。

（9）应定期按SL 101—2014对闸门进行安全检测。首次检测为竣工验收后5年内应组织，以后每6～10年应组织检测，特殊情况增加检测。未按周期组织检测不得评为达标。

〖文件及记录〗

（1）设备台账及设备评级记录。

（2）各类金属结构的运行记录。

（3）启闭机、升船机、闸门、压力钢管等金属结构安全检查表。

（4）设备维护保养记录（台账）。

（5）设备缺陷记录表。

（6）水工钢闸门和启闭机定期检测报告。

（7）汛前对泄洪闸门进行检修和启闭试验的报告。

4.1.7　电气设备

发电机、变压器、输配电系统、厂用电系统、直流系统、继电保护系统、通信系统、励磁装置、自控装置、开关设备、电动机、防雷和接地、事故照明等设备运行符合规定；继电保护及安全自动装置配置符合要求；配电柜（箱）等末级设备运行可靠；各种设备的接地、防雷措施完善、合理，基础稳定；升压站、变电站周边防护及排水符合规定；操作票、工作票的管理和使用符合规定。

〖**工作依据**〗

GB/T 14285—2006《继电保护和安全自动装置技术规程》；

GB 19517—2009《国家电气设备安全技术规范》；

GB/T 30948—2014《泵站技术管理规程》；

SL 75—2014《水闸技术管理规程》；

SL 456—2010《水利水电工程电气测量设计规范》；

SL 510—2011《灌排泵站机电设备报废标准》；

SL 529—2011《农村水电站技术管理规程》；

DL/T 572—2010《电力变压器运行规程》。

〖**工作要点**〗

（1）应制定依据标准规范等要求制定运行规程、检修规程、有关管理制度、操作票、工作票、巡回检查记录、交接班记录、设备定期试验轮换记录、设备缺陷处理记录等适用于本单位的一系列文件、记录资料。

（2）应按评审标准对电气设备现场检查，注意现场是否有引导标志、标线、警示标志等，形成照片记录。

（3）输配电线路架设是否满足规范要求，临时用电线路敷设是否满足规范要求。

（4）重点注意变电站内，变压器围栏高度、围栏与变压器净距是否符合规范，是否配备消防设施、设备及消防器材，是否悬挂警示标志等；各类高压设备是否安装牢固，防误闭锁装置是否正常，接地、接零装置是否正常，各种标志、标识、着色是否规范等。

（5）高、低压配电室是否设绝缘地板，配电柜是否有双名称及编号，安全距离是否满足规范要求，是否悬挂警示标志，是否配备消防器材，是否配备防潮、防霉的温（湿）度计及通风装置。

（6）配电柜（箱）末级设备是否符合“一机一闸一漏”要求，设备的接地、接零是否符合要求及着安全色。

（7）低压、直流配电装置是否运行正常。

(8) 检查现场操作规程是否张贴，与设备有关参数是否相吻合。

(9) 现场摆放的操作票、工作票、巡回检查记录、设备定期试验轮换、防雷接地检测、设备管理评级卡等记录是否规范。

(10) 资料查阅时注意对电气设备技术档案资料，操作规程，检修规程，巡回检查记录，设备管理等级评定记录，工作票、操作票是否规范，防雷接地检测，定期试验（预防性试验），设备缺陷处理记录，检修记录及重新投入运行的有关记录重点查阅。

〖文件及记录〗

(1) 运行记录。

(2) 巡视检查记录。

(3) 设备缺陷记录表。

(4) 设备维护保养记录。

(5) 接地（零）及防雷保护安全检查表。

(6) 操作票、工作票及相关记录。

(7) 本单位制定的其他与电气设备相关的记录表。

(8) 现场照片记录资料。

4.1.8　水力机械及辅助设备

水轮机、水泵、调速器及油压装置、主阀油压装置、油气水系统设备状况良好、运行管理符合相关规范要求、运行状态良好、运行记录规范。

〖工作依据〗

GB 50265—2010《泵站设计规范》；

SL 510—2011《灌排泵站机电设备报废标准》；

SL 511—2011《水利水电工程机电设计技术规范》；

SL 529—2011《农村水电站技术管理规程》。

〖工作要点〗

(1) 编制本单位水轮机、水泵、调速器及油压装置、主阀油压装置、油气水系统的运行规程，检修规程及相关记录表格，提供相关文件和记录资料。

(2) 参考 SL 529—2011 对水轮机、水泵、调速器及油压装置、主阀油压装置、油气水系统的维护及试验，设备、设施评级，运行管理，检修管理，安全管理，记录表格等逐一进行完善。

(3) 现场应悬挂水轮机、水泵、调速器及油压装置、主阀油压装置、油气水系统各类图表。

(4) 油系统油位、油质应满足要求，安全装置可靠（如安全阀可靠，无渗漏现象）。

(5) 水系统压力正常，安全装置（如安全阀）可靠，消防水系统定期试验及消防水压力满足技术要求，无渗漏现象。

(6) 气系统中空气压缩机及安全装置应正常，储气罐及安全附件应定期检验，如属特种设备范畴应悬挂检验合格证或安全使用许可证等，无渗漏现象。

(7) 油、水、气系统应进行定期试验轮换。

(8) 油、水、气系统管道和阀门按规定涂刷明显的颜色标志，管道有介质流向标志，阀门按规定进行编号及命名。

（9）涉及特种设备（压力容器、安全附件），定期试验轮换记录资料，油质化验记录或更换记录，消防系统试验记录，定期巡视检查、维护保养等技术档案资料完整，整理规范。

〖文件及记录〗

（1）运行记录。

（2）巡视检查记录。

（3）设备缺陷记录表。

（4）设备维护保养记录。

（5）操作票、工作票及相关记录。

（6）本单位制定的其他与水力机械及辅助设备相关的记录表。

（7）现场照片记录资料。

4.1.9 自动化操控系统

安全监测、防洪调度、调度通信、警报、供水调度、电站调度、水情测报等自动化操控系统运行正常，安全可靠；网络安全防护实施方案和网络安全隔离措施完备、可靠；定期对系统硬件进行检查和校验；运行记录规范。

〖工作依据〗

GB/T 20204—2006《水利水文自动化系统设备检验测试通用技术规范》；

GB 50348—2018《安全防范工程技术标准》；

GB 50395—2007《视频安防监控系统工程设计规范》；

DL/T 5051—1996《水利水电工程水情自动测报系统设计规定》；

DL/T 5065—2009《水力发电厂计算机监控系统设计规范》；

YD 5177—2009《互联网网络安全设计暂行规定》；

YD/T 1755—2008《电信网和互联网物理环境安全等级保护检测要求》。

〖工作要点〗

（1）应根据实际工作，依据标准规范等要求制定本单位自动化操控系统的运行规程、检修规程及相关记录表格，提供相关运行记录。

（2）对照《评审标准》现场检查自动化操控系统，并形成照片记录。

（3）运行人员能现场熟练操作自动化操控系统的各种界面，检查运行正常，运行记录规范。

（4）自动化操控系统的安全性，基于 VPN 接口或其他可确保系统安全运行的系统。

（5）系统备份软件安全可靠。

（6）自动化操控系统的技术档案、运行记录、备份保管、定期检测记录、维护升级记录、涉及自动化相关联设施设备的定期维护保养记录（如雨量站、水文站、视频安防系统、大坝安全监测系统、闸门调度系统、船闸调度系统等）应完整。

〖文件及记录〗

（1）监控系统截图打印件。

（2）制度规程。

(3) 运行记录。

(4) 定期试验记录。

(5) 维护保养检查记录。

4.1.10 备用电源(柴油发电机)

发电机的准备、启动、运行符合有关规定,及时维护保养,排除运行故障;运行记录规范。

〖工作依据〗

GB/T 50510—2009《泵站更新改造技术规范》;

GB 50052—2009《供配电系统设计规范》。

〖工作要点〗

(1) 应高度重视备用电源的管理工作,有外部的双回路备用电源、自备柴油(汽油)发电机备用电源。应针对不同的备用电源制定操作规程、维修保养规定、定期试验规定、不同情况下的倒闸操作规程及提供日常操作、维修、保养、定期试验等系列记录资料,确保备用电源随时处于完好状态。

(2) 对照《评审标准》现场检查自动化操控系统,并形成照片记录。

(3) 现场可随时启动备用柴油(汽油)发电机,熟练掌握倒闸操作流程;如有外部双回路备用电源,也应掌握倒闸操作方式及流程;现场有关倒闸操作记录真实完整,如自动投入(切换)装置是否定期试验及运行正常,记录是否真实等。

(4) 现场是否张贴操作规程、倒闸操作规程。

(5) 检查现场是否有定期试验(运行)记录、维修保养记录。

(6) 检查现场是否备有足够的柴油(汽油)。

(7) 备用电源技术档案资料、运行规程、倒闸操作步骤、定期维修保养记录、定期试验(运行)记录等资料完整。

〖文件及记录〗

(1) 制度规程。

(2) 备用电源照片。

(3) 备用电源现场操作规程及倒闸操作流程照片。

(4) 运行记录。

(5) 定期试验记录。

(6) 维护保养检查记录。

4.1.11 安全设施管理

新、改、扩建建设项目安全设施必须执行“三同时”制度;临边、孔洞、沟槽等危险部位的栏杆、盖板等设施齐全、牢固可靠;高处作业等危险作业部位按规定设置安全网等设施;垂直交叉作业等危险作业场所设置安全隔离棚;机械、传送装置等的转动部位安装防护栏等安全防护设施;临水和水上作业有可靠的救生设施;暴雨、暴风雪、台风等极端天气前后组织有关人员对安全设施进行检查或重新验收。

〖工作依据〗

《中华人民共和国安全生产法》(主席令第十三号);

GB 2893—2008《安全色》；

GB 2894—2008《安全标志及其使用导则》；

GB 5224.1—2008《机械电气安全机械电气设备　第1部分：通用技术条件》；

SL 398—2007《水利水电工程施工通用安全技术规程》；

SL 714—2015《水利水电工程施工安全防护设施技术规范》；

SL 721—2015《水利水电工程施工安全管理导则》。

〖**工作要点**〗

（1）应按新、改、扩建建设项目“三同时”制度（具体要求见本章第一节项目法人现场管理中有关“三同时”的内容），检查完善现场安全设施的设置是否满足要求，保证安全设施正常运行，建立安全设施台账及日常检查记录，极端天气前后组织人员对安全设施进行检查或重新验收。

（2）对照《评审标准》现场检查安全设施的设置是否满足标准、规程规范等要求，运行情况是否正常，并形成照片记录。

（3）查阅新、改、扩建建设项目“三同时”制度的执行情况，如项目批文、安全专篇、设计图纸、施工记录、验收记录等文件记录资料。

（4）建议水管单位建立安全设施台账，形成日常安全设施定期检查记录。

（5）查暴雨、暴风雪、台风等极端天气前后组织有关人员对安全设施进行检查或重新验收的记录资料。

〖**文件及记录**〗

（1）安全防护设施管理台账。

（2）定期检查维护记录。

（3）极端天气前后组织检查或重新验收记录。

（4）新、改、扩建工程安全设施验收记录。

（5）符合规范要求的现场安全设施照片。

4.1.12　检修管理

制定并落实综合检修计划，落实“五定”原则（即定检修方案、定检修人员、定安全措施、定检维修质量、定检维修进度），检修方案应包含作业安全风险分析、控制措施、应急处置措施及安全验收标准，严格执行操作票、工作票制度，落实各项安全措施；检修质量符合要求；大修工程有设计、批复文件，有竣工验收资料；各种检修记录规范。

〖**工作依据**〗

SL 210—2015《土石坝养护修理规程》；

SL 230—2015《混凝土坝养护修理规程》；

SL 595—2013《堤防工程养护修理规程》。

〖**工作要点**〗

（1）应按相关工作，依据标准规范等制定检修计划，落实“五定”原则，编制检修方案（包括安全措施），按检修计划的时间和方案组织实施，实施完成后组织验收及重新投入使用；如涉及大修工程还应有设计、批复文件，实施完成后组织竣工验收并形成验收文件后重新投入使用；检修应严格执行工作票制度，落实相应的安全措施；各项检修过程记录应真实、完整。

(2) 对照《评审标准》现场检查，并形成照片记录。

(3) 如有检修现场，现场有符合相关规定（标准或管理制度）的工作票，检修过程中应按工作票所列安全措施落实，过程记录资料应真实、完整。

(4) 应编制检修计划，大修设计、批复文件（如有大修时），检修方案，工作票、检修过程记录、验收记录应齐全、完整。

〖**文件及记录**〗

(1) 设备检修计划。

(2) 检修方案。

(3) 工作票、操作票（查安全措施内容）。

(4) 设备维修保养记录表。

(5) 设备验收试验记录资料。

(6) 设备年度综合维修（大修）完成登记表。

4.1.13　特种设备管理

按规定进行登记、建档、使用、维护保养、自检、定期检验以及报废；有关记录规范；制定特种设备事故应急措施和救援预案；达到报废条件的及时向有关部门申请办理注销；建立特种设备技术档案（包括设计文件、制造单位、产品质量合格证明、使用维护说明等文件以及安装技术文件和资料；定期检验和定期自行检查的记录；日常使用状况记录；特种设备及其安全附件、安全保护装置、测量调控装置及有关附属仪器仪表的日常维护保养记录；运行故障和事故记录；高耗能特种设备的能效测试报告、能耗状况记录以及节能改造技术资料）；安全附件、安全保护装置、安全距离、安全防护措施以及与特种设备安全相关的建筑物、附属设施，应当符合有关规定。

〖**工作依据**〗

《中华人民共和国特种设备安全法》（主席令第四号）；

《特种设备安全监察条例》（国务院令第 549 号）；

《特种设备作业人员监督管理办法》（质检总局令第 70 号）；

《特种设备作业人员作业种类与项目》（质检总局公告 2011 年第 95 号）；

GB 6067.1—2010《起重机械安全规程》；

TSG R0004—2008《固定式压力容器安全技术监察规程》；

SL 425—2017《水利水电起重机械安全规程》。

〖**工作要点**〗

(1) 建立特种设备管理制度（关于特种设备管理的其他内容详见本章第二节施工企业现场管理中特种设备的相关内容），建立特种设备台账，制定特种设备事故应急救援预案，制定操作规程，定期维护保养，定期自检和检验，特种设备的管理人员和操作人员按《特种设备作业人员监督管理办法》（2011 年 7 月修订）要求分别取得“特种设备作业人员证”后上岗并建立台账，涉及报废标准的及时申请报废注销登记等并形成相关记录。

(2) 对照《评审标准》现场检查判别是否有特种设备、是否悬挂安全使用标识、管理卡、操作规程等，并形成照片记录。

(3) 是否建立了特种设备台账、特种设备作业人员台账、特种设备管理制度、操作规程、维护保养规定、定期检验规定等。

(4) 是否制定了特种设备事故应急救援预案，与现场检查的特种设备实际情况是否具有可操作性。

(5) 查定期维护保养、定期自检记录资料，与管理制度对比，周期、保养资料等是否满足制度要求。

(6) 查定期检验申报资料、定期检验报告及相关附件，是否满足规定要求。

(7) 查如涉及特种设备报废，是否按规定流程申请、办理注销等记录。

(8) 应按相关规定要求收集整理完善的技术档案，形成一台设备对应一套档案资料。

(9) 对照《评审标准》和提供的特种设备台账检查（或抽查）对应的技术档案资料是否齐全。

〖文件及记录〗

(1) 特种设备台账及合格证。

(2) 特种设备安全管理卡。

(3) 安全附件登记表。

(4) 安全使用许可证。

(5) 特种设备登记备案记录。

(6) 特种设备定期检测记录。

(7) 特种设备检查维护保养记录。

(8) 特种设备安装单位资质证明。

(9) 特种设备事故应急救援预案。

4.1.14 设施设备安装、验收及拆除及报废

对新设施设备按规定进行验收。设施设备安装、拆除及报废应办理审批手续，拆除前应制订方案。涉及危险物品的应制定处置方案。作业前应进行安全技术交底并保存相关资料。

〖工作依据〗

《中华人民共和国安全生产法》（主席令第十三号）；

《水库降等与报废管理办法（试行）》（水利部令第18号）；

GB/T 16895.23—2012《低压电气装置 第6部分：检验》；

GB/T 21031—2007《节水灌溉设备现场验收规程》；

GB/T 50510—2009《泵站更新改造技术规范》；

GB 50599—2010《灌区改造技术规范》；

SL 226—98《水利水电工程金属结构报废标准》；

SL 317—2004《泵站安装及验收规范》；

SL 381—2007《水利水电工程启闭机制造安装及验收规范》；

SL 418—2008《大型灌区技术改造规程》；

SL 510—2011《灌区泵站机电设备报废标准》。

〖工作要点〗

(1) 应进行验收、调试等并提供验收文件、记录资料等，尤其注意应包括安全设施设

备按“三同时”要求同时验收。

(2) 收集整理新设备验收文件及相关记录资料，按验收标准规定的组织、程序、方法等进行验收，且资料齐全。

(3) 应制定设施设备报废管理规定，对不符合规定的设施设备申请报废和拆除，拆除前应制订方案，尤其是拆除时如涉及危险物品的应制定处置方案，作业前进行安全技术交底并形成完整记录。

(4) 达到报废标准的设施设备，应按设施设备报废管理制度提供报废申请、拆除方案、安全技术交底、涉及危险物品的处置方案、资产处置记录等完整的拆除报废资料。

〖**文件及记录**〗

(1) 新设备安装及验收记录。

(2) 拆除报废管理制度。

(3) 设备报废审批表。

(4) 危险物品拆除处置方案。

(5) 安全技术交底记录。

(6) 设施设备拆除过程记录。

二、作业行为管理

水管单位作业行为，主要从安全监测、调度运行、防洪调度、工程范围管理、安全保卫、现场临时用电管理、危险化学品管理、交通安全管理、消防安全管理、仓库管理、高处作业、起重吊装作业、水上水下作业、焊接作业、其他危险作业、警示标志、岗位达标、相关方管理等为主，将水管单位生产过程中所涉及的主要环节和作业活动进行列举，并以法律法规、标准规范为依据，对作业活动有关管理制度、现场要求、涉及设施设备、作业过程中对人的安全要求等要素进行规定，形成作业安全部分安全生产标准化评审要求。对于水管单位在维修养护过程中的施工作业安全管理，可参照本书第四章第一节“施工单位现场管理”的相关内容。

4.2.1　安全监测

安全监测范围、监测项目设置、监测点布置等符合有关规定；监测设施设备齐全完好，满足监测要求；监测频次、精度等符合有关要求；监测资料整编、分析、报告等符合有关规定；及时评估工程运行状态并提出措施与建议。

〖**工作依据**〗

SL 551—2012《土石坝安全监测技术规范》；

SL 601—2013《混凝土坝监测规范》。

〖**工作要点**〗

(1) 管理制度。

水管单位应根据《评审标准》及相关技术标准，结合管理现场实际情况，编制工程监测管理制度，明确工程监测工作的职责、技术要求和工作程序等内容。

(2) 检查要求。

应依据管理制度及技术标准现场检查安全监测设施是否完好，并开展监测工作，形成工程监测记录。安全监测仪器应定期校验，精度是否满足要求。安全监测的开展情况，包括初蓄期、运行期、特殊情况的安全监测，其原始资料体现的监测频次、精度应满足规范要求。

（3）监测资料整编。

根据安全监测原始资料进行资料整编，进行初步分析、年度分析，并形成报告。报告的形式、内容符合规范要求。根据监测分析结果，开展有针对性的维修养护。

〖文件及记录〗

（1）安全监测设计。

（2）《大坝安全监测规范》。

（3）巡视检查记录检查、审定资料完整、规范、准确。

（4）监测资料整编，确保数据准确、完整。

（5）监测资料综合分析报告。

（6）建立监测资料数据库或信息管理系统。

（7）监测仪器定期校验记录。

4.2.2 调度运行

建立通畅的水文气象信息渠道；有调度规程和调度制度；调度原则及调度权限清晰，严格执行调度方案和指令，并有记录；制定汛期调度运用计划，经上级主管部门审查批准后，报有管辖权的人民政府防汛指挥部备案，并严格执行。

〖工作依据〗

《中华人民共和国水法》（主席令第六十一号）；

《中华人民共和国防洪法》（主席令第八十八号）；

《中华人民共和国防汛条例》（国务院令第86号）；

《中华人民共和国抗旱条例》（国务院令第552号）；

《电网调度管理条例》（国务院令第115号）；

《中华人民共和国河道管理条例》（国务院令第676号）；

GB 17621—1998《大中型水电站水库调度规范》；

SL 224—1998《水库洪水调度考评规定》；

SL 255—2000《泵站技术管理规程》；

SL 246—1999《灌溉与排水工程技术管理规程》；

SL 706—2015《水库调度规程编制导则》；

水管单位经批准的调度运用计划及其他经批准的运行规程。

〖工作要点〗

（1）应建立水文气象信息渠道，记录现场调度指令的接收及执行情况。

（2）水文气象设施设备的设计、建设、运行维护、检修等记录资料完整，满足实际需要。

（3）应编制调度制度，涉及水库的应根据 SL 706—2015 及时修订调度规程并报批。

（4）调度运用计划应及时编制，计划体现的调度原则、权限应清晰并经主管部门批准。

（5）调度指令的接收、执行相关记录应与发布的制度、规程相一致。

〖文件及记录〗

（1）水库调度规程。

（2）调度制度。

（3）洪水调度方案。

（4）调度运用计划及防洪抢险应急预案文本、报批请示文件及批复文件。

（5）备案告知书。

（6）水文气象信息适时发布平台。

4.2.3　防洪度汛

防洪度汛组织机构健全，人员配置符合规定，岗位责任明确；按规定编制工程防洪度汛方案和应对超标准洪水应急预案；工程险工、隐患图表清晰，有度汛措施和预案；防洪度汛物资设备按规定备足，定期对抢险设备进行试车；开展防汛抢险队伍培训，汛前按规定组织险情的抢护演练；开展汛前、汛中和汛后检查，发现问题及时处理；日常管理记录规范。

〖工作依据〗

《中华人民共和国水法》（主席令第六十一号）；

《中华人民共和国防汛条例》（国务院令第86号）；

《中华人民共和国抗旱条例》（国务院令第552号）；

SL 298—2004《防汛物资储备定额编制规程》；

SL/Z 720—2015《水库大坝安全管理应急预案编制导则》；

SL 611—2012《防台风应急预案编制导则》。

〖工作要点〗

（1）应对防汛责任人落实、防汛抢险物资储备、抢险设备的定期试车、日常管理等形成文字、照片等记录。

（2）应以文件形式落实防洪度汛（防台风）组织机构及人员配置，明确各岗位责任制。

（3）防汛抢险应急预案、大坝安全管理应急预案、防台风应急预案、重要险工隐患度汛方案或预案等应编制（修订）并报批、报备。

（4）防汛物资台账与《防汛物资储备定额编制规程》对比是否满足现场需要或是否有物资互助协议做补充，是否定期进行检查维护，抢险设备是否定期进行试车等，记录是否完整真实。

（5）应落实防汛应急抢险队伍是否进行了应急知识培训，是否组织进行了演练等。

（6）汛前、汛中和汛后检查记录资料应完整、真实。

（7）其他与防洪度汛有关日常管理记录收集整理归档。

〖文件及记录〗

（1）防洪度汛领导机构及人员文件。

（2）度汛方案或（和）超标准洪水应急预案。

（3）大坝隐患统计图表。

（4）防汛物资设备清单及台账。

(5) 防洪预案培训及演练记录。

(6) 汛前、汛中和汛后检查巡查记录。

(7) 日常管理记录：防汛值班、设施设备维护保养、巡查记录、防汛物资设备检查维护记录、上级来文等。

4.2.4　工程范围管理

工程管理和保护范围内无法律、法规规定的禁止性行为；水法规等标语、标牌设置符合规定，在授权范围内对工程管理设施及水环境进行有效管理和保护。

〖工作依据〗

《中华人民共和国水法》(主席令第六十一号)；

《中华人民共和国防汛条例》(国务院令第86号)；

《水库大坝安全管理条例》(国务院令第588号)；

《中华人民共和国河道管理条例》(国务院令第676号)；

《水行政处罚实施办法》(水利部令第8号)。

〖工作要点〗

(1) 应对工程管理、保护范围的划定情况，水法规宣传标语、标牌设置情况，管理范围界桩界碑设置情况，管理、保护范围内是否存在违法活动等进行日常检查并形成文字、照片等记录。

(2) 管理和保护范围划定文件及有关文件应齐全有效。

(3) 水行政监督活动（巡视、联合执法部门检查、对存在的违法活动制止和报告、配合执法部门处理违法活动等）有记录。

〖文件及记录〗

(1) 工程管理方面宣传标语照片。

(2) 库区配合执法照片。

(3) 管护范围划定批文。

(4) 界桩设置及有关文字、照片记录资料等。

4.2.5　安全保卫

建立或明确安全保卫机构，制定安全保卫制度；重要设施和生产场所的保卫方式按规定设置；定期对防盗报警、监控等设备设施进行维护，确保运行正常；出入登记、巡逻检查、治安隐患排查处理等内部治安保卫措施完善；制定单位内部治安突发事件处置预案，并定期演练。

〖工作依据〗

《企业事业单位内部治安保卫条例》(国务院令第421号)；

SL 106—2017《水库工程管理设计规范》；

SL 75—2014《水闸技术管理规程》。

〖工作要点〗

(1) 管理制度及机构。

水管单位根据《评审标准》的规定，建立或明确安全保卫机构，结合单位实际情况制定本单位的安全保卫制度，以正式文件发布。

（2）开展安全保卫工作。

出入登记、巡逻检查、治安隐患排查处理等记录连续、真实；安防视频监控系统的运行情况正常；对发现的隐患及时处理；形成物防、技防的落实台账及日常检查维护情况记录。

（3）定期演练。

制定单位内部治安突发事件处置预案，并定期（每年至少一次）演练。

〖文件及记录〗

（1）安保机构文件。

（2）安保制度。

（3）视频监控系统、门卫设置情况记录。

（4）内部治安突发事件处置应急预案。

（5）演练记录。

4.2.6　现场临时用电管理

按有关规定编制临时用电专项方案或安全技术措施，并经验收合格后投入使用；用电配电系统、配电箱、开关柜符合相关规定；自备电源与网供电源的联锁装置安全可靠，电气设备等按规范装设接地或接零保护；现场内起重机等起吊设备与相邻建筑物、供电线路等的距离符合规定；定期对施工用电设备设施进行检查。

〖工作依据〗

SL 398—2007《水利水电工程施工通用安全技术规程》；

SL 714—2015《水利水电工程施工安全防护设施技术规范》；

SL 721—2015《水利水电工程施工安全管理导则》。

〖工作要点〗

（1）临时用电方案。

临时用电设施、设备的设置应符合经批准的临时用电方案，接地或接零应符合规定，用电配电系统、配电箱、开关柜应符合技术标准要求，备用电源与网供电源应有可靠的联锁装置，如涉及临时用电现场有起重吊装作业其安全距离应满足规范要求。临时用电方案符合要求，经审批后实施，实施后经验收合格投入使用。关于临时用电的具体要求，详见本章第二节施工企业现场管理中临时用电的有关内容。

（2）临时用电管理。

临时用电有关日常管理记录，是否有安全技术交底记录，是否定期检查维护，是否定期对接地或接零进行检测，是否执行起重吊装许可审批（含起吊设备的安全距离要求），是否制定备用电源的操作规程、倒闸操作流程及执行操作票，是否定期对漏电断路器进行定期试验等记录是否真实和与现场实际相符。

〖文件及记录〗

（1）临时用电专项方案及其批复。

（2）施工现场临时用电设备检查记录表。

（3）施工现场临时用电设备明细表。

（4）施工现场临时用电验收表。

（5）操作票、工作票。

4.2.7　危险化学品管理

建立危险化学品的管理制度；购买、运输、验收、储存、使用、处置等管理环节符合规定，并按规定登记造册；警示性标签和警示性说明及其预防措施符合规定。

〖工作依据〗

《危险化学品安全管理条例》（国务院令第344号）；

GB 13690—2009《化学品分类和危险性公示通则》；

GB 15258—2009《化学品安全标签编写规定》；

GB 18218—2009《危险化学品重大危险源辨识》；

GB/T 24774—2009《化学品分类和危险性象形图标识通则》；

《水利部办公厅关于转发〈水利行业涉及危险化学品安全风险的品种目录〉的通知》（办安监函〔2016〕849号）。

〖工作要点〗

（1）管理制度。

水管单位根据《评审标准》及相关规定，结合单位实际情况制定本单位的危险化学品管理制度，以正式文件发布。

（2）储存、运输与使用。

现场存在的危险化学品，其储存、使用应符合规定，现场应设置警示性标签和警示性说明及预防措施，预防措施符合规定等并形成文字、照片记录。

应建立购买、运输、验收、储存、使用、处置等管理台账和真实完整的记录资料。

（3）危险化学品风险管理。

进行危险化学品重大危险源辨识并形成文件通知相关方，辨识结果是否存在重大危险源，如存在按危险化学品重大危险源进行有效控制。制定危险化学品应急处置方案并组织培训、演练。

〖文件及记录〗

（1）危化品管理制度。

（2）危化品管理台账。

（3）危险化学品重大危险源辨识及相关资料。

（4）警示性标签和警示性说明资料及现场相关照片记录。

4.2.8　交通安全管理

建立交通安全管理制度；定期对车船进行维护保养、检测，保证其状况良好；严格安全驾驶行为管理。

〖工作依据〗

《中华人民共和国道路交通安全法》（主席令第四十七号）；

《中华人民共和国内河交通安全管理条例》（国务院令第355号）；

GA 468—2004《机动车安全检验项目和方法》。

〖工作要点〗

（1）管理制度。

水管单位根据《评审标准》及相关规定，结合单位实际情况制定本单位的交通安全管理制度，以正式文件发布。

（2）车船维护保养、检测。

检查车辆、船舶的状况，涉及场内交通设施状况（限速、限载、限高、广角镜、强制减速装置、船舶上的救生衣、灭火器等）有效，现场无违规驾驶行为等并形成文字、照片记录。车辆、船舶管理台账完善，台账中车辆、船舶行驶证书、船舶登记证、定期检测（验）证明齐全有效，能验证车辆、船舶的合法性。车辆、船舶驾驶员证书，符合所驾驶车辆、船舶的规定。车辆、船舶定期检查维护保养记录应与所制定的交通安全管理制度周期相符。

（3）车船驾驶人员管理。

对车辆、船舶驾驶员及相关管理人员的交通安全培训按制定的安全教育培训计划执行并符合教育培训相关管理规定。对违规驾驶处理及时，记录真实。

〖文件及记录〗

（1）交通安全管理制度。

（2）车辆、船只维护保养、检测记录。

（3）车辆、船舶驾驶员证书。

（4）对车辆、船舶驾驶员及相关管理人员的交通安全培训。

（5）限速、限载、限高、广角镜、强制减速装置、船舶上的救生衣、灭火器等安全设施设备齐全有效。

4.2.9　消防安全管理

建立消防管理制度，建立健全消防安全组织机构，落实消防安全责任制；防火重点部位和场所配备足够的消防设施、器材，并完好有效；建立消防设施、器材台账；严格执行动火审批制度；开展消防培训和演练；建立防火重点部位或场所档案。

〖工作依据〗

《中华人民共和国消防法》（主席令第六号）；

GB 50016—2014《建筑设计防火规范》；

《机关、团体、企业、事业单位消防安全管理规定》（公安部令第61号）；

GB 50140—2005《建筑灭火器配置设计规范》；

GB 50444—2008《建筑灭火器配置验收及检查规范》。

〖工作要点〗

（1）管理制度。

水管单位根据《评审标准》及相关规定，结合单位实际情况制定本单位的消防管理制度，明确消防安全组织机构、消防安全责任制、消防应急队伍，并以正式文件发布。

（2）消防措施。

建立防火重点部位或场所档案，现场消防设施设备配备应满足消防安全要求，状况完好，防火门、消防通道、应急照明等设施完好并处于正常状态；现场定期检查维护记录按规定进行现场记录等，并形成文字、照片记录。消防设施设备台账与现场实际情况相符，满足现场消防要求。定期检查维护记录档案资料能按制度规定周期进行检查维护。制定动火作业许可票并严格执行。

(3) 消防培训和演练按计划落实。

〖文件及记录〗

(1) 消防安全组织机构。

(2) 消防设备设施台账(清单)。

(3) 动火审批制度。

(4) 动火作业审批单。

(5) 消防预案演练方案及记录。

(6) 防火重点部位或场所档案。

(7) 消防设施验收表。

4.2.10 仓库管理

仓库结构满足安全要求,安全管理制度齐全;按规定配备消防等安全设备设施,且灵敏可靠;消防通道畅通;物品储存符合有关规定;管理、维护记录规范。

〖工作依据〗

《中央防汛抗旱物资储备管理办法》(财务〔2011〕329号);

SL 297—2004《防汛储备物资验收标准》;

SL 298—2004《防汛物资储备定额编制规程》。

〖工作要点〗

(1) 管理制度。

水管单位根据《评审标准》及相关规定,结合单位实际情况制定本单位的仓库管理制度,并以正式文件发布。仓库管理制度现场张贴。

(2) 仓库物资管理。

防火、防盗、防霉变等设施设备运行正常,消防通道畅通,物品储存符合规范要求,管理、维护现场记录规范,并形成文字、照片记录。物资储备台账分类清晰,注明检查维护周期、有效期、出入库情况等要素。仓库物资的定期检查、维护记录表体现按仓库管理制度规定周期进行检查、维护,对失效的物品及时进行清理,对需要定期维护保养的物资进行维护保养等。

〖文件及记录〗

(1) 仓库管理制度。

(2) 物资台账。

(3) 出入库记录。

(4) 仓库照片档案。

(5) 定期检查、维护记录表。

(6) 防火、防盗、防霉变等设施设备正常有效记录资料。

4.2.11 高处作业

高处作业人员须经体检合格后上岗作业,登高架设作业人员持证上岗;坝顶、杆塔、吊桥等危险边沿进行悬空高处作业时,临空面搭设安全网或防护栏杆,且安全网随着建筑物升高而提高;登高作业人员正确佩戴和使用合格的安全防护用品;有坠落危险的物件应固定牢固,无法固定的应先行清除或放置在安全处;雨雪天高处作业,应采取可靠的防滑、防寒和防冻措施；遇有六级及以上大风或恶劣气候时，应停止露天高处作业；高处作业现场监护应符合相关规定。

〖工作依据〗

GB/T 3608—2008《高处作业分级》；

SL 398—2007《水利水电工程施工通用安全技术规程》；

SL 714—2015《水利水电工程施工安全防护设施技术规范》。

〖工作要点〗

（1）审查高处作业安全技术措施（包含交叉作业安全措施），及其安全交底工作开展情况。现场高处作业现场，作业人员持证上岗，正确佩戴安全防护用具。

（2）现场检查高处作业“四口五临边”应设置符合规范要求的防护栏杆、安全网等安全防护设施，安全防护设施应验收合格后使用，并定期检查，并形成记录。

（3）其他高处作业的详细要求，见本章第二节施工企业现场管理中有关高处作业的内容。

〖文件及记录〗

（1）高处作业人员有关资格证件、照片档案。

（2）高处作业吊篮验收表（如有时）。

（3）高处作业“四口五临边”防护。

（4）高处作业安全技术措施。

（5）高处作业安全交底记录。

（6）现场监护记录。

4.2.12　起重吊装作业

起重吊装作业前按规定对设备、工器具进行认真检查，确保满足安全要求；指挥和操作人员持证上岗、按章作业，信号传递畅通；吊装按规定办理审批手续，并有专人现场监护；不以运行的设备、管道等作为起吊重物的承力点，利用构筑物或设备的构件作为起吊重物的承力点时，应经核算；照明不足、恶劣气候或风力达到六级以上时，不进行吊装作业。

〖工作依据〗

GB 5082—1985《起重吊运指挥信号》；

GB 10055—2007《施工升降机安全规程》；

GB 5144—2006《塔式起重机安全规程》；

GB 6067.1—2010《起重机械安全规程　第1部分　总则》；

GB/T 14405—2011《通用桥式起重机》；

GB/T 14406—2011《通用门式起重机》；

SL 398—2007《水利水电工程施工通用安全技术规程》；

SL 401—2007《水利水电工程施工作业人员安全操作规程》；

SL 425—2017《水利水电起重机械安全规程》；

SL 714—2015《水利水电工程施工安全防护设施技术规范》；

SL 721—2015《水利水电工程施工安全管理导则》。

〖工作要点〗

(1) 设备检查。

按标准要求检查起重吊装作业现场，起重机具、作业环境、施工电源、通道等符合规范要求，起重司机、信号工、司索工等作业人员持证上岗，并形成照片资料。

(2) 起重作业管理。

制定并落实起重安全操作规程，实行大件吊装方案审批制度，按规定开展技术交底，加强现场监护，作业记录完整。

(3) 其他有关起重吊装作业的要求，详见本章第二节施工企业现场管理中有关起重吊装作业的内容。

〖文件及记录〗

(1) 起重司机、信号工、司索工等作业人员持证上岗。

(2) 起重机械管理制度或操作规程。

(3) 大件吊装方案审批、安全交底记录。

(4) 现场旁站、监督检查记录。

(5) 起重吊装许可手续、照片。

(6) 起重机械安装验收表。

(7) 起重机械基础验收表。

(8) 起重机械维护保养记录表。

(9) 起重机械运行记录。

4.2.13 水上水下作业

从事水上水下作业，按规定取得作业许可；制订应急预案；安全防护措施齐全可靠；作业船舶安全可靠，作业人员按规定持证上岗，并严格遵守操作规程。

〖工作依据〗

《中华人民共和国内河交通安全管理条例》(国务院令第355号)；

《中华人民共和国水上水下活动通航安全管理规定》(交通部令第5号)。

〖工作要点〗

(1) 水上水下作业施工现场，按有关规定取得作业许可证，编制应急预案、落实安全保障措施，并形成文字、照片资料。

(2) 作业船舶、人员等应具有有效的证书，水上应急预案、现场安全监护记录等资料齐全，记录规范。

〖文件及记录〗

(1) 船舶登记证书。

(2) 内河船舶船员适任证。

(3) 水上作业应急预案。

(4) 船舶安全检查验收表。

(5) 租赁船舶安全生产协议。

4.2.14 焊接作业

焊接前对设备进行检查，确保性能良好，符合安全要求；焊接作业人员持证上岗，按规定正确佩戴个人防护用品，严格按操作规程作业；进行焊接、切割作业时，有防止触电、灼伤、爆炸和引起火灾的措施，并严格遵守消防安全管理规定；焊接作业结束后，作业人员清理场地、消除焊件余热、切断电源，仔细检查工作场所周围及防护设施，确认无起火危险后离开。

〖工作依据〗

GB 50194—2014《建设工程施工现场供用电安全规范》;

SL 398—2007《水利水电工程施工通用安全技术规程》;

SL 401—2007《水利水电工程施工作业人员安全操作规程》;

SL 714—2015《水利水电工程施工安全防护设施技术规范》。

〖工作要点〗

(1) 管理制度。

施工企业应建立焊接作业安全管理制度，在制度中明确焊接作业的工作职责、技术要求和工作程序等内容。

(2) 设备检查。

焊接主要包括电焊和气焊（割）两种形式。在焊接前应结合“设备设施管理”相关评审标准的要求，对电焊机和气焊（割）设备进行检查，确保性能良好。

对于电焊机来讲，主要是应预防因漏电对操作人员产生的伤害。因此应重点检查设备及导线的绝缘，安全防护装置的齐全有效、漏电保护器参数应匹配、安装应正确、动作应灵敏可靠，接零应良好等。

对于气焊（割）设备应重点检查气瓶及其安全附件处于安全、可靠的状态，放置、使用符合规范要求。

对于上述设备的检查，应按 SL 398—2007 第 9 章“焊接与气割”的要求进行。此外，在 JGJ 160—2016《施工现场机械设备检查技术规范》中针对不同类型的电焊机和气焊（割）设备检查的内容及要求进行了详细的、具体的规定，在工作开展过程中具有很强的借鉴意义。此外在 GB 50194—2014、SL 714—2015 和 JGJ 46—2005《施工现场临时用电安全技术规范》等规范中，也对焊接设备的技术要求进行了规定，可供借鉴和参考。

(3) 作业人员资格。

根据《特种作业人员安全技术培训考核管理规定》(安监总局令第 30 号) 的规定，焊接作业人员属于特种作业人员，应取得《中华人民共和国特种作业操作证》方可上岗作业。制定相关岗位的操作规程，正确佩戴安全防护用品，并严格监督执行，不得违规作业。

(4) 作业环境检查。

焊接作业结束后，作业人员清理场地、消除焊件余热、切断电源，仔细检查工作场所周围及防护设施，确认无起火危险后离开。

〖文件及记录〗

(1) 特种作业人员证书（焊工）。

(2) 动火作业审批表。

（3）焊接设备检查表（前、后内容有所区别）。

（4）设备运行记录。

4.2.15　其他危险作业

涉及临近带电体作业，作业前按有关规定办理安全施工作业票，安排专人监护；交叉作业应制定协调一致的安全措施，并进行充分的交底；应搭设严密、牢固的防护隔离措施；有（受）限空间作业等危险作业按有关规定执行。

〖工作依据〗

详见本章第二节施工企业现场管理中临近带电体作业、交叉作业、有（受）限空间作业的相关内容。

〖工作要点〗

详见本章第二节施工企业现场管理中临近带电体作业、交叉作业、有（受）限空间作业的相关内容。

〖文件及记录〗

详见本章第二节施工企业现场管理中临近带电体作业、交叉作业、有（受）限空间作业的相关内容。

4.2.16　岗位达标

建立班组安全活动管理制度，明确岗位达标的内容和要求，开展安全生产和职业卫生教育培训、安全操作技能训练、岗位作业危险预知、作业现场隐患排查、事故分析等岗位达标活动，并做好记录。从业人员应熟练掌握本岗位安全职责、安全生产和职业卫生操作规程、安全风险及管控措施、防护用品使用、自救互救及应急处置措施。

〖工作依据〗

《国务院关于进一步加强企业安全生产工作的通知》（国发〔2010〕23号）；

GB/T 33000—2016《企业安全生产标准化基本规范》。

〖工作要点〗

详见本章第二节施工企业现场管理中岗位达标的有关内容。

〖文件及记录〗

（1）班组安全活动管理制度。

（2）有关从业人员熟练掌握本岗位安全职责、安全生产和职业卫生操作规程、安全操作技能训练、作业现场隐患排查、安全风险及管控措施、防护用品使用、自救互救及应急处置措施的班组安全活动记录资料。

4.2.17　相关方管理

严格审查检修、施工等单位的资质和安全生产许可证，并在发包合同中明确安全要求；与进入管理范围内从事检修、施工作业的单位签订安全生产协议，明确双方安全生产责任和义务；对进入管理范围内从事检修、施工作业过程实施有效的监督，并进行记录。

〖工作依据〗

《中华人民共和国安全生产法》（主席令第十三号）；

《建设工程质量管理条例》（国务院令第279号）；

《建设工程安全生产管理条例》（国务院令第393号）；

《建筑业企业资质管理规定》(住建部令第22号);

SL 721—2015《水利水电工程施工安全管理导则》。

〖工作要点〗

(1) 应收集有关检修、施工单位的资质和安全生产许可证书的复印件、工程发包合同、安全生产协议等文件。

(2) 应与相关方就存在的危险因素、防范措施等进行书面告知。

(3) 设备检修等单位的资质和安全生产许可证应符合要求、在有效期内。

(4) 相关方项目经理、安全生产管理人员、操作人员相应的安全、岗位资格证书齐全有效。

(5) 对相关方进行现场技术交底,告知作业场所存在的危险因素、防范措施和应急处置措施等。

(6) 与相关方的安全生产协议,双方的安全生产责任和义务应明确。

(7) 同一区域有两个以上检修作业单位的,应组织签订交叉作业安全生产协议,明确各方的安全责任和义务。

(8) 安全监督人员应在检修、施工作业现场,形成文字、照片等资料。

〖文件及记录〗

(1) 与进入管理范围内从事检修、施工作业的单位签订安全生产协议。

(2) 资质复印件相关方安全管理登记表。

(3) 对进入管理范围内从事作业的单位进行监督记录(隐患排查记录表或台账)。

(4) 相关方管理台账。

(5) 对相关方评价资料。

三、职业健康

《评审标准》中规定了施工企业职业管理制度编制、作业场所、作业人员职业健康和职业健康防护用具管理等相关内容。

4.3.1 职业健康管理制度应明确职业危害的监测、评价和控制的职责和要求。

4.3.2 按照法律法规、规程规范的要求,为从业人员提供符合职业健康要求的工作环境和条件,配备相适应的职业病防护设施、防护用品。

4.3.3 指定专人负责保管、定期校验和维护职业病防护设施、防护用品,确保其完好有效。

4.3.4 对从事接触职业病危害的作业人员应按规定组织上岗前、在岗期间和离岗时职业健康检查,建立健全职业卫生档案和员工健康监护档案。

4.3.5 按规定给予职业病患者及时治疗、疗养;患有职业禁忌症的职工,应及时调整到合适岗位。

4.3.6 与从业人员订立劳动合同时,如实告知工作过程中可能产生的职业危害及其后果和防护措施。

4.3.7 按照有关规定,产生职业病危害的单位,在醒目位置设置公告栏,公布有关职业病防治的规章制度、操作规程、职业病危害事故应急救援措施和工作场所职业病危害因素监测结果。

4.3.8　按规定及时辨识本单位存在的职业危害因素，制定针对性的预防和应急救治措施，并及时更新信息；对工作场所职业病危害因素进行日常监测，并保存监测记录。存在工作人员密切接触职业危害因素的单位，应按有关规定，及时、如实向所在地有关部门申报存在职业病危害因素的项目，并及时更新信息；应当委托具有相应资质的职业卫生技术服务机构每年进行一次全面的职业危害因素检测。

〖工作依据〗

《中华人民共和国安全生产法》（主席令第十三号）；

《中华人民共和国职业病防治法》（主席令第八十一号）；

《使用有毒物品作业场所劳动保护条例》（国务院令第352号）；

《国家卫生计生委等4部门关于印发〈职业病分类和目录〉的通知》（国卫疾控发〔2013〕48号）；

《关于印发〈职业病危害因素分类目录〉的通知》（国卫疾控发〔2015〕92号）；

《职业病危害项目申报办法》（安监总局令第48号）；

《用人单位职业健康监护监督管理办法》（安监总局令第49号）；

GBZ 158—2003《工作场所职业病危害警示标识》；

GBZ 188—2014《职业健康监护技术规范》；

GBZ 2.1—2007《工作场所有害因素职业接触限值　第1部分：化学有害因素》；

GBZ 2.2—2007《工作场所有害因素职业接触限值　第2部分：物理因素》。

〖工作要点〗

水管单位的职业健康管理工作程序、要求及方法与施工单位基本类似，在工作开展过程中，可参照第四节“施工单位现场管理”中的相关内容。

应开展工作场所职业危害因素辨识工作，根据辨识的结果进行有针对性的职业健康管理工作。由于部分水管单位自身专业知识有限，很难全面、完整、准确地辨识出工作场所存在的职业危害因素。建议有条件的单位可以委托具有相应资质的职业卫生技术服务机构每年进行一次全面的职业危害因素检测，并出具职业危害因素检测报告、给出防治意见和建议。水管单位根据职业危害因素的分布情况，采取必要的技术措施，使工作场所的职业危害因素符合GBZ 2.1—2007和GBZ 2.2—2007等标准的规定。

四、警示标志

《评审标准》中此部分规定了水管单位警示标志管理的相关内容。

4.4　警示标志

4.4.1　按照规定和现场的安全风险特点，在有重大危险源、较大危险因素和职业危害因素的工作场所，设置明显的安全警示标志和职业病危害警示标识，告知危险的种类、后果及应急措施等；在危险作业场所设置警戒区、安全隔离设施。定期对警示标志进行检查维护，确保其完好有效并做好记录。

〖工作依据〗

GB 2893—2008《安全色》；

GB 2894—2008《安全标志及其使用导则》。

〖**工作要点**〗

(1) 现场检查危险场所部位、设备的安全警示标志齐全、规范、清晰、完好，并形成照片资料。

(2) 建立安全警示标志、标牌台账，定期检查、维护、更换并形成文字、照片记录。

(3) 涉及危险作业现场应设置警戒区、安全隔离设施和警示标志，并形成文字、照片记录。

(4) 其他工作要点，可参照第四节“施工单位现场管理”的相关内容。

〖**文件及记录**〗

(1) 安全警示标志台账。

(2) 安全警示标志检查维护记录。

第五章 风险管控与持续改进

项目法人、施工企业及水管单位的《评审标准》中，安全风险管控及隐患排查治理、应急管理、事故管理、持续改进等四部分的工作要求基本一致，故在此合并叙述，对存在差异的在文中做了特别说明。

第一节 安全风险管控及隐患排查治理

《国务院安委会办公室关于实施遏制重特大事故工作指南构建双重预防机制的意见》要求，生产经营单位应建立风险分级管控和隐患排查治理双重预防机制，推进事故预防工作科学化、信息化、标准化，实现把风险控制在隐患形成之前、把隐患消灭在事故前面。

《国务院安委会办公室关于印发标本兼治遏制重特大事故工作指南的通知》明确，坚持标本兼治、综合治理，把安全风险管控挺在隐患前面，把隐患排查治理挺在事故前面，扎实构建事故应急救援最后一道防线。坚持关口前移，超前辨识预判岗位、企业、区域安全风险，通过实施制度、技术、工程、管理等措施，有效防控各类安全风险；加强过程管控，通过构建隐患排查治理体系和闭环管理制度，强化监管执法，及时发现和消除各类事故隐患，防患于未然；强化事后处置，及时、科学、有效应对各类重特大事故，最大限度减少事故伤亡人数、降低损害程度。

通过上述举措，最终构建形成点、线、面有机结合、无缝对接的安全风险分级管控和隐患排查治理双重预防性工作体系，使全社会共同防控安全风险和共同排查治理事故隐患的责任、措施和机制更加精准、有效；构建形成完善的安全技术研发推广体系，使安全科技保障能力水平得到显著提升；构建形成严格规范的惩治违法违规行为制度机制体系，使违法违规行为引发的重特大事故得到有效遏制；构建形成完善的安全准入制度体系。

本节内容主要包括安全风险管理、重大危险源辨识和管理、隐患排查与治理。

一、安全风险管理

《评审标准》中规定了生产经营单位开展风险管理的辨识、评估、管控等工作要求。

5.1.1　安全风险管理制度应明确风险辨识与评估的职责、范围、方法、准则和工作程序等内容。

5.1.2 组织对安全风险进行全面、系统的辨识，对辨识资料进行统计、分析、整理和归档。

5.1.3 选择合适的方法，定期对所辨识出的存在安全风险的作业活动、设备设施、物料等进行评估。风险评估时，至少从影响人、财产和环境三个方面的可能性和严重程度进行分析。

〖工作依据〗

《国务院安委会办公室关于印发标本兼治遏制重特大事故工作指南的通知》（安委办〔2016〕3号）；

《国务院安委会办公室关于实施遏制重特大事故工作指南构建双重预防机制的意见》（安委办〔2016〕11号）；

GB/T 23694—2013《风险管理　术语》；

GB/T 27921—2011《风险管理　风险评估技术》。

〖工作要点〗

（1）基本概念。

关于风险的概念，在GB/T 23694—2013规定：

2.1　风险

不确定性对目标的影响。

注1：影响是指偏离预期，可以使正面的和/或负面的。

注2：目标可是不同方面（如财务、健康与安全、环境等）和层面（如战略、组织、项目、产品和过程等）的目标。

注3：通常用潜在事件、后果或者两者的组合来区分风险。

注4：通常用事件后果（包括情形的变化）和事件发生的可能性的组合来表示风险。

注5：不确定性是指对事件及其后果或可能性的信息缺失或了解片面的状态。

3.1　风险管理

在风险方面，指导和控制组织的协调活动。

4.4.1　风险评估

包括风险识别、风险分析和风险评价的全过程。

4.5.1　风险识别

发现、确认和描述风险的过程。

注1：风险识别包括对风险源、事件及其原因和潜在后果的识别。

注2：风险识别可能涉及历史数据、理论分析、专家意见以及利益相关者的需求。

4.6.1　风险分析

理解风险性质、确定风险等级的过程。

注1：风险分析是风险评价和风险应对决策的基础。

注2：风险分析包括风险估计。

4.7.1　风险评价

对比风险分析结果和风险准则，以确定风险和/或其大小是否可以接受或容忍的过程。

注：风险评价有助风险应对决策。

（2）全面开展安全风险识别。

针对本单位类型和特点，生产经营单位应针对本单位生产经营内容和特点，制定科学的安全风险辨识程序和方法，全面开展安全风险识别。生产经营单位要组织专家和全体员工，采取安全绩效奖惩等有效措施，全方位、全过程辨识生产工艺、设备设施、作业环境、人员行为和管理体系等方面存在的安全风险，做到系统、全面、无遗漏，并持续更新完善。

项目法人单位作为工程建设的组织者，应在开工前组织各参建单位对工程建设过程中的安全风险进行辨识。在建设过程中，按规定对识别出的风险进行管控，并对各参建单位此项工作开展情况进行监督检查。风险识别流程见图 5-1。

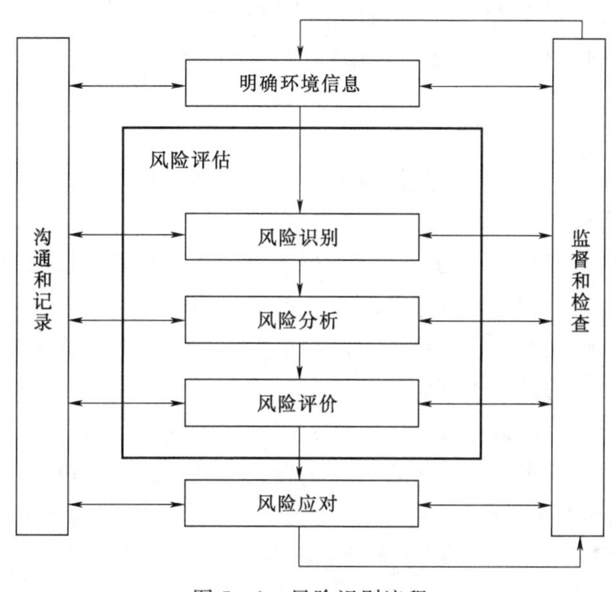

图 5-1　风险识别流程

（3）科学评定安全风险等级。

生产经营单位应结合工作实际，对识别出的安全风险进行分类梳理，参照 GB 6441—1986《企业职工伤亡事故分类》，综合考虑起因物、引起事故的诱导性原因、致害物、伤害方式等，确定安全风险类别。对不同类别的安全风险，采用相应的风险评价方法确定安全风险等级。安全风险评估过程要突出遏制重特大事故，高度关注暴露人群，聚焦重大危险源、劳动密集型场所、高危作业工序和受影响的人群规模。安全风险等级从高到低划分为重大风险、较大风险、一般风险和低风险，分别用红、橙、黄、蓝四种颜色标示。其中，重大安全风险应填写清单、汇总造册，按照职责范围报告属地负有安全生产监督管理职责的部门。要依据安全风险类别和等级建立企业安全风险数据库，绘制企业“红橙黄蓝”四色安全风险空间分布图。

（4）工作基本步骤。

风险识别、评价和控制的基本步骤如下：

1）单元划分。

根据作业场所、工艺、设施的不同，编制作业活动表，内容包括厂址、总图运输、建构筑物、工艺流程、设备运行、作业人员、作业环境和安全管理等，科学划分作业单元。对于建筑工程的分部分项工程甚至是单元（工序）工程，划分出所有包括的工序操作和管理活动，并收集相关信息，主要包括：①工程周边环境资料；②工程勘察和设计文件；③施工组织设计（方案）等技术文件；④现场勘查资料。

对于建筑工程的风险因素分解，应考虑自然环境、工程地质和水文地质、工程自身特点、周边环境以及工程管理等方面的主要内容：①自然环境因素：台风、暴雨、冬期施工、夏季高温、汛期雨季等；②工程地质和水文地质因素：触变性软土、流沙层、浅层滞水、（微）承压水、地下障碍物、沼气层、断层、破碎带等；③周边环境因素：城市道路、地下管线、轨道交通、周边建筑物（构筑物）、周边河流及防汛墙等；④施工机械设备等方面的因素；⑤建筑材料与构配件等方面的因素；⑥施工技术方案和施工工艺的因素；⑦施工管理因素。

2）风险识别。

风险识别是发现、列举和描述风险要素的过程。风险识别过程包括对风险源、风险事件及其原因和潜在后果的识别。

风险识别的方法包括：①基于证据的方法，例如检查表法以及对历史数据的评审；②系统性的团队方法，例如一个专家团队遵循系统化的过程，通过一套结构化的提示或问题来识别风险；③归纳推理技术，例如危险和可操作性分析方法等。

对于建设工程项目的风险识别，应符合以下要求：

风险识别与分析可从建设工程项目工作分解结构开始，运用风险识别方法对建设工程的风险事件及其因素进行识别与分析，建立工程项目风险因素清单。风险识别与分析流程见图 5-2，并应符合以下要求：

在建设工程项目每个阶段的关键节点都应结合具体的设计工况、施工条件、周围环境、施工队伍、施工机械性能等实际状况对风险因素进行再识别，动态分析建设工程项目的具体风险因素。

风险再识别的依据主要是上一阶段的风险识别及风险处理的结果，包括已有风险清单、已有风险监测结果和对已处理风险的跟踪。风险再识别的过程本质上是对建设工程项目新增风险因素的识别过程，也是风险识别的循环过程。

3）风险分析。

风险分析是要增进对风险的理解。它为风险评价、决定风险是否需要应对以及最适当的应对策略和方法提供信息支持。包括控制措施评估、后果分析、可能性分析、初步分析、不确定性和敏感性分析。

风险识别与分析方法应根据工作（工程）特点、评估要求和工作（工程）风险类型选择，一般可采用以下三类方法：①定性分析方法，如专家调查法；②定量分析方法，如故障树分析法；③综合分析方法，即定性分析和定量分析相结合。

4）风险评价。

风险评价包括将风险分析的结果与预先设定的风险准则相比较，或者在各种风险的分析结果之间进行比较，确定风险的等级。

风险损失等级包括直接经济损失等级、周边环境影响损失等级以及人员伤亡等级，当

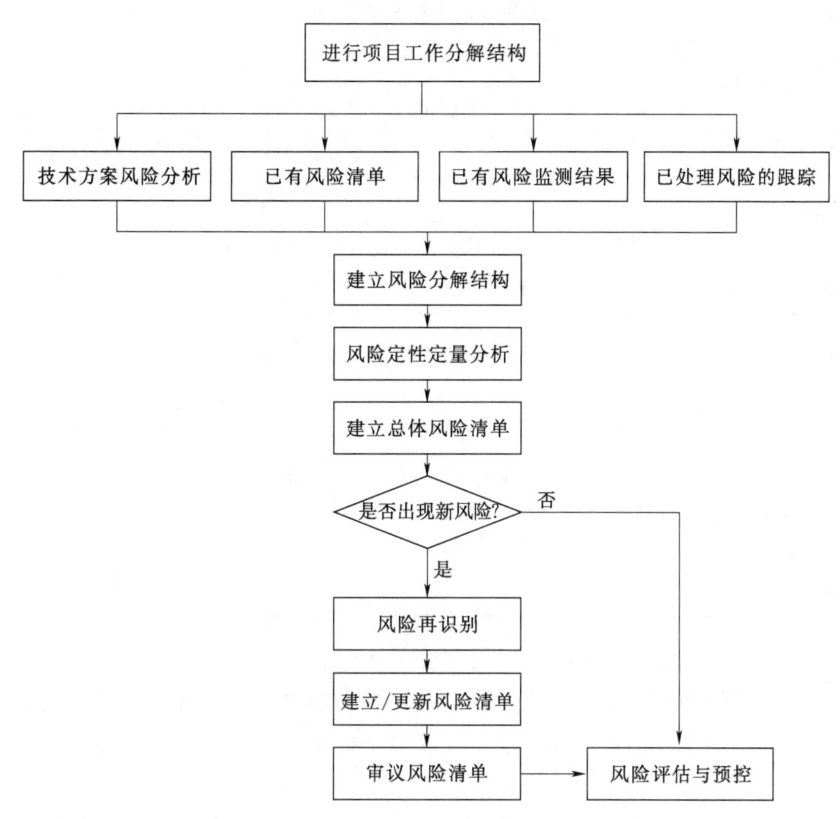

图 5-2　风险识别与分析流程图

三者同时存在时，以较高的等级作为该风险事件的损失等级。

风险事件的风险等级由风险发生概率等级和风险损失等级间的关系矩阵确定。

①概率等级。风险事件发生概率描述及等级标准应符合表 5-1 的规定。

表 5-1　　风险事件发生概率描述及其等级

描　　述	等　　级	发生概率区间
非常可能	1 级	$0.1 \leqslant P \leqslant 1$
可能	2 级	$0.01 \leqslant P < 0.1$
偶尔	3 级	$0.001 \leqslant P < 0.01$
不太可能	4 级	$0 \leqslant P < 0.001$

②损失等级。风险事件等级标准应分别符合表 5-2、表 5-3、表 5-4 的规定。

表 5-2　　直接经济损失等级

损失等级	1 级	2 级	3 级	4 级
经济损失/万元	$EL \geqslant 10000$	$5000 \leqslant EL < 10000$	$1000 \leqslant EL < 5000$	$EL < 1000$
注：EL＝经济损失；参考《生产安全事故报告和调查处理条例》（国务院令第 493 号，2007 年 6 月 1 日）。				

表 5-3　周边环境影响损失等级

损失等级	涉及范围	影响程度描述
1级	很大	周边环境发生严重污染或破坏
2级	大	周边环境发生较重污染或破坏
3级	一般	周边环境发生轻度污染或破坏
4级	很小	周边环境发生少量污染或破坏
注：周边环境指自然环境、周边场地及邻近建（构）筑物、市政设施等。		

表 5-4　人员伤亡等级

损失等级	1级	2级	3级	4级
人员伤亡	造成30人以上死亡，或者100人以上重伤（包括急性工业中毒，“以上”包括本数，“以下”不包括本数，下同）	造成10人以上30人以下死亡，或者50人以上100人以下重伤	造成3人以上10人以下死亡，或者10人以上50人以下重伤	造成3人以下死亡，或者10人以下重伤

③安全风险。安全风险等级从高到低划分为4级：

一级：重大风险/红色风险，评估属不可容许的危险；必须建立管控档案，明确不可容许的危险内容及可能触发事故的因素，采取安全措施，并制定应急措施；当风险涉及正在进行中的作业时，应暂停作业。

二级：较大风险/橙色风险，评估属高度危险；必须建立管控档案，明确高度危险内容及可能触发事故的因素，采取安全措施；当风险涉及正在进行中的作业时，应采取应急措施。

三级：一般风险/黄色风险，评估属中度危险；必须明确中度危险内容及可能触发事故的因素，综合考虑伤害的可能性并采取安全措施，完成控制管理。

四级：低风险/蓝色风险，评估属轻度危险和可容许的危险；需要跟踪监控，综合考虑伤害的可能性并采取安全措施，完成控制管理。

通过风险概率和风险损失得到风险等级应符合表5-5的规定。

表 5-5　风险等级矩阵表

风险等级		损失等级			
		1	2	3	4
概率等级	1	Ⅰ级	Ⅰ级	Ⅱ级	Ⅱ级
	2	Ⅰ级	Ⅱ级	Ⅱ级	Ⅲ级
	3	Ⅱ级	Ⅱ级	Ⅲ级	Ⅲ级
	4	Ⅱ级	Ⅲ级	Ⅲ级	Ⅳ级

④风险接受准则。风险接受准则与风险等级的划分应对应，不同风险等级的风险接受准则不同，应符合表5-6的规定。

表 5-6　　风险等级描述及接受准则

风险等级	风险描述	接受准则
Ⅰ级	风险最高，风险后果是灾难性的，并造成恶劣的社会影响和政治影响	完全不可接受，应立即排除
Ⅱ级	风险较高，风险后果很严重，可能在较大范围内造成破坏或有人员伤亡	不可接受，应立即采取有效的控制措施
Ⅲ级	风险一般，风险后果一般，对工程可能造成破坏的范围较小	允许在一定条件下发生，但必须对其进行监控并避免其风险升级
Ⅳ级	风险较低，风险后果在一定条件下可忽略，对工程本身以及人员等不会造成较大损失	可接受，但应尽量保持当前风险水平和状态

5）风险控制。针对不可容许的危险、高度危险、中度危险和轻度危险，制定控制措施，评审控制措施的合理性、充分性、适宜性，确认是否足以把风险控制在可容许的范围，确认采取的控制措施是否产生新的风险。

（5）风险评估工作架构。

风险评估和控制以生产经营单位自主开展为主，成立由生产经营单位主要负责人任组长、技术负责人和安全管理人员参加的工作组，按照上述基本步骤实施，并形成书面报告，由企业主要负责人审核签字。自主开展有困难的企业，可以聘请第三方专业服务机构或者有关专家指导。

（6）风险评估和控制报告。

风险评估和控制报告的内容应包括但不限于以下几个方面：

1）企业概况。

2）作业活动表。

3）风险点。

4）潜在事故类别及后果。

5）风险等级。

6）现有风险控制措施。

7）根据评估结果所采取的措施。

8）评估人员、审核人员、日期等。

〖**文件及记录**〗

（1）以正式文件发布的安全风险管理制度。

（2）风险辨识台账。

（3）风险清单，含风险源（点）、潜在事件、可能导致的事故类型、风险分级和风险标识、主要防范措施和工作依据。

（4）风险评估报告。

5.1.4　根据评估结果，确定安全风险等级，实施分级分类差异化动态管理，制定并落实相应的安全风险控制措施（包括工程技术措施、管理控制措施、个体防护措施等），对安全风险进行控制。

5.1.5 将评估结果及所采取的控制措施告知从业人员，使其熟悉工作岗位和作业环境中存在的安全风险。

〖工作依据〗

《国务院安委会办公室关于印发标本兼治遏制重特大事故工作指南的通知》（安委办〔2016〕3号）；

《国务院安委会办公室关于实施遏制重特大事故工作指南构建双重预防机制的意见》（安委办〔2016〕11号）；

GB/T 27921—2011《风险管理风险评估技术》。

〖工作要点〗

（1）有效管控安全风险。

生产经营单位要根据风险评估的结果，针对安全风险特点，从组织、制度、技术、应急等方面对安全风险进行有效管控，应依次按照工程控制措施、安全管理措施、个体防护措施以及应急处置措施等4个逻辑顺序，对每一个风险点制定精准的风险控制措施。要通过隔离危险源、采取技术手段、实施个体防护、设置监控设施等措施，达到回避、降低和监测风险的目的。要对安全风险分级、分层、分类、分专业进行管理，逐一落实企业、车间、班组和岗位的管控责任，尤其要强化对重大危险源和存在重大安全风险的生产经营系统、生产区域、岗位的重点管控。要高度关注运营状况和危险源变化后的风险状况，动态评估、调整风险等级和管控措施，确保安全风险始终处于受控范围内。

（2）实施安全风险公告警示。

生产经营单位要建立完善安全风险公告制度，并加强风险教育和技能培训，确保管理层和每名员工都掌握安全风险的基本情况及防范、应急措施。要在醒目位置和重点区域分别设置安全风险公告栏，制作岗位安全风险告知卡，标明主要安全风险、可能引发事故隐患类别、事故后果、管控措施、应急措施及报告方式等内容。对存在重大安全风险的工作场所和岗位，要设置明显警示标志，并强化危险源监测和预警。

〖文件及记录〗

（1）风险动态管理记录（包括工程技术措施、管理控制措施、个体防护措施等）。

（2）风险告知记录。

5.1.6 变更管理制度应明确组织机构、施工人员、施工方案、设备设施、作业过程及环境发生变化时的审批程序及相关要求。

5.1.7 变更前，应对变更过程及变更后可能产生的风险进行分析，制定控制措施，履行审批及验收程序，并告知和培训相关从业人员。

〖工作依据〗

GB/T 33000—2016《企业安全生产标准化基本规范》；

SL 721—2015《水利水电工程施工安全管理导则》。

〖工作要点〗

（1）此评审要素中所涉及的变更内容包括施工单位、水管单位的管理组织机构、施工人员、设备设施、作业过程及环境，经过审批的施工方案发生变化等情况。变更实施前应根据工程承包合同约定，履行变更手续，未经允许不得擅自变更。

(2) 由于施工方案、设备设施、作业过程及环境、设计等原因引起的变更，应重新制定相应的施工方案及措施，方案中包含或单独针对变更可能产生的风险进行辨识、评价工作。作业前应向作业人员进行专门交底；变更完工后，应按合同约定或标准规范要求履行验收手续。

〖**文件及记录**〗

(1) 组织机构、施工人员、施工方案、设备设施、作业过程及环境等变更申报、审批资料。

(2) 变更项目风险辨识资料。

(3) 变更项目实施方案及审批资料。

(4) 变更项目实施方案交底记录。

(5) 变更项目验收记录。

二、重大危险源辨识和管理

《中华人民共和国安全生产法》对重大危险源进行了定义，GB 18218—2009《危险化学品重大危险源辨识》对危险化学品辨识提供了方法；SL 721—2015 对水利水电施工重大危险源进行定义，并对水利水电施工重大危险源辨识范围进行了明确，对危险源与重大危险源界限进行了规定，同时对重大危险源分级提供了依据。

各单位在开展重大危险源辨识工作时，应首先按照《中华人民共和国安全生产法》和 GB 18218—2009 的定义开展辨识，确定是否存在重大危险源，如果存在重大危险源，如部分水利工地存在炸药库、液氨等，且超过规定的临界量，那么应按照国家有关规定将本单位重大危险源及有关安全措施、应急措施报有关地方人民政府安全生产监督管理部门和有关部门备案。其次，生产经营单位还应按 SL 721—2015 的规定，开展水利水电工程施工重大危险源辨识工作。在 SL 721—2015 第 11.3.1 条规定范围内的，首先确定为危险源，达到规定规模等级的，确定为重大危险源，不在范围内的，一般不作为危险源。

～～～～～～～～～～～～～～～～项目法人～～～～～～～～～～～～～～～～

5.2.1 开工前，组织参建单位共同研究制定项目重大危险源管理制度，明确重大危险源辨识、评价和控制的职责、方法、范围、流程等要求。监督检查参建单位开展此项工作（项目法人）。

5.2.2 开工前，组织参建单位进行重大危险源辨识，并确定危险等级。报请项目主管部门组织对辨识出的重大危险源进行安全评估，并形成评估报告。将重大危险源辨识和安全评估的结果印发各参建单位，并报项目主管部门和有关部门备案（项目法人）。

～～～～～～～～～～～～～～～～施工企业～～～～～～～～～～～～～～～～

5.2.1 重大危险源管理制度应明确重大危险源辨识、评价和控制的职责、方法、范围、流程等要求（施工企业）。

5.2.2 开工前，进行重大危险源辨识、评估，确定危险等级，并将辨识、评估成果及时报监理单位和项目法人（施工企业）。

～～～～～～～～～～～～～～～～水管单位～～～～～～～～～～～～～～～～

5.2.1 重大危险源管理制度应明确重大危险源辨识、评价和控制的职责、方法、范围、流程等要求（水管单位）。

5.2.2 对本单位的装置、设施或场所进行重大危险源辨识，对确认的重大危险源应进行安全评估，确定等级，制定管理措施和应急预案（水管单位）。

〖工作依据〗

《中华人民共和国安全生产法》（主席令第十三号）；

《危险化学品重大危险源监督管理暂行规定》（安监总局令第40号）；

GB 18218—2009《危险化学品重大危险源辨识》；

SL 721—2015《水利水电工程施工安全管理导则》。

〖工作要点〗

（1）重大危险源管理制度。

重大危险源管理制度应明确重大危险源辨识、评价和控制的职责、方法、范围、流程等要求。

SL 721—2015中对项目法人、施工企业重大危险源管理工作规定：

11.3.3 项目法人应在开工前，组织各参建单位共同研究制订项目重大危险源管理制度，明确重大危险源辨识、评价和控制的职责、方法、范围、流程等要求。

施工单位应根据项目重大危险源管理制度制订相应管理办法，并报监理单位、项目法人备案。

（2）重大危险源的定义。

《中华人民共和国安全生产法》规定，危险物品是指易燃易爆物品、危险化学品、放射性物品等能够危及人身安全和财产安全的物品。重大危险源是指长期地或者临时地生产、搬运、使用或者储存危险物品，且危险物品的数量等于或者超过临界量的单元（包括场所和设施）。

GB 18218—2009中规定，危险化学品重大危险源是指长期地或临时地生产、加工、使用或储存危险化学品，且危险化学品的数量等于或超过临界量的单元。

SL 721—2015规定，危险源（hazards）是指可能导致人身伤害、健康损害、财产损失、环境破坏或这些情况组合的根源或状态；重大危险源（severe hazards）是指可能导致人员死亡、严重伤害、财产严重损失、环境严重破坏或这些情况组合的根源或状态。

（3）重大危险源辨识。

1）存在问题。

目前生产经营单位在重大危险源辨识过程中存在问题主要有：

①隐患和危险源概念混淆，提供的危险源清单实际为隐患清单。

②危险源辨识范围不准确，不少单位将办公用品，如扫描仪、打印机等列入危险源清单。

③危险源和重大危险源，重大危险源分级不规范。水利水电施工重大危险源规模的界定不熟悉，标准不统一、不规范；有的单位将重大危险源级别分为A、B、C、D、E五级，有的单位分为1、2、3、4、5五级等，均不符合规范要求。

④辨识、评价过程缺失。有的只提供了重大危险源登记清单，没有辨识过程资料作为

支撑。

⑤无总体评价，辨识不全面。部分单位未按要求开展总体评价，未对危险源情况进行总体的梳理和辨识，工作没有目标、随意性较大。

⑥未开展动态辨识、控制。

⑦部分单位重大危险源辨识显示无重大危险源，多数不符合实际。

2）辨识依据。

GB 18218—2009 和 SL 721—2015 分别规定了危险化学品重大危险源和水利水电工程施工重大危险源的辨识范围和规模（临界量）。

在 SL 721—2015 中，对重大危险源辨识的范围规定：

11.3.1 水利水电施工的重大危险源应主要从以下几方面考虑：

1 高边坡作业：

1）土方边坡高度大于 30m 或地质缺陷部位的开挖作业；

2）石方边坡高度大于 50m 或滑坡地段的开挖作业。

2 深基坑工程：

1）开挖深度超过 3m（含 3m）的深基坑作业；

2）开挖深度虽未超过 3m，但地质条件、周围环境和地下管线复杂，或影响毗邻建筑（构筑）物安全的深基坑作业。

3 洞挖工程：

1）断面大于 $20m^2$ 或单洞长度大于 50m 以及地质缺陷部位开挖；

2）不能及时支护的部位；地应力大于 20MPa 或大于岩石强度的 1/5 或埋深大于 500m 部位的作业；

3）洞室临近相互贯通时的作业；当某一工作面爆破作业时，相邻洞室的施工作业。

4 模板工程及支撑体系：

1）工具式模板工程：包括滑模、爬模、飞模工程；

2）混凝土模板支撑工程：搭设高度 5m 及以上；搭设跨度 10m 及以上；施工总荷载 $10kN/m^2$ 及以上；集中线荷载 15kN/m 及以上；

3）承重支撑体系：用于钢结构安装等满堂支撑体系。

5 起重吊装及安装拆卸工程：

1）采用非常规起重设备、方法，且单件起吊重量在 10kN 及以上的起重吊装工程；

2）采用起重机械进行安装的工程；

3）起重机械设备自身的安装、拆卸作业。

6 脚手架工程：

1）搭设高度 24m 以上的落地式钢管脚手架工程；

2）附着式整体和分片提升脚手架工程；

3）悬挑式脚手架工程；

4）吊篮脚手架工程；

5）自制卸料平台、移动操作平台工程；

6）新型及异型脚手架工程。

7　拆除、爆破工程：

1）围堰拆除作业；爆破拆除作业；

2）可能影响行人、交通、电力设施、通信设施或其他建、构筑物安全的拆除作业；

3）文物保护建筑、优秀历史建筑或历史文化风貌区控制范围的拆除作业。

8　储存、生产和供给易燃易爆、危险品的设施、设备及易燃易爆、危险品的储运，主要分布于工程项目的施工场所：

1）油库（储量：汽油20t及以上；柴油50t及以上）；

2）炸药库（储量：炸药1t）；

3）压力容器（P_{max}不小于0.1MPa和V不小于100m^3）；

4）锅炉（额定蒸发量1.0t/h及以上）；

5）重件、超大件运输。

9　重大聚会、人员集中区域及突发事件：

1）重大聚会、人员集中区域（场所、设施）的活动；

2）居住区、办公区、重要设施、重要场所的火灾事件；地质性放射物质群体性危害；

3）突发的群体性中毒、流行性传染疾病事件等。

10　其他：

1）开挖深度超过16m的人工挖孔桩工程；

2）地下暗挖、顶管作业、水下作业工程；

3）采用新技术、新工艺、新材料、新设备及尚无相关技术标准的危险性较大的单项工程；

4）其他特殊情况下可能造成生产安全事故的作业活动、大型设备、设施和场所等。

11.3.4　施工单位应在开工前，对施工现场危险设施或场所组织进行重大危险源辨识，并将辨识成果及时报监理单位和项目法人。

11.3.5　项目法人应在开工前，组织参建单位对本项目危险设施或场所进行重大危险源辨识，并确定危险等级。

3）重大危险源分级、评估与备案。

SL 721—2015规定，水利水电工程施工重大危险源应按发生事故的后果分为下列四级：

1　可能造成特别重大安全事故的危险源为一级重大危险源；

2　可能造成重大安全事故的危险源为二级重大危险源；

3　可能造成较大安全事故的危险源为三级重大危险源；

4　可能造成一般安全事故的危险源为四级重大危险源。

11.3.6　项目法人应报请项目主管部门组织专家组或委托具有相应安全评价资质的中介机构，对辨识出的重大危险源进行安全评估，并形成评估报告。

11.3.7　安全评估报告应包括下列内容：

1　安全评估的主要依据；

2　重大危险源的基本情况；

3　危险、有害因素的辨识与分析；

4　发生事故的可能性、类型及严重程度；

5　可能影响的周边单位和人员；

6　重大危险源等级评估；

7　安全管理和技术措施；

8　评估结论与建议等。

11.3.8　项目法人应将重大危险源辨识和安全评估的结果印发各参建单位，并报项目主管部门、安全生产监督机构及有关部门备案。

〖文件及记录〗

（1）以正式文件发布的重大危险源管理制度。

（2）重大危险源辨识记录、登记台账。

（3）重大危险源辨识总体评价报告。

～～～～～～～～～～～～～～～～项目法人～～～～～～～～～～～～～～～～

5.2.3　监督检查参建单位针对重大危险源制定防控措施，登记建档。组织相关参建单位对重大危险源防控措施落实情况进行验收（项目法人）。

5.2.4　监督检查参建单位明确重大危险源管理的责任部门和责任人，对重大危险源的安全状况进行定期检查、评估和监控，并做好记录（项目法人）。

～～～～～～～～～～～～～～～～施工企业～～～～～～～～～～～～～～～～

5.2.3　针对重大危险源制定防控措施，明确责任部门和责任人，并登记建档（施工企业）。

5.2.4　按照国家有关规定，定期对重大危险源的安全设施和安全监测监控系统进行检测、检验，并进行经常性维护、保养，保证安全设施和安全监测监控系统有效、可靠运行。维护、保养、检测应当做好记录，并由有关人员签字（施工企业）。

～～～～～～～～～～～～～～～～水管单位～～～～～～～～～～～～～～～～

5.2.3　对重大危险源进行登记建档，并按规定进行备案（水管单位）。

5.2.4　对重大危险源采取措施进行监控，包括技术措施（设计、建设、运行、维护、检查、检验等）和组织措施（职责明确、人员培训、防护器具配置、作业要求等）（水管单位）。

〖工作依据〗

《中华人民共和国安全生产法》（主席令第十三号）；

SL 721—2015《水利水电工程施工安全管理导则》；

〖工作要点〗

（1）落实防控措施。

重大危险源的安全管理，重点突出一个“防”字，生产经营单位应针对辨识出的重大危险源通过技术措施、管理措施等加强预防，防范事故的发生。通常采取以下措施：

1）制定重大危险源管理方案、施工技术方案、安全措施并组织实施，实施完成后及时进行验收。

2）指定责任人，并定期开展检查工作，并留存检查记录。

3）针对辨识出的重大危险源，分类制定重大危险源事故应急预案，建立应急救援组织或配备应急救援人员。

SL 721—2015 中对相关参建单位的重大危险源管理做出以下规定：

11.3.9 项目法人、施工单位应针对重大危险源制订防控措施，并应登记建档。

项目法人或监理单位应组织相关参建单位对重大危险源防控措施进行验收。

11.4.2 施工单位应按照国家有关规定，定期对重大危险源的安全设施和安全监测监控系统进行检测、检验，并进行经常性维护、保养，保证安全设施和安全监测监控系统有效、可靠运行。维护、保养、检测应做好记录，并由有关人员签字。

11.4.3 各参建单位应明确重大危险源管理的责任部门和责任人，并对重大危险源的安全状况进行定期检查，及时采取措施消除事故隐患。事故隐患难以立即排除的，应及时制定治理方案，落实整改措施、责任、资金、时限和预案。

《危险化学品重大危险源监督管理暂行规定》对危险化学品重大危险源的管理做出以下规定：

第十五条 危险化学品单位应当按照国家有关规定，定期对重大危险源的安全设施和安全监测监控系统进行检测、检验，并进行经常性维护、保养，保证重大危险源的安全设施和安全监测监控系统有效、可靠运行。维护、保养、检测应当做好记录，并由有关人员签字。

第十六条 危险化学品单位应当明确重大危险源中关键装置、重点部位的责任人或者责任机构，并对重大危险源的安全生产状况进行定期检查，及时采取措施消除事故隐患。事故隐患难以立即排除的，应当及时制定治理方案，落实整改措施、责任、资金、时限和预案。

（2）登记建档。

对重大危险源登记建档的目的是为了对重大危险源的情况有一个总体的掌握，做到心中有数，便于采取进一步的措施。登记的内容包括：重大危险源的名称、地点、性质、可能造成的危害等。登记建档应当注意保证档案的完整性、连贯性。《中华人民共和国安全生产法》第三十条，对此做出了规定：

生产经营单位对重大危险源应当登记建档，进行定期检测、评估、监控，并制订应急预案，告知从业人员和相关人员在紧急情况下应当采取的应急措施。

SL 721—2015 中给出了关于重大危险源管理的相关工作表式，如《重大危险源辨识、分级评价表》（表 E.0.3－68）、《重大危险源识别与评价汇总表》（表 E.0.3－69）、《危险源（点）监控管理表》（表 E.0.3－70）、《重大危险源监控记录汇总表》（表 E.0.3－71）等。

〖**文件及记录**〗

（1）重大危险源登记建档及台账。

（2）项目法人单位应提供对参建单位重大危险源检查、评估和监控的检查记录。

（3）施工企业对重大危险源的安全设施和安全监测监控系统检测、检验、维护记录。

（4）水管单位应提供对重大危险源的监控措施及落实记录。

～～～～～～～～～～～～～～～～～～项目法人～～～～～～～～～～～～～～～～～～

5.2.5 将重大危险源可能发生的事故后果和应急措施等信息，以适当方式告知可能受影响的单位、区域及人员。监督检查参建单位开展此项工作（项目法人）。

5.2.6　组织对重大危险源的管理人员进行培训，使其了解重大危险源的危险特性，熟悉重大危险源安全管理规章制度及应急措施（项目法人）。

5.2.7　监督检查参建单位在重大危险源现场设置明显的安全警示标志和警示牌（项目法人）。

5.2.8　组织制定重大危险源事故应急预案，建立应急救援组织或配备应急救援人员、必要的防护装备及应急救援器材、设备、物资，并保障其完好和方便使用（项目法人）。

5.2.9　监督检查参建单位对重大危险源进行动态管理（项目法人）。

～～～～～～～～～～～～施工企业、水管单位～～～～～～～～～～～～～

5.2.5　对重大危险源的管理人员进行培训，使其了解重大危险源的危险特性，熟悉重大危险源安全管理规章制度，掌握安全操作技能和应急措施（施工企业、水管单位）。

5.2.6　在重大危险源现场设置明显的安全警示标志和警示牌。警示牌内容应包括危险源名称、地点、责任人员、可能的事故类型、控制措施等（施工企业、水管单位）。

5.2.7　制定重大危险源事故应急预案，建立应急救援组织或配备应急救援人员、必要的防护装备及应急救援器材、设备、物资，并保障其完好和方便使用（施工企业、水管单位）。

5.2.8　根据施工进展加强重大危险源的日常监督检查，对危险源实施动态的辨识、评价和控制（施工企业、水管单位）。

5.2.9　按规定将重大危险源向主管部门备案（施工企业、水管单位）。

〖工作依据〗

《中华人民共和国安全生产法》（主席令第十三号）；

《危险化学品重大危险源监督管理暂行规定》（安监总局令第40号）；

SL 721—2015《水利水电工程施工安全管理导则》。

〖工作要点〗

（1）对重大危险源管理人员应进行培训。

对重大危险源管理人员进行相关的业务培训，使其了解重大危险源的危险特性，熟悉重大危险源安全管理规章制度，掌握安全操作技能和应急措施，可以有效防范重大危险源引发的生产安全事故。生产经营单位应将重大危险源教育培训工作纳入单位的教育培训计划之中。

（2）重大危险区域设置安全警示标志和警示牌。

在重大危险区域设置安全警示标志和警示牌，是为了有效提醒相关人员，在接近或进入该区域时需要注意的事项和需采取的防范措施，增强人们的防范意识，减少生产安全事故的发生，对于设置警示标志和警示牌，相关法规、技术标准做了以下规定。

《中华人民共和国安全生产法》第三十二条规定，生产经营单位应当在有较大危险因素的生产经营场所和有关设施、设备上，设置明显的安全警示标志。

SL 721—2015第11.4.5条规定（水管单位可参照执行），施工单位应在重大危险源现场设置明显的安全警示标志和警示牌。警示牌内容应包括危险源名称、地点、责任人员、可能的事故类型、控制措施等。

《危险化学品重大危险源监督管理暂行规定》第十八条规定，危险化学品单位应当在重大危险源所在场所设置明显的安全警示标志，写明紧急情况下的应急处置办法。

(3) 制订应急预案，落实保障措施。

在 SL 721—2015 中规定（水管单位可参照执行）：

11.4.6　项目法人、施工单位应组织制定建设项目重大危险源事故应急预案，建立应急救援组织或配备应急救援人员、必要的防护装备及应急救援器材、设备、物资，并保障其完好和方便使用。

11.4.7　项目法人应将重大危险源可能发生的事故后果和应急措施等信息，以适当方式告知可能受影响的单位、区域及人员。

11.4.8　对可能导致一般或较大安全事故的险情，项目法人、监理、施工等知情单位应按照项目管理权限立即报告项目主管部门、安全监督机构。

11.4.9　对可能导致重大安全事故的险情，项目法人、监理、施工等知情单位应按项目管理权限立即报告项目主管部门、安全监督机构和工程所在地人民政府，必要时可越级上报至水利部工程建设事故应急指挥部办公室。

对可能造成重大洪水灾害的险情，项目法人、监理、施工等知情单位应立即报告所在地防汛指挥部，必要时可越级上报至国家防汛抗旱总指挥部办公室。

11.4.10　各参建单位应根据施工进展加强重大危险源的日常监督检查，对危险源实施动态的辨识、评价和控制。

(4) 加强监督检查，实施动态管理。

在 SL 721—2015 中规定（水管单位可参照执行）：

11.4.10　各参建单位应根据施工进展加强重大危险源的日常监督检查，对危险源实施动态的辨识、评价和控制。

重大危险源应是日常监督检查的重点。重大危险源通常会随着工程进展发生变化，如达到一定规模的基坑支护和降水工程为重大危险源，随着后期土方回填达到相应高程后，该重大危险源会随之消失，应予销号。脚手架及模板工程随着脚手架及模板拆除后，也应随之销号，所以说重大危险源是动态的，是随着工程进展不断变化更新的。

(5) 按规定进行备案和告知。

《中华人民共和国安全生产法》第三十七条规定，生产经营单位应当按照国家有关规定将本单位重大危险源及有关安全措施、应急措施报有关地方人民政府安全生产监督管理部门和有关部门备案。这样规定主要是考虑到安全生产工作的重点在于经营单位重大危险源的分布及具体危害情况，可以有针对性地采取措施，加强监督管理，经常性进行检查，防止生产安全事故的发生。同时了解生产经营单位重大危险源的情况、安全措施以及应急措施，也有利于安全生产监督管理部门和有关部门在发生生产安全事故时及时组织抢救，并为事故原因的处理提供方便。生产经营单位应当认真执行这一规定，及时备案。安全生产监督管理部门和有关部门应当建立、完善有关备案的工作制度和程序，方便有关部门和有关生产经营单位进行备案，管理好报备的有关材料，并做好对生产经营单位的监督工作。

《中华人民共和国安全生产法》第三十七条规定，生产经营单位对重大危险源应当登记建档，进行定期检测、评估、监控，并制订应急预案，告知从业人员和相关人员在紧急情况下应当采取的应急措施。有利于从业人员和相关人员对自身安全的保护，也有利于他们在紧急情况下采取正确的应急措施，防止事故扩大或者减少事故损失。这里讲的相关人员主要是指重大危险源发生事故时，可能受到损害的生产经营单位以外的人员，如工厂周围的居民等。

在 SL 721—2015 中规定：

11.3.4　施工单位应在开工前，对施工现场危险设施或场所组织进行重大危险源辨识，并将辨识成果及时报监理单位和项目法人。

11.3.8　项目法人应将重大危险源辨识和安全评估的结果印发各参建单位，并报项目主管部门、安全生产监督机构及有关部门备案。

〖文件及记录〗

（1）项目法人应提供。

1）重大危险源告知书。

2）重大危险源教育培训记录。

3）监督检查记录。

4）应急预案；应急救援队伍成立文件；应急救援器材、设备、物资、装备台账及维护记录。

5）对参建单位如监理、施工等单位的重大危险源动态管理情况。

（2）施工企业、水管单位应提供。

1）重大危险源教育培训记录。

2）警示标志牌管理台账，检查、维护记录等。

3）应急预案；应急救援队伍成立文件；应急救援器材、设备、物资、装备台账及维护记录。

4）重大危险源责任人的监督检查记录；重大危险源动态辨识、评价和控制记录。

5）备案申报及回执材料。

三、隐患排查与治理

《安全生产事故隐患排查治理暂行规定》规定，生产安全事故隐患是指生产经营单位违反安全生产法律、法规、规章、标准、规程和安全生产管理制度的规定，或者因其他因素在生产经营活动中存在可能导致事故发生的物的危险状态、人的不安全行为和管理上的缺陷。

生产经营单位要建立完善隐患排查治理制度，按规定开展事故隐患排查和治理工作，要建立事故隐患报告和举报奖励制度，鼓励广大职工发现和排查事故隐患。对于一般事故隐患，应当立即组织整改，并对整改情况进行复查；对于重大事故隐患，要制定治理方案，按规定审批后落实，要对治理情况进行验证和效果评估。生产经营单位要定期对隐患排查治理情况进行统计分析并上报，加强预测预警，建立预测预警体系。

隐患排查是安全管理工作的重要内容，如此项工作不能正常开展，对存在的隐患特别是重大事故隐患不能进行有效的排查和治理，极有可能导致事故发生。

当前，隐患排查工作主要存在以下三个方面问题：

一是隐患排查制度不完善，可操作性不强。制度中有关检查内容空洞、不具体、不全面，检查频次未作规定，对检查过程中发现的隐患如何处理不明确等。

二是检查记录不真实。检查结果均为合格，与工程现场实际不符，排查工作流于形式、走过场；部分检查表相关责任人未履行签字手续。

三是隐患排查治理工作未做到“闭环”。只有排查工作的记录，对排查中发现的事故隐患整改情况没有记录，复查工作没有记录。

～～～～～～～～～～～～～项目法人、施工企业～～～～～～～～～～～～～

5.3.1　事故隐患排查制度应包括隐患排查目的、内容、方法、频次和要求等（项目法人、施工企业）。

5.3.2　根据事故隐患排查制度开展事故隐患排查，排查前应制定排查方案，明确排查的目的、范围和方法；排查方式主要包括定期综合检查、专项检查、季节性检查、节假日检查和日常检查等；对排查出的事故隐患，应及时书面通知有关责任部门，定人、定时、定措施进行整改，并按照事故隐患的等级建立事故隐患信息台账。相关方排查出的隐患统一纳入本单位隐患管理。至少每两月自行组织一次安全生产综合检查（项目法人、施工企业）。

5.3.3　建立事故隐患报告和举报奖励制度，鼓励、发动职工发现和排除事故隐患，鼓励社会公众举报。对发现、排除和举报事故隐患的有功人员，应给予物质奖励和表彰（项目法人、施工企业）。

项目法人单位还应对参建单位本项工作开展情况进行监督检查。

～～～～～～～～～～～～～～～水管单位～～～～～～～～～～～～～～～

5.3.1　隐患排查治理制度应明确排查的责任部门和人员、范围、方法和要求等，逐级建立并落实从主要负责人到相关从业人员的事故隐患排查治理和防控责任制（水管单位）。

5.3.2　组织制定各类活动、场所、设备设施的隐患排查治理标准或排查清单，明确排查的时限、范围、内容、频次和要求，并组织开展相应的培训。隐患排查的范围应包括所有与生产经营相关的各类活动、场所、设备设施，以及相关方服务范围（水管单位）。

5.3.3　按照有关规定，结合安全生产的需要和特点，采用定期综合检查、专项检查、季节性检查、节假日检查和日常检查等方式进行隐患排查，对排查出的事故隐患，及时书面通知有关部门，定人、定时、定措施进行整改（水管单位）。

5.3.4　对隐患进行分析评价，确定隐患等级，并登记建档，包括将相关方排查出的隐患纳入本单位隐患管理（水管单位）。

〖工作依据〗

《中华人民共和国安全生产法》（主席令第十三号）；

《安全生产事故隐患排查治理暂行规定》（安监总局令第16号）；

《水利工程生产安全重大事故隐患判定标准（试行）》（水安监〔2017〕344号）；

《关于进一步加强水利生产安全事故隐患排查治理工作的意见》（水安监〔2017〕409号）；

SL 721—2015《水利水电工程施工安全管理导则》。

〖工作要点〗

(1) 制定事故隐患排查制度。

生产经营单位应科学、合理制定事故隐患排查制度，制度中应包括隐患排查的目的、内容、方法、频次和要求，应明确相关职能部门、项目部关于隐患排查工作职责。

《中华人民共和国安全生产法》第三十八条规定，生产经营单位应当建立健全生产安全事故隐患排查治理制度，采取技术、管理措施，及时发现并消除事故隐患。事故隐患排查治理情况应当如实记录，并向从业人员通报。

《安全生产事故隐患排查治理暂行规定》第四条也同样要求生产经营单位应当建立健全事故隐患排查治理制度。生产经营单位主要负责人对本单位事故隐患排查治理工作全面负责。

(2) 开展事故隐患排查。

《中华人民共和国安全生产法》第十八条规定，生产经营单位的主要负责人应督促、检查本单位的安全生产工作，及时消除生产安全事故隐患。

《安全生产事故隐患排查治理暂行规定》规定生产经营单位是事故隐患排查、治理和防控的责任主体。生产经营单位应当建立健全事故隐患排查治理和建档监控等制度，逐级建立并落实从主要负责人到每个从业人员的隐患排查治理和监控责任制。生产经营单位应当保证事故隐患排查治理所需的资金，建立资金使用专项制度。

按照事故隐患排查制度规定，生产经营单位应当保证事故隐患排查治理的资金，定期组织安全生产管理人员、工程技术人员和其他有关人员开展事故隐患排查工作。通过定期综合检查、专项检查、季节性检查、节假日检查、日常检查等方式，对所有与生产有关的场所、环境、人员、设备设施和活动进行检查。检查范围和所采取的检查方式要齐全，符合制度规定。检查记录应真实、详细，相关责任人签字齐全。

安全检查方式及主要内容一般包括：

1) 定期综合检查。以落实岗位安全责任制为重点、各个专业共同参与的全面检查。主要检查安全监督组织、安全思想、安全活动、安全规程、安全制度执行、安全生产目标实施的情况等。

2) 专项检查。主要是对锅炉、压力容器、电气设备、安全装备、监测仪器、危险品、运输车辆等分别进行的专业检查，以及在装置开、停机前，新装置竣工及试运转时期进行的专项安全检查。

3) 季节性检查。根据季节特点开展的专项检查。

4) 节假日检查。主要是节前对安全、保卫、消防、机械设备、安全设备设施、备品备件、应急预案等的检查。

5) 日常检查。包括现场安全规程执行情况、安全措施是否执行、安全工器具是否合格、作业人员是否符合要求、有无违章违规作业、检查现场安全情况等。

关于安全检查，在《中华人民共和国安全生产法》第四十三条规定：

生产经营单位的安全生产管理人员应当根据本单位的生产经营特点，对安全生产状况进行经常性检查；对检查中发现的安全问题，应当立即处理；不能处理的，应当及时报告本单位有关负责人，有关负责人应当及时处理。检查及处理情况应当如实记录在案。

《安全生产事故隐患排查治理暂行规定》中规定：

第十条　生产经营单位应当定期组织安全生产管理人员、工程技术人员和其他相关人员排查本单位的事故隐患。对排查出的事故隐患，应当按照事故隐患的等级进行登记，建立事故隐患信息档案，并按照职责分工实施监控治理。

第十二条　生产经营单位将生产经营项目、场所、设备发包、出租的，应当与承包、承租单位签订安全生产管理协议，并在协议中明确各方对事故隐患排查、治理和防控的管理职责。生产经营单位对承包、承租单位的事故隐患排查治理负有统一协调和监督管理的职责。

（3）隐患判定分级。

对于排查出来的事故隐患，生产经营单位要对其等级进行判定。按照《水利工程生产安全重大事故隐患判定标准（试行）》规定，生产经营单位存在重大事故隐患的，不得评定为安全生产标准化达标单位。

关于事故隐患的分级，在《安全生产事故隐患排查治理暂行规定》中规定，事故隐患分为一般事故隐患和重大事故隐患。一般事故隐患是指危害和整改难度较小，发现后能够立即整改排除的隐患。重大事故隐患是指危害和整改难度较大，应当全部或者局部停产停业，并经过一定时间整改治理方能排除的隐患，或者因外部因素影响致使生产经营单位自身难以排除的隐患。

在《水利工程生产安全重大事故隐患判定标准（试行）》规定：

1.4　水利工程生产安全重大事故隐患判定分为直接判定法和综合判定法，应先采用直接判定法，不能用直接判定法的，采用综合判定法判定。

2　判定要求

2.1　隐患判定应认真查阅有关文字、影像资料和会议记录，并进行现场核实。

2.2　对于涉及面较广、复杂程度较高的事故隐患，水利工程建设各参建单位和水利工程运行管理单位可进行集体讨论或专家技术论证。

2.3　集体讨论或专家技术论证在判定重大事故隐患的同时，应当明确重大事故隐患的治理措施、治理时限以及治理前应采取的防范措施。

3　水利工程建设项目重大隐患判定

3.1　直接判定。符合附件1《水利工程建设项目生产安全重大事故隐患直接判定清单（指南）》中的任何一条要素的，可判定为重大事故隐患。

3.2　综合判定。符合附件2《水利工程建设项目生产安全重大事故隐患综合判定清单（指南）》重大隐患判据的，可判定为重大事故隐患。

4　水利工程运行管理重大隐患判定

4.1　直接判定。符合附件3《水利工程运行管理生产安全重大事故隐患直接判定清单（指南）》中的任何一条要素的，可判定为重大事故隐患。

4.2　综合判定。符合附件4《水利工程运行管理生产安全重大事故隐患综合判定清单（指南）》重大隐患判据的，可判定为重大事故隐患。

（4）建立事故隐患信息台账及档案。

生产经营单位应建立事故隐患信息台账，根据SL 721—2015规定，主要包括《事故隐患排查记录表》（E.0.3－62）、《生产安全事故重大事故隐患排查报告表》（E.0.3－63）、《事故隐患排查记录汇总表》（E.0.3－64）、《事故隐患整改通知单》（E.0.3－65）、《事故隐患整改通知回复单》（E.0.3－66）、《生产安全事故隐患排查治理情况统计分析月报表》（E.0.3－67）等。关于事故隐患等级划分：

（5）建立隐患举报奖励机制。

鼓励广大职工积极参与隐患排查和治理工作，有助于提高全员安全生产意识，最大限度降低事故发生的可能性。

《安全生产事故隐患排查治理暂行规定》规定，生产经营单位应当建立事故隐患报告和举报奖励制度，鼓励、发动职工发现和排除事故隐患，鼓励社会公众举报。对发现、排除和举报事故隐患的有功人员，应当给予物质奖励和表彰。

（6）项目法人隐患排查治理。

项目法人单位除自行开展隐患排查工作之外，还应督促检查监理单位、施工单位等隐患排查开展的情况。要求监理单位、施工单位将隐患排查结果上报备案。

〖**文件及记录**〗

（1）以正式文件发布的隐患排查制度。

（2）隐患排查方案。

（3）事故隐患排查记录表。

（4）生产安全事故重大事故隐患排查报告表。

（5）事故隐患排查记录汇总表。

（6）事故隐患整改通知单。

（7）事故隐患整改通知回复单。

（8）生产安全事故隐患排查治理情况统计分析月报表。

（9）举报奖励机制。

（10）举报记录及奖励记录。

～～～～～～～～～～～～项目法人、施工企业～～～～～～～～～～～～

5.3.4　单位主要负责人组织制定重大事故隐患治理方案，经监理单位审核，报项目法人同意后实施。治理方案应包括下列内容：重大事故隐患描述；治理的目标和任务；采取的方法和措施；经费和物资的落实；负责治理的机构和人员；治理的时限和要求；安全措施和应急预案等（项目法人、施工企业）。

5.3.5　建立事故隐患治理和建档监控制度，逐级建立并落实隐患治理和监控责任制（项目法人、施工企业）。

5.3.6　一般事故隐患应立即组织整改（项目法人、施工企业）。

5.3.7　事故隐患整改到位前，应采取相应的安全防范措施，防止事故发生（项目法人、施工企业）。

5.3.8　重大事故隐患治理完成后，对治理情况进行验证和效果评估，经监理单位审核，报项目法人。一般事故隐患治理完成后，对治理情况进行复查，并在隐患整改通知单上签署明确意见（项目法人、施工企业）。

项目法人还应监督参建单位此项工作的开展情况。

～～～～～～～～～～～～～～～水管单位～～～～～～～～～～～～～～～

5.3.5 对于一般事故隐患应按照责任分工立即或限期组织整改。对于重大事故隐患，由主要负责人组织制定并实施事故隐患治理方案，治理方案应包括目标和任务、方法和措施、经费和物资、机构和人员、时限和要求，并制订应急预案。在事故隐患治理过程中，应当采取相应的监控防范措施。重大事故隐患排除前或排除过程中无法保证安全的，应从危险区域内撤出作业人员，疏散可能危及的人员，设置警戒标志，暂时停产停业或者停止使用相关装置、设备、设施（水管单位）。

5.3.6 隐患治理完成后，按规定对治理情况进行评估、验收。重大事故隐患治理工作结束后，应组织本单位的安全管理人员和有关技术人员进行验收或委托依法设立的为安全生产提供技术、管理服务的机构进行评估（水管单位）。

〖工作依据〗

《中华人民共和国安全生产法》（主席令第十三号）；

《安全生产事故隐患排查治理暂行规定》（安监总局令第16号）；

《水利工程生产安全重大事故隐患判定标准（试行）》（水安监〔2017〕344号）；

《关于进一步加强水利生产安全事故隐患排查治理工作的意见》（水安监〔2017〕409号）；

SL 721—2015《水利水电工程施工安全管理导则》。

〖工作要点〗

（1）隐患治理。

针对不同等级的事故隐患，应采取不同的处理方式。对于一般事故隐患，应立即组织整改。当然，整改过程务必保证安全；对于重大事故隐患应制定治理方案，并在整改到位前采取相应的安全防范措施，防止事故发生，重大事故隐患的治理、验收、评估和上报工作应符合《安全生产事故隐患排查治理暂行规定》要求。

《中华人民共和国安全生产法》第四十三条规定，生产经营单位的安全生产管理人员应当根据本单位的生产经营特点，对安全生产状况进行经常性检查；对检查中发现的安全问题，应当立即处理；不能处理的，应当及时报告本单位有关负责人，有关负责人应当及时处理。检查及处理情况应当如实记录在案。

生产经营单位的安全生产管理人员在检查中发现重大事故隐患，依照前款规定向本单位有关负责人报告，有关负责人不及时处理的，安全生产管理人员可以向主管的负有安全生产监督管理职责的部门报告，接到报告的部门应当依法及时处理。在《安全生产事故隐患排查治理暂行规定》和SL 721—2015中对事故隐患的整改做出了详细规定，在工作过程中应遵照执行。对于一般事故隐患，由生产经营单位负责人或者有关人员立即组织整改。对于重大事故隐患，由生产经营单位主要负责人组织制定并实施事故隐患治理方案。

生产经营单位在事故隐患治理过程中，应当采取相应的安全防范措施，防止事故发生。事故隐患排除前或者排除过程中无法保证安全的，应当从危险区域内撤出作业人员，并疏散可能危及的其他人员，设置警戒标志，暂时停产停业或者停止使用；对暂时难以停产或者停止使用的相关生产储存装置、设施、设备，应当加强维护和保养，防止事故发生。

（2）隐患治理情况验证和效果评估。

隐患治理工作要实行“闭环”管理。对于重大事故隐患，治理情况验证和效果评估还需经监理单位审核，报项目法人。对于一般隐患，要求对治理情况进行复查，并在隐患整改通知单上签署意见。

在SL 721—2015中对事故隐患整改情况的验证做出以下规定：

11.2.6 事故隐患治理完成后，项目法人应组织对重大事故隐患治理情进行验证和效果评估，并签署意见，报项目主管部门和安全生产监督机构备案；隐患排查组织单位负责对一般安全隐患治理情况进行复查，并在隐患整改通知单上签署明确意见。

〖文件及记录〗

（1）《生产安全事故重大事故隐患排查报告表》以及监理审核、项目法人审批记录。

（2）事故隐患治理和建档监控制度。

（3）《事故隐患整改通知单》。

（4）《事故隐患整改通知回复单》。

（5）重大事故隐患验证、效果评估资料；监理单位审核、报项目法人资料（施工企业）。

～～～～～～～～～～～～～项目法人、施工企业～～～～～～～～～～～～～

5.3.9 按月、季、年对隐患排查治理情况进行统计分析，形成书面报告，经单位主要负责人签字后，报项目法人，并向从业人员通报（项目法人、施工企业）。

5.3.10 地方人民政府或有关部门挂牌督办并责令全部或者局部停止施工的重大事故隐患，治理工作结束后，应组织本单位的技术人员和专家对治理情况进行评估。经治理后符合安全生产条件的，由项目法人向有关部门提出恢复施工的书面申请，经审查同意后，方可恢复施工（项目法人、施工企业）。

5.3.11 运用隐患自查、自改、自报信息系统，通过信息系统对隐患排查、报告、治理、销账等过程进行管理和统计分析，并按照有关要求报送隐患排查治理情况（项目法人、施工企业）。

项目法人单位应监督检查参建单位上述工作开展情况。

～～～～～～～～～～～～～～～～水管单位～～～～～～～～～～～～～～～～

5.3.7 对事故隐患排查治理情况如实记录，至少每月进行统计分析，及时将隐患排查治理情况向从业人员通报。应通过水利安全生产信息系统对隐患排查、报告、治理、销账等过程进行电子化管理和统计分析，并按照水行政主管部门和当地负有安全监管的职能部门要求，定期或实时报送隐患排查治理情况（水管单位）。

〖工作依据〗

《中华人民共和国安全生产法》（主席令第十三号）；

《安全生产事故隐患排查治理暂行规定》（安监总局令第16号）；

《水利安全生产信息报告和处置规则》（水安监〔2016〕220号）；

SL 721—2015《水利水电工程施工安全管理导则》。

〖工作要点〗

生产经营单位对事故隐患排查治理情况应实行“双报告”的制度，即向主管部门报告，向从业人员进行通报。

（1）隐患上报。

对于隐患报告的要求，在《安全生产事故隐患排查治理暂行规定》第十四条中规定：

生产经营单位应当每季、每年对本单位事故隐患排查治理情况进行统计分析，并分别于下一季度15日前和下一年1月31日前向安全监管监察部门和有关部门报送书面统计分析表。统计分析表应当由生产经营单位主要负责人签字。

对于重大事故隐患，生产经营单位除依照前款规定报送外，应当及时向安全监管监察部门和有关部门报告。重大事故隐患报告内容应当包括：

（一）隐患的现状及其产生原因；

（二）隐患的危害程度和整改难易程度分析；

（三）隐患的治理方案。

水利部印发的《水利安全生产信息报告和处置规则》对隐患信息报告的内容做出以下规定：

二、隐患信息

（一）隐患信息内容

隐患信息报告主要包括隐患基本信息、整改方案信息、整改进展信息、整改完成情况信息等四类信息。

1. 隐患基本信息包括隐患名称、隐患情况、隐患所在工程、隐患级别、隐患类型、排查单位、排查人员、排查日期等。

2. 整改方案信息包括治理目标和任务、安全防范应急预案、整改措施、整改责任单位、责任人、资金落实情况、计划完成日期等。

3. 整改进展信息包括阶段性整改进展情况、填报时间人员等。

4. 整改完成情况包括实际完成日期、治理责任单位验收情况、验收责任人等。

5. 隐患应按水库建设与运行、水电站建设与运行、农村水电站及配套电网建设与运行、水闸建设与运行、泵站建设与运行、堤防建设与运行、引调水建设与运行、灌溉排水工程建设与运行、淤地坝建设与运行、河道采砂、水文测验、水利工程勘测设计、水利科学研究实验与检验、后勤服务、综合经营、其他隐患等类型填报。

（二）各单位负责填报本单位的隐患信息，项目法人、运行管理单位负责填报工程隐患信息。各单位要实时填报隐患信息，发现隐患应及时登入信息系统，制定并录入整改方案信息，随时将隐患整改进展情况录入信息系统，隐患治理完成要及时填报完成情况信息。

（三）重大事故隐患须经单位（项目法人）主要负责人签字并形成电子扫描件后，通过信息系统上报。

（四）由水行政主管部门或有关单位组织的检查、督查、巡查、稽查中发现的隐患，由各单位（项目法人）及时登录信息系统，并按规定报告隐患相关信息。

（五）隐患信息除通过信息系统报告外，还应依据有关法规规定，向有关政府及相关部门报告。

（六）省级水行政主管部门每月6日前将上月本辖区隐患排查治理情况进行汇总并通过信息系统报送水利部安全监督司。隐患月报实行“零报告”制度，本月无新增隐患也要上报。

（七）隐患信息报告应当及时、准确和完整。任何单位和个人对隐患信息不得迟报、漏报、谎报和瞒报。

（2）隐患内部通报。

关于向从业人员进行隐患排查治理情况的通报，《中华人民共和国安全生产法》第三十八条规定，生产经营单位应当建立健全生产安全事故隐患排查治理制度，采取技术、管理措施，及时发现并消除事故隐患。事故隐患排查治理情况应当如实记录，并向从业人员通报。

县级以上地方各级人民政府负有安全生产监督管理职责的部门应当建立健全重大事故隐患治理督办制度，督促生产经营单位消除重大事故隐患。

（3）挂牌督查重大事故隐患治理情况评估。

重大事故隐患的危害大、整改难度大，一旦发生事故，通常会造成严重的人员伤亡和财产损失。生产经营单位对列入挂牌督办并责令全部或局部停工的重大事故隐患，应组织对治理情况进行评估。上级水行政主管部门挂牌督办并责令停建停用治理的重大事故隐患，评估报告经上级水行政主管部门审查同意方可销号。

在《安全生产事故隐患排查治理暂行规定》中规定：

第十八条　地方人民政府或者安全监管监察部门及有关部门挂牌督办并责令全部或者局部停产停业治理的重大事故隐患，治理工作结束后，有条件的生产经营单位应当组织本单位的技术人员和专家对重大事故隐患的治理情况进行评估；其他生产经营单位应当委托具备相应资质的安全评价机构对重大事故隐患的治理情况进行评估。

经治理后符合安全生产条件的，生产经营单位应当向安全监管监察部门和有关部门提出恢复生产的书面申请，经安全监管监察部门和有关部门审查同意后，方可恢复生产经营。申请报告应当包括治理方案的内容、项目和安全评价机构出具的评价报告等。

（4）信息化系统运用。

为提高安全生产管理的水平和效率，鼓励生产经营单位运用信息管理系统对事故隐患排查、治理、统计、分析等工作进行管理。

〖文件及记录〗

（1）事故隐患月、季、年统计分析报告；报项目法人记录；向从业人员通报记录。

（2）重大事故隐患治理情况评估。

（3）项目法人复工申请及审查意见。

（4）隐患管理信息系统运用。

～～～～～～～～～～～～～～～～项目法人～～～～～～～～～～～～～～～～

5.4.1　根据项目地域特点及自然环境情况、工程建设情况、安全风险管理、隐患排查治理及事故等情况，运用定量或定性的安全生产预测预警技术，建立项目安全生产状况及发展趋势的安全生产预测预警体系监督检查参建单位开展此项工作。（项目法人）。

5.4.2　采取多种途径及时获取水文、气象等信息，在接到有关自然灾害预报时，应及时发出预警通知；发生可能危及参建单位和人员安全的情况时，应采取撤离人员、停止作业、加强监测等安全措施，并及时向项目主管部门和有关部门报告监督检查参建单位开展此项工作（项目法人）。

5.4.3 根据安全风险管理、隐患排查治理及事故等统计分析结果进行安全生产预测预警（项目法人）。

～～～～～～～～～～～～～～～～施工企业～～～～～～～～～～～～～～～～

5.4.1 根据施工企业特点，结合安全风险管理、隐患排查治理及事故等情况，运用定量或定性的安全生产预测预警技术，建立体现安全生产状况及发展趋势的安全生产预测预警体系（施工企业）。

5.4.2 采取多种途径及时获取水文、气象等信息，在接到有关自然灾害预报时，应及时发出预警通知；发生可能危及安全的情况时，应采取撤离人员、停止作业、加强监测等安全措施，并及时向项目主管部门和有关部门报告（施工企业）。

5.4.3 根据安全风险管理、隐患排查治理及事故等统计分析结果，每月至少进行一次安全生产预测预警（施工企业）。

～～～～～～～～～～～～～～～～水管单位～～～～～～～～～～～～～～～～

5.4.1 根据生产经营状况、隐患排查治理及风险管理等情况，运用定量或定性的安全生产预测预警技术，建立体现水利生产经营单位安全生产状况及发展趋势的安全生产预测预警体系（水管单位）。

5.4.2 对自然灾害可能导致事故的隐患采取相应的预防措施；在接到自然灾害预报时，及时发出预警信息（水管单位）。

〖工作依据〗

《中华人民共和国安全生产法》（主席令第十三号）；

《安全生产事故隐患排查治理暂行规定》（安监总局令第16号）；

SL 721—2015《水利水电工程施工安全管理导则》。

〖工作要点〗

（1）建立预测预警体系。

生产经营单位通过对安全风险管理、隐患排查治理及事故等数据进行统计，运用定量或定性的安全生产预测预警技术，建立安全生产预测预警体系，及时掌握动态安全状况及发展趋势。

（2）加强自然灾害预防。

《安全生产事故隐患排查治理暂行规定》规定：

第十七条 生产经营单位应当加强对自然灾害的预防。对于因自然灾害可能导致事故灾难的隐患，应当按照有关法律、法规、标准和本规定的要求排查治理，采取可靠的预防措施，制订应急预案。在接到有关自然灾害预报时，应当及时向下属单位发出预警通知；发生自然灾害可能危及生产经营单位和人员安全的情况时，应当采取撤离人员、停止作业、加强监测等安全措施，并及时向当地人民政府及其有关部门报告。

在SL 721—2015中规定：

11.2.8 各参建单位应加强对自然灾害的预防。对于因自然灾害可能导致的事故隐患，应按照有关法律、法规、规章、制度和标准的要求排查治理，采取可靠的预防措施，制订应急预案。

各参建单位在接到有关自然灾害预报时，应及时发出预警通知；发生可能危及参建单位和人员安全的情况时，应采取撤离人员、停止作业、加强监测等安全措施，并及时向项目主管部门和安全监督机构报告。

（3）开展预测预警。

生产经营单位应根据安全风险管理、隐患排查治理和事故等统计分析结果，开展预测预警，施工单位每月不少于一次，水管单位每季度不少于一次。项目法人应定期对项目开展安全生产预测预警。

项目法人单位应监督检查参建单位上述工作开展情况。

〖文件及记录清单〗

（1）安全生产预测预警系统。

（2）水文、气象等信息获取记录台账。

（3）预警信息发出及报告记录。

（4）预测预警记录及相应防范措施。

第二节　应　急　管　理

应急管理是生产经营单位在突发事件的事前预防、事发应对、事中处置和善后恢复过程中，通过建立必要的应对机制，采取一系列必要措施，应用科学、技术、规划与管理等手段，保障公众生命、健康和财产安全。应急管理的内涵包括预防、准备、响应和恢复四个阶段。尽管在实际情况中，这些阶段往往是重叠的，但每一部分都有自己单独的目标，并且成为下个阶段内容的一部分。

一、应急管理机构和队伍

《中华人民共和国安全生产法》规定，鼓励生产经营单位和其他社会力量建立应急救援队伍，配备相应的应急救援装备和物资，提高应急救援的专业水平。

生产经营单位应建立安全生产应急管理机构，组建应急救援队伍，配备应急救援人员。按照专业救援和职工参与相结合、险时救援和平时防范相结合的原则，建设专业队伍为骨干、兼职队伍为辅助、职工队伍为基础的企业应急队伍体系。逐步建立社会化的应急救援机制，大中型企业特别是高危行业企业要建立专职或者兼职应急救援队伍，并积极参与社会应急救援。

～～～～～～～～～～～～～～～～项目法人～～～～～～～～～～～～～～～～

6.1.1　会同有关参建单位组建项目事故应急处置指挥机构（项目法人）。

6.1.3　按照应急预案建立应急救援组织，组建应急救援队伍，配备应急救援人员。必要时与当地具备能力的应急救援队伍签订应急支援协议。监督检查参建单位开展此项工作（项目法人）。

～～～～～～～～～～～～～～～～施工企业～～～～～～～～～～～～～～～～

6.1.1　建立安全生产应急管理机构，指定专人负责安全生产应急管理工作（施工企业）。

6.1.3　应按照应急预案建立应急救援组织，组建应急救援队伍，配备应急救援人员。

必要时与当地具备能力的应急救援队伍签订应急支援协议（施工企业）。

～～～～～～～～～～～～～～～水管单位～～～～～～～～～～～～～～～

6.1.1　按规定建立应急管理组织机构或指定专人负责应急管理工作。建立健全应急工作体系，明确应急工作职责。

6.1.3　建立与本单位安全生产特点相适应的专（兼）职应急救援队伍或指定专（兼）职应急救援人员。必要时可与邻近专业应急救援队伍签订应急救援服务协议。

〖工作依据〗

《中华人民共和国安全生产法》（主席令第十三号）；

《水利工程建设安全生产管理规定》（水利部令第 26 号）；

《水利部关于进一步加强水利安全生产应急管理提高生产安全事故应急处置能力的通知》（水安监〔2014〕19 号）；

《水利部生产安全事故应急预案（试行）》（水安监〔2016〕443 号）；

SL 721—2015《水利水电工程施工安全管理导则》。

〖工作要点〗

《中华人民共和国安全生产法》第七十九条规定，危险物品的生产、经营、储存单位以及矿山、金属冶炼、城市轨道交通运营、建筑施工单位应当建立应急救援组织；生产经营规模较小的，可以不建立应急救援组织，但应当指定兼职的应急救援人员。

危险物品的生产、经营、储存、运输单位以及矿山、金属冶炼、城市轨道交通运营、建筑施工单位应当配备必要的应急救援器材、设备和物资，并进行经常性维护、保养，保证正常运转。

《水利工程建设安全生产管理规定》规定，工程总承包单位和分包单位按照应急救援预案，各自建立应急救援组织或者配备应急救援人员，配备救援器材、设备，并定期组织演练。

（1）项目法人。

项目法人应当会同各参建单位组建项目应急处置指挥机构，合理分配、利用施工现场的应急救援物资和资源。同时还应监督检查各参建单位此项工作的开展情况。

（2）施工企业。

应分企业总部和现场项目部两个层面分别成立应急救援组织机构。总部层面应成立以企业主要负责人为首的安全生产应急救援组织机构，机构中应包含总部各职能部门。鉴于项目部通常较为分散，总部成立救援队伍，一是难度较大，二是不能有效对项目部开展及时救援。因此，总部层面主要成立应急救援组织机构，明确相关职能部门的应急救援职能职责；整合单位人力资源，发挥专业人才的优势，成立相关应急救援的专业小组，如技术支援组、后勤保障组等。项目部层面应成立以项目经理为首的应急救援小组，并组建以现场作业队伍为基础的应急救援队伍。对工程风险程度较大且现场应急资源不足的项目，应与地方专业救援队伍签订应急支援协议。

（3）水管单位。

水管单位根据规模及重要性，结合实际情况，设置或明确应急管理领导机构和工作机构，根据有关规定成立应急处置指挥机构，配备专兼职人员开展应急管理工作，形成单位主要负责人全面负责、分管负责人具体负责、有关部门分工负责和协助配合、相关人员共同参与的应急管理组织体系。

〖**文件及记录**〗

（1）成立安全生产应急管理机构和应急救援队伍（人员）文件。

（2）应急支援协议（必要时）。

（3）项目法人应提供对参建单位此项工作开展情况的监督检查记录。

二、应急预案体系

生产经营单位的应急预案体系主要由综合应急预案、专项应急预案和现场处置方案构成。生产经营单位应根据本单位组织管理体系、生产规模、危险源的性质以及可能发生的事故类型确定应急预案体系，并可根据本单位的实际情况，确定是否编制专项应急预案。风险因素单一的小微型生产经营单位可只编写现场处置方案。

综合应急预案是生产经营单位应急预案体系的总纲，主要从总体上阐述事故的应急工作原则，包括生产经营单位的应急组织机构及职责、应急预案体系、事故风险描述、预警及信息报告、应急响应、保障措施、应急预案管理等内容。

专项应急预案是生产经营单位为应对某一类型或某几种类型事故，或者针对重要生产设施、重大危险源、重大活动等内容而制定的应急预案。专项应急预案主要包括事故风险分析、应急指挥机构及职责、处置程序和措施等内容。

现场处置方案是生产经营单位根据不同事故类别，针对具体的场所、装置或设施所制定的应急处置措施，主要包括事故风险分析、应急工作职责、应急处置和注意事项等内容。生产经营单位应根据风险评估、岗位操作规程以及危险性控制措施，组织本单位现场作业人员及相关专业人员共同进行编制现场处置方案。

6.1.2　在安全风险分析、评估和应急资源调查的基础上，建立健全生产安全事故应急预案体系，与地方政府的应急预案体系相衔接，报项目主管部门和有关部门备案，并通报有关应急协作单位（项目法人）。

6.1.2　在安全风险分析、评估和应急资源调查的基础上，建立健全生产安全事故应急预案体系，包括综合预案、专项预案、现场处置方案，经监理单位审核，报项目法人备案。针对工作场所、岗位的特点，编制简明、实用、有效的应急处置卡。项目部的应急预案体系应与项目法人和地方政府的应急预案体系相衔接。按照有关规定通报应急救援队伍、周边企业等有关应急协作单位（施工企业）。

6.1.2　在开展安全风险评估和应急资源调查的基础上，建立健全生产安全事故应急预案体系，制定生产安全事故应急预案，针对安全风险较大的重点场所（设施）编制重点岗位、人员应急处置卡；按有关规定报备，并通报有关应急协作单位（水管单位）。

〖**工作依据**〗

《中华人民共和国特种设备安全法》（主席令第四号）；

《中华人民共和国安全生产法》（主席令第十三号）；

《国务院关于进一步加强企业安全生产工作的通知》（国发〔2010〕23号）；

《水利工程建设安全生产管理规定》（水利部令第26号）；

《水利部关于进一步加强水利安全生产应急管理提高生产安全事故应急处置能力的通知》(水安监〔2014〕19号);

《水利部生产安全事故应急预案(试行)》(水安监〔2016〕443号);

《生产安全事故应急预案管理办法》(安监总局令第88号);

《国家安全监管总局办公厅关于印发生产经营单位生产安全事故应急预案评审指南(试行)的通知》(安监总厅应急〔2009〕73号);

GB/T 29639—2013《生产经营单位生产安全事故应急预案编制导则》;

SL/Z 720—2015《水库大坝安全管理应急预案编制导则》。

〖工作要点〗

(1) 法规要求。

关于生产安全事故应急预案的制定,在《中华人民共和国安全生产法》第十八条规定,生产经营单位的主要负责人应组织制定并实施本单位的生产安全事故应急救援预案。

《中华人民共和国特种设备安全法》第六十九条规定,特种设备使用单位应当制定特种设备事故应急专项预案,并定期进行应急演练。

《国务院关于进一步加强企业安全生产工作的通知》中规定,企业应急预案要与当地政府应急预案保持衔接,并定期进行演练。赋予企业生产现场带班人员、班组长和调度人员在遇到险情时第一时间下达停产撤人命令的直接决策权和指挥权。因撤离不及时导致人身伤亡事故的,要从重追究相关人员的法律责任。

《水利工程建设安全生产管理规定》中规定,施工单位应当根据水利工程施工的特点和范围,对施工现场易发生重大事故的部位、环节进行监控,制定施工现场生产安全事故应急救援预案。实行施工总承包的,由总承包单位统一组织编制水利工程建设生产安全事故应急救援预案,工程总承包单位和分包单位按照应急救援预案,各自建立应急救援组织或者配备应急救援人员,配备救援器材、设备,并定期组织演练。

在《生产安全事故应急预案管理办法》中规定了生产应急预案编制的责任人、编制步骤和要求,预案评审(估)及演练等方面的内容,明确生产经营单位主要负责人负责组织编制和实施本单位的应急预案,并对应急预案的真实性和实用性负责;各分管负责人应当按照职责分工落实应急预案规定的职责。事故风险单一、危险性小的生产经营单位,可以只编制现场处置方案。

(2) 生产安全事故应急预案编制。

1) 生产安全事故应急预案编制前,应当进行事故风险评估和应急资源调查。

2) 应急预案体系应完整、内容齐全。应急预案体系包括综合应急预案、专项应急预案和现场处置方案三部分内容。

3) 应急处置卡主要面向企业一线员工,由企业具体制定实施,安全监管部门进行指导和服务,主要解决员工"怎么做、做什么、何时做、谁去做"的问题,使员工及时正确地处置和报告事故。卡片上以简洁明了的语言描述具体作业岗位可能发生的事故及事故应急处置措施,使员工一看就懂,易于掌握,便于携带,促进应急预案各个环节内容得以快速、准确执行,解决企业应急预案针对性、可操作性和实用性不强等问题,提高企业安全生产应急管理水平和应急救援能力。

4）应急预案的各项要素应齐全、符合企业实际、可操作性强。

5）施工企业应急预案应分级编制，总部应编制覆盖企业的综合应急预案。二级单位及现场项目部应分别在企业综合应急预案的基础上编制各自的应急预案体系，项目部应急预案体系应包括综合应急预案、专项应急预案和现场处置方案（重要岗位编制应急处置卡）。项目部编制的应急预案应与项目法人和地方政府的应急预案体系保持一致。

6）项目法人编制应急预案时，应将现场各参建单位纳入其中，形成施工现场的应急预案管理体系，并要求各参建单位在此框架下，根据职责分工，编制各自的应急预案。

（3）预案评审及发布。

根据《生产安全事故应急预案管理办法》的规定，应急预案编制完成后应进行评审，并形成评审纪要。评审应依据《生产经营单位生产安全事故应急预案评审指南（试行）》进行，评审过程中应注意以下要求：

1）评审组织。

参加应急预案评审的人员应当包括有关安全生产及应急管理方面的专家。评审人员与所评审应急预案的生产经营单位有利害关系的，应当回避。

2）评审内容。

应急预案的评审或者论证应当注重基本要素的完整性、组织体系的合理性、应急处置程序和措施的针对性、应急保障措施的可行性、应急预案的衔接性等内容。按照《导则》和有关行业规范，从以下七个方面进行评审。

a. 合法性。符合有关法律、法规、规章和标准，以及有关部门和上级单位规范性文件要求。

b. 完整性。具备 GB/T 29639—2013 所规定的各项要素。

c. 针对性。紧密结合本单位危险源辨识与风险分析。

d. 实用性。切合本单位工作实际，与生产安全事故应急处置能力相适应。

e. 科学性。组织体系、信息报送和处置方案等内容科学合理。

f. 操作性。应急响应程序和保障措施等内容切实可行。

g. 衔接性。综合、专项应急预案和现场处置方案形成体系，并与相关部门或单位应急预案相互衔接。

3）评审方法。

应急预案评审采取形式评审和要素评审两种方法。形式评审主要用于应急预案备案时的评审，要素评审用于生产经营单位组织的应急预案评审工作。应急预案评审采用符合、基本符合、不符合三种意见进行判定。对于基本符合和不符合的项目，应给出具体修改意见或建议。

a. 形式评审。依据 GB/T 29639—2013 和有关行业规范，对应急预案的层次结构、内容格式、语言文字、附件项目以及编制程序等内容进行审查，重点审查应急预案的规范性和编制程序。

b. 要素评审。依据国家有关法律法规、GB/T 29639—2013 和有关行业规范，从合法性、完整性、针对性、实用性、科学性、操作性和衔接性等方面对应急预案进行评审。为细化评审，采用列表方式分别对应急预案的要素进行评审。评审时，将应急预案的要素内容与评审表中所列要素的内容进行对照，判断是否符合有关要求，指出存在问题及不足。应急预案要素分为关键要素和一般要素。

关键要素是指应急预案构成要素中必须规范的内容。这些要素涉及生产经营单位日常应急管理及应急救援的关键环节，具体包括危险源辨识与风险分析、组织机构及职责、信息报告与处置和应急响应程序与处置技术等要素。关键要素必须符合生产经营单位实际和有关规定要求。

一般要素是指应急预案构成要素中可简写或省略的内容。这些要素不涉及生产经营单位日常应急管理及应急救援的关键环节，具体包括应急预案中的编制目的、编制依据、适用范围、工作原则、单位概况等要素。

4）预案发布。

生产经营单位的应急预案经评审或者论证、按评审意见修改完善后，由本单位主要负责人签署公布，并及时发放到本单位有关部门、岗位和相关应急救援队伍。

事故风险可能影响周边其他单位、人员的，生产经营单位应当将有关事故风险的性质、影响范围和应急防范措施告知周边的其他单位和人员。

5）预案备案。

生产经营单位应当在应急预案公布之日起20个工作日内，按照分级属地原则，向安全生产监督管理部门和有关部门进行告知性备案。

中央企业总部（上市公司）的应急预案，报国务院主管的负有安全生产监督管理职责的部门备案，并抄送国家安全生产监督管理总局；其所属单位的应急预案报所在地的省（自治区、直辖市）或者设区的市级人民政府主管的负有安全生产监督管理职责的部门备案，并抄送同级安全生产监督管理部门。

前款规定以外的非煤矿山、金属冶炼和危险化学品生产、经营、储存企业，以及使用危险化学品达到国家规定数量的化工企业、烟花爆竹生产、批发经营企业的应急预案，按照隶属关系报所在地县级以上地方人民政府安全生产监督管理部门备案；其他生产经营单位应急预案的备案，由省（自治区、直辖市）人民政府负有安全生产监督管理职责的部门确定。

施工单位的现场项目部在编制完成应急预案后，应报监理单位审核、项目法人备案。

〖文件及记录〗

（1）应急预案体系（综合预案、专项预案、现场处置方案，关键岗位应急处置卡）。

（2）应急预案评审制度。

（3）应急预案评审记录。

三、应急物资

应急物资指为应对严重自然灾害、突发性公共卫生事件、公共安全事件等突发公共事件应急处置过程中所必需的保障性物质。《评审标准》此要素规定了生产经营单位应急物资管理的相关内容。

6.1.4　监督检查参建单位的应急设施、装备、物资等配备、检查及维护保养情况（项目法人）。

6.1.4 根据可能发生的事故种类特点，设置应急设施，配备应急装备，储备应急物资，建立管理台账，安排专人管理，并定期检查、维护、保养，确保其完好、可靠（施工企业、水管单位）。

〖工作依据〗

《中华人民共和国安全生产法》（主席令第十三号）；

《水利工程建设安全生产管理规定》（水利部令第26号）；

SL 297—2004《防汛储备物资验收标准》；

SL 298—2004《防汛物资储备定额编制规程》。

〖工作要点〗

（1）应急资金及应急物资的准备。

生产经营单位应在安全生产费用中考虑应急资金的投入，并在财务预算中安排相应经费。现场建立应急装备和应急物资台账，明确存放地点和具体数量，做到台账与实物相符。现场所配备的应急救援器材设备、物资，应能满足应急抢险的需要。

项目法人单位的应急物资可考虑与施工企业现场应急物资统筹使用。

施工企业应结合现场实际，配备相应应急设施、装备和物资。

水管单位应结合所管理的水利工程，配备应急物资，重点应配备防洪度汛物资。根据管理的工程类别如堤防、水库大坝、涵闸（泵站）、蓄滞洪区等，依据《防汛物资储备定额编制规程》规定，配备满足要求的防洪度汛物资。

（2）应急物资的管理。

生产经营单位应安排专人，定期对应急装备和物资进行检查、维护，确保其完好、可靠，并留存检查、维护记录。

在《中华人民共和国安全生产法》中规定：

第七十九条　危险物品的生产、经营、储存、运输单位以及矿山、金属冶炼、城市轨道交通运营、建筑施工单位应当配备必要的应急救援器材、设备和物资，并进行经常性维护、保养，保证正常运转。

在《水利工程建设安全生产管理规定》中规定：

第三十六条　施工单位应当根据水利工程施工的特点和范围，对施工现场易发生重大事故的部位、环节进行监控，制定施工现场生产安全事故应急救援预案。实行施工总承包的，由总承包单位统一组织编制水利工程建设生产安全事故应急救援预案，工程总承包单位和分包单位按照应急救援预案，各自建立应急救援组织或者配备应急救援人员，配备救援器材、设备，并定期组织演练。

在《生产安全事故应急预案管理办法》中规定：

第三十八条　生产经营单位应当按照应急预案的规定，落实应急指挥体系、应急救援队伍、应急物资及装备，建立应急物资、装备配备及其使用档案，并对应急物资、装备进行定期检测和维护，使其处于适用状态。

〖文件及记录〗

（1）应急物资台账。

（2）应急物资专人管理任命文件。

（3）应急物资检查、维护记录。

四、应急演练

加强应急预案演练，是保证和提高应急预案实效性的重要措施。《生产安全事故应急预案管理办法》对应急预案的演练做出了明确要求，生产经营单位应当制定本单位的应急预案演练计划，根据本单位的事故预防重点，每年至少组织一次综合应急预案演练或者专项应急预案演练，每半年至少组织一次现场处置方案演练。演练结束后，组织单位应当对演练效果进行评估，撰写演练评估报告，分析存在的问题，并对应急预案提出修订意见。

6.1.5　根据本单位的事故风险特点，每年至少组织一次综合应急预案演练或者专项应急预案演练，每半年至少组织一次现场处置方案演练，做到一线从业人员参与应急演练全覆盖，掌握相关的应急知识。对演练进行总结和评估，根据评估结论和演练发现的问题，修订、完善应急预案，改进应急准备工作。

6.1.6　定期评估应急预案，根据评估结果及时进行修订和完善，并及时报备。

〖工作依据〗

《中华人民共和国安全生产法》（主席令第十三号）；

《生产安全事故应急预案管理办法》（安监总局令第 88 号）；

AQ/T 9007—2011《生产安全事故应急演练指南》；

AQ/T 9009—2015《生产安全事故应急演练评估规范》。

〖工作要点〗

（1）预案培训。

生产经营单位在开展教育培训工作时应将应急预案的教育培训纳入年度培训计划中，并如实记载，形成教育和培训档案。

在《生产安全事故应急预案管理办法》中规定：

第三十一条　生产经营单位应当组织开展本单位的应急预案、应急知识、自救互救和避险逃生技能的培训活动，使有关人员了解应急预案内容，熟悉应急职责、应急处置程序和措施。

应急培训的时间、地点、内容、师资、参加人员和考核结果等情况应当如实记入本单位的安全生产教育和培训档案。

（2）演练频次。

《生产安全事故应急预案管理办法》规定，生产经营单位应当制定本单位的应急预案演练计划，根据本单位的事故风险特点，每年至少组织一次综合应急预案演练或者专项应急预案演练，每半年至少组织一次现场处置方案演练。

（3）演练与评估。

生产经营单位每次开展预案演练时，应根据 AQ/T 9007—2011 及预案的要求编制详细的演练方案，演练方案附演练脚本、应急演练保障方案和应急演练评估方案等内容，以有效指导演练活动。演练过程中，应通过文字、音像、图片等方式进行详细记录。

为了验证演练效果及生产应急预案的符合性，要求生产经营单位在应急演练结束后，对演练情况进行评估。关于演练的评估，在 AQ/T 9009—2015 中规定：

9 演练评估总结

9.1 演练现场点评

评估小组内部交换评估意见后，评估人员或评估组负责人针对演练中发现的问题、不足及取得的成效进行点评。

9.2 编制书面评估报告

9.2.1 报告编写要求

书面评估报告的编制应满足以下要求：

a）评估人员针对演练中观察、记录以及收集的各种信息资料，依据评估标准对应急演练活动全过程进行科学分析和客观评价，并撰写书面评估报告；

b）评估报告重点对演练活动的组织和实施、演练目标的实现、参演人员的表现以及演练中暴露出应急预案和应急管理工作中的问题等进行评价；

c）评估报告应提出对存在问题的整改要求和意见。

9.2.2 报告主要内容

演练评估报告的主要内容一般包括演练执行情况、预案的合理性与可操作性、应急指挥人员的指挥协调能力、参演人员的处置能力、演练所用设备装备的适用性、演练目标的实现情况、演练的成本效益分析、对完善预案的建议等。

（4）预案修订完善。

《生产安全事故应急预案管理办法》中规定，应急预案演练结束后，应急预案演练组织单位应当对应急预案演练效果进行评估，撰写应急预案演练评估报告，分析存在的问题，并对应急预案提出修订意见。

应急预案编制单位应当建立应急预案定期评估制度，对预案内容的针对性和实用性进行分析，并对应急预案是否需要修订做出结论。

矿山、金属冶炼、建筑施工企业和易燃易爆物品、危险化学品等危险物品的生产、经营、储存企业、使用危险化学品达到国家规定数量的化工企业、烟花爆竹生产、批发经营企业和中型规模以上的其他生产经营单位，应当每三年进行一次应急预案评估。

应急预案评估可以邀请相关专业机构或者有关专家、有实际应急救援工作经验的人员参加，必要时可以委托安全生产技术服务机构实施。

关于应急预案的修订，在《生产安全事故应急预案管理办法》中规定：

第三十六条 有下列情形之一的，应急预案应当及时修订并归档：

（一）依据的法律、法规、规章、标准及上位预案中的有关规定发生重大变化的；

（二）应急指挥机构及其职责发生调整的；

（三）面临的事故风险发生重大变化的；

（四）重要应急资源发生重大变化的；

（五）预案中的其他重要信息发生变化的；

（六）在应急演练和事故应急救援中发现问题需要修订的；

（七）编制单位认为应当修订的其他情况。

第三十七条 应急预案修订涉及组织指挥体系与职责、应急处置程序、主要处置措施、应急响应分级等内容变更的，修订工作应当参照本办法规定的应急预案编制程序进行，并按照有关应急预案报备程序重新备案。

〖文件及记录〗

（1）应急演练方案、应急演练记录。

（2）应急演练总结和评估记录。

（3）应急预案修订记录。

（4）修订后预案备案记录。

五、应急处置及评估

发生事故或险情后，生产经营单位要立即启动应急预案，在确保安全的前提下组织抢救遇险人员，控制危险源，封锁危险场所，杜绝盲目施救，防止事态扩大。

应急救援结束后，及时做好善后工作，并每年开展一次总结评估。

6.2.1 发生事故后，启动相关应急预案，采取应急处置措施，开展事故救援，必要时寻求社会支援。

6.2.2 应急救援结束后，应尽快完成善后处理、环境清理、监测等工作。

6.3.1 每年应进行一次应急准备工作的总结评估。完成险情或事故应急处置结束后，应对应急处置工作进行总结评估。

项目法人还应监督检查参建单位开展此项工作。

〖工作依据〗

《中华人民共和国安全生产法》（主席令第十三号）；

《生产安全事故报告和调查处理条例》（国务院令第493号）；

《水利部关于进一步加强水利安全生产应急管理提高生产安全事故应急处置能力的通知》（水安监〔2014〕19号）；

SL 721—2015《水利水电工程施工安全管理导则》。

〖工作要点〗

（1）事故救援。

发生生产安全事故后，应根据事故的严重程度，立即启动相应级别的应急预案，开展事故救援，防止事故扩大。

在《中华人民共和国安全生产法》中规定：

第四十七条 生产经营单位发生生产安全事故时，单位的主要负责人应当立即组织抢救，并不得在事故调查处理期间擅离职守。

第八十条 生产经营单位发生生产安全事故后，事故现场有关人员应当立即报告本单位负责人。

单位负责人接到事故报告后，应当迅速采取有效措施，组织抢救，防止事故扩大，减少人员伤亡和财产损失，并按照国家有关规定立即如实报告当地负有安全生产监督管理职责的部门，不得隐瞒不报、谎报或者迟报，不得故意破坏事故现场、毁灭有关证据。

在SL 721—2015中规定：

13.3.1 发生生产安全事故后，项目法人、监理单位和事故单位必须迅速、有效地实施先期处置；项目法人及事故单位主要负责人应立即到现场组织抢救，启动应急预案、采取有效措施，防止事故扩大。

（2）善后处理。

事故应急处置结束后，生产经营单位应立即组织对事故的善后进行处理，清理因事故引发的环境影响，并根据事故原因、类型及产生的后果，采取必要技术措施进行监测，防止损失进一步扩大。

（3）经验总结。

事故应急处置结束后，生产经营单位应认真分析总结应急处置的经验教训，并提出改进工作的建议，对包括企业应急预案在内的所有应急管理制度（体系）中存在的问题提出相应修改意见，并据此编制应急处置报告。

（4）应急评估。

生产经营单位每年对应急管理情况进行总结评估，内容应包括制度建设、应急预案体系制、修订，应急演练、培训，应急救援及应急管理存在的问题、下年度应急管理计划等，并形成应急管理总结评估报告。

〖文件及记录〗

（1）应急预案启动记录。

（2）事故现场救援记录（文字、音像记录等）。

（3）事故善后处理、环境清理及监测记录。

（4）事故应急处置工作总结评估报告。

（5）年度应急准备工作总结评估报告。

（6）项目法人应提供对参建单位此项工作开展情况的监督检查记录与督促落实记录。

第三节 事 故 管 理

《生产安全事故报告和调查处理条例》对事故等级划分、事故报告、组织抢救和调查处理中的组织体系、工作程序、时限要求、行为规范等做出了规定。《国家安全监管总局关于调整生产安全事故调度统计报告的通知》对生产安全事故调度统计报告的事故等级、事故范围、事故报送时限等进行调整，进一步规范生产安全事故调度统计报告内容。《水利安全生产信息报告和处置规则》结合水利行业实际，对水利安全生产信息报告和处置工作做出具体规定。《〈生产安全事故报告和调查处理条例〉罚款处罚暂行规定》对生产安全事故发生单位及其主要负责人、直接负责的主管人员和其他责任人员等有关责任人员实施罚款的行政处罚做出规定。规定事故发生单位是指对事故发生负有责任的生产经营单位；主要负责人是指有限责任公司、股份有限公司的董事长或者总经理或者个人经营的投资人，其他生产经营单位的厂长、经理、局长、矿长（含实际控制人、投资人）等人员。

一、事故报告

《中华人民共和国安全生产法》第八十条规定了生产经营单位履行事故报告的义务，有助于严格落实生产安全事故责任追究制度，防止和减少生产安全事故的发生，是落实企业安全生产的主体责任的直接体现：

7.1.1 事故报告、调查和处理制度应明确事故报告（包括程序、责任人、时限、内容等）、调查和处理内容（包括事故调查、原因分析、纠正和预防措施、责任追究、统计与分析等），应将造成人员伤亡（轻伤、重伤、死亡等人身伤害和急性中毒）、财产损失（含未遂事故）和较大涉险事故纳入事故调查和处理范畴。

7.1.2 发生事故后按照有关规定及时、准确、完整的向有关部门报告，事故报告后出现新情况时，应当及时补报。

〖工作依据〗

《中华人民共和国特种设备安全法》（主席令第四号）；

《中华人民共和国安全生产法》（主席令第十三号）；

《生产安全事故报告和调查处理条例》（国务院令第493号）；

《国家安全监管总局关于调整生产安全事故调度统计报告的通知》（安监总调度〔2007〕120号）；

《水利工程建设安全生产管理规定》（水利部令第26号）；

《水利安全生产信息报告和处置规则》（水安监〔2016〕220号）。

〖工作要点〗

（1）制度编制。

为规范生产安全事故管理工作，生产经营单位应根据相关法律法规，建立事故管理制度。在制度中应明确事故报告、事故调查和处理等内容。制度编制时需要注意以下几方面的内容：

1）制度内容应合规。在安全生产相关法规中，对生产安全事故管理提出了明确的规定，如事故报告的时限、报告的程序，事故调查与处理的要求等。生产经营单位所制定事故管理制度不得出现与相关法律法规相违背的内容。

2）制度要素应齐全。制度中的要素应涵盖评审标准中所要求的各个要素，即包括事故管理工作所需开展的全部内容：事故报告的程序、责任人、时限、内容，事故调查、原因分析、纠正和预防措施、责任追究、统计与分析等。

3）事故管理的范围包括造成人员伤亡（轻伤、重伤、死亡等人身伤害和急性中毒）、财产损失（含未遂事故）和较大涉险事故等。

（2）事故报告。

发生生产安全事故后，应按规定进行报告，一是不得迟报、谎报或者瞒报事故，否则不得被评定为安全生产标准化达标单位；二是应按规定的程序和内容进行报告。

《生产安全事故罚款处罚规定（试行）》中明确《生产安全事故报告和调查处理条例》中所称的迟报、漏报、谎报和瞒报，依照下列情形认定：

1）报告事故的时间超过规定时限的，属于迟报。

2）因过失对应当上报的事故或者事故发生的时间、地点、类别、伤亡人数、直接经济损失等内容遗漏未报的，属于漏报。

3）故意不如实报告事故发生的时间、地点、初步原因、性质、伤亡人数和涉险人数、直接经济损失等有关内容的，属于谎报。

4）隐瞒已经发生的事故，超过规定时限未向安全监管监察部门和有关部门报告，经查证属实的，属于瞒报。

《中华人民共和国安全生产法》第十八条明确规定，生产经营单位的主要负责人应及时、如实报告生产安全事故。

事故报告具体分为两种情况：一是发生《生产安全事故报告和调查处理条例》《水利安全生产信息报告和处置规则》中的事故类型，应当按照国家及行业部门相关要求向有关部门进行报告；二是除上述类型以外的事故，如轻伤事故或者直接经济损失小于100万元的事故，生产经营单位应当按制度要求履行内部报告程序。

在《生产安全事故报告和调查处理条例》中规定：

第四条　事故报告应当及时、准确、完整，任何单位和个人对事故不得迟报、漏报、谎报或者瞒报。

第九条　事故发生后，事故现场有关人员应当立即向本单位负责人报告；单位负责人接到报告后，应当于1小时内向事故发生地县级以上人民政府安全生产监督管理部门和负有安全生产监督管理职责的有关部门报告。

情况紧急时，事故现场有关人员可以直接向事故发生地县级以上人民政府安全生产监督管理部门和负有安全生产监督管理职责的有关部门报告。

第十二条　报告事故应当包括下列内容：

（一）事故发生单位概况；

（二）事故发生的时间、地点以及事故现场情况；

（三）事故的简要经过；

（四）事故已经造成或者可能造成的伤亡人数（包括下落不明的人数）和初步估计的直接经济损失；

（五）已经采取的措施；

（六）其他应当报告的情况。

第十三条　事故报告后出现新情况的，应当及时补报。

自事故发生之日起30日内，事故造成的伤亡人数发生变化的，应当及时补报。道路交通事故、火灾事故自发生之日起7日内，事故造成的伤亡人数发生变化的，应当及时补报。

在《水利安全生产信息报告和处置规则》中关于事故上报规定：

（一）事故信息内容

1. 水利生产安全事故信息包括生产安全事故和较大涉险事故信息。

2. 水利生产安全事故信息报告包括：事故文字报告、电话快报、事故月报和事故调查处理情况报告。

3. 文字报告包括：事故发生单位概况；事故发生时间、地点以及事故现场情况；事故的简要经过；事故已经造成或者可能造成的伤亡人数（包括下落不明、涉险的人数）和初步估计的直接经济损失；已经采取的措施；其他应当报告的情况。文字报告按附件1的格式填报。

4. 电话快报包括：事故发生单位的名称、地址、性质；事故发生的时间、地点；事故已经造成或者可能造成的伤亡人数（包括下落不明、涉险的人数）。

5. 事故月报包括：事故发生时间、事故单位名称、单位类型、事故工程、事故类别、事故等级、死亡人数、重伤人数、直接经济损失、事故原因、事故简要情况等。事故月报按附件2的格式填报。

6. 事故调查处理情况报告包括：负责事故调查的人民政府批复的事故调查报告、事故责任人处理情况等。

7. 水利生产安全事故等级划分按《生产安全事故报告和调查处理条例》第三条执行。

8. 较大涉险事故包括：涉险10人及以上的事故；造成3人及以上被困或者下落不明的事故；紧急疏散人员500人及以上的事故；危及重要场所和设施安全（电站、重要水利设施、危化品库、油气田和车站、码头、港口、机场及其他人员密集场所等）的事故；其他较大涉险事故。

9. 事故信息除通过信息系统报告外，还应依据有关法规规定，向有关政府及相关部门报告。

（二）事故发生单位按以下时限和方式报告事故信息：

事故发生后，事故现场有关人员应当立即向本单位负责人电话报告；单位负责人接到报告后，在1小时内向主管单位和事故发生地县级以上水行政主管部门电话报告。其中，水利工程建设项目事故发生单位应立即向项目法人（项目部）负责人报告，项目法人（项目部）负责人应于1小时内向主管单位和事故发生地县级以上水行政主管部门报告。

部直属单位或者其下属单位（以下统称部直属单位）发生的生产安全事故信息，在报告主管单位同时，应于1小时内向事故发生地县级以上水行政主管部门报告。

〖文件及记录〗

（1）以正式文件发布的事故管理制度。

（2）事故报告记录。

二、事故调查和处理

事故发生后，生产经营单位应积极组织救援，防止事态扩大，按规定配合事故调查处理工作，并开展事故内部调查处理，以充分吸取事故教训，杜绝类似事故的再次发生。

7.2.1　发生事故后，采取有效措施，防止事故扩大，并保护事故现场及有关证据。

7.2.2　事故发生后按照有关规定，组织事故调查组对事故进行调查，查明事故发生的时间、经过、原因、波及范围、人员伤亡情况及直接经济损失等。事故调查组应根据有关证据、资料，分析事故的直接、间接原因和事故责任，提出应吸取的教训、整改措施和处理建议，编制事故调查报告。

7.2.3　事故发生后，由有关人民政府组织事故调查的，应积极配合开展事故调查。

7.2.4　按照“四不放过”的原则进行事故处理。

7.2.5　做好事故善后工作。

〖工作依据〗

《中华人民共和国特种设备安全法》（主席令第四号）；

《中华人民共和国安全生产法》（主席令第十三号）；

《生产安全事故报告和调查处理条例》（国务院令第493号）；

《生产安全事故罚款处罚规定（试行）》（安监总局令第13号，总局令第77号修订）；

SL 721—2015《水利水电工程施工安全管理导则》。

〖**工作要点**〗

（1）事故现场处置。

发生生产安全事故后，单位的主要负责人应立即启动相应级别的应急预案，并组织进行救援。

在《中华人民共和国安全生产法》中规定：

第四十七条　生产经营单位发生生产安全事故时，单位的主要负责人应当立即组织抢救，并不得在事故调查处理期间擅离职守。

第八十条　生产经营单位发生生产安全事故后，事故现场有关人员应当立即报告本单位负责人。

单位负责人接到事故报告后，应当迅速采取有效措施，组织抢救，防止事故扩大，减少人员伤亡和财产损失，并按照国家有关规定立即如实报告当地负有安全生产监督管理职责的部门，不得隐瞒不报、谎报或者迟报，不得故意破坏事故现场、毁灭有关证据。

在《中华人民共和国特种设备安全法》中规定：

第七十条　特种设备发生事故后，事故发生单位应当按照应急预案采取措施，组织抢救，防止事故扩大，减少人员伤亡和财产损失，保护事故现场和有关证据，并及时向事故发生地县级以上人民政府负责特种设备安全监督管理的部门和有关部门报告。

在《生产安全事故报告和调查处理条例》中规定：

第十四条　事故发生单位负责人接到事故报告后，应当立即启动事故相应应急预案，或者采取有效措施，组织抢救，防止事故扩大，减少人员伤亡和财产损失。

（2）事故调查。

发生生产安全事故后，由有关人民政府负责调查的，生产经营单位应积极配合开展事故调查。GB/T 33000—2016规定，发生事故后生产经营单位除配合政府部门开展事故调查处理外，还应按照企业内部事故调查制度，开展调查工作并编制事故调查报告，调查的程序及工作要求可参照《生产安全事故报告和调查处理条例》有关要求。

1）事故调查的原则。

《中华人民共和国安全生产法》规定：

第八十三条　事故调查处理应当按照科学严谨、依法依规、实事求是、注重实效的原则，及时、准确地查清事故原因，查明事故性质和责任，总结事故教训，提出整改措施，并对事故责任者提出处理意见。事故调查报告应当依法及时向社会公布。事故调查和处理的具体办法由国务院制定。事故发生单位应当及时全面落实整改措施，负有安全生产监督管理职责的部门应当加强监督检查。

2）事故调查的权限。

《生产安全事故报告和调查处理条例》规定：

第十九条　特别重大事故由国务院或者国务院授权有关部门组织事故调查组进行调查。重大事故、较大事故、一般事故分别由事故发生地省级人民政府、设区的市级人民政府、县级人民政府负责调查。省级人民政府、设区的市级人民政府、县级人民政府可以直接组织事故调查组进行调查，也可以授权或者委托有关部门组织事故调查组进行调查。未造成人员伤亡的一般事故，县级人民政府也可以委托事故发生单位组织事故调查组进行调查。

3）事故调查组的职责。

《生产安全事故报告和调查处理条例》规定：

第二十五条　事故调查组履行下列职责：

（一）查明事故发生的经过、原因、人员伤亡情况及直接经济损失；

（二）认定事故的性质和事故责任；

（三）提出对事故责任者的处理建议；

（四）总结事故教训，提出防范和整改措施；

（五）提交事故调查报告。

4）事故调查报告的内容。

《生产安全事故报告和调查处理条例》规定：

第三十条　事故调查报告应当包括下列内容：

（一）事故发生单位概况；

（二）事故发生经过和事故救援情况；

（三）事故造成的人员伤亡和直接经济损失；

（四）事故发生的原因和事故性质；

（五）事故责任的认定以及对事故责任者的处理建议；

（六）事故防范和整改措施。

事故调查报告应当附具有关证据材料。事故调查组成员应当在事故调查报告上签名。

（3）处理原则。

发生生产安全事故后，按照“四不放过”的原则对相关责任人进行处理。

《中华人民共和国安全生产法》规定：

第八十四条　生产经营单位发生生产安全事故，经调查确定为责任事故的，除了应当查明事故单位的责任并依法予以追究外，还应当查明对安全生产的有关事项负有审查批准和监督职责的行政部门的责任，对有失职、渎职行为的，依照本法第八十七条的规定追究法律责任。

《生产安全事故报告和调查处理条例》规定：

第三十二条　有关机关应当按照人民政府的批复，依照法律、行政法规规定的权限和程序，对事故发生单位和有关人员进行行政处罚，对负有事故责任的国家工作人员进行处分。

事故发生单位应当按照负责事故调查的人民政府的批复，对本单位负有事故责任的人员进行处理。

负有事故责任的人员涉嫌犯罪的，依法追究刑事责任。

第三十三条　事故发生单位应当认真吸取事故教训，落实防范和整改措施，防止事故再次发生。防范和整改措施的落实情况应当接受工会和职工的监督。

安全生产监督管理部门和负有安全生产监督管理职责的有关部门应当对事故发生单位落实防范和整改措施的情况进行监督检查。

《国务院关于进一步加强安全生产工作的决定》规定：

19、强化安全生产监管监察行政执法。

认真查处各类事故，坚持事故原因未查清不放过、责任人员未处理不放过、整改措施未落实不放过、有关人员未受到教育不放过的“四不放过”原则，不仅要追究事故直接责任人的责任，同时要追究有关负责人的领导责任。

（4）善后工作。

发生生产安全事故后，生产经营单位应依法做好伤亡人员的善后工作，安排好受影响人员的生活，做好损失的补偿。

〖**文件及记录**〗

（1）发生一般等级以下事故的，提供企业内部事故调查报告；发生一般等级以上事故的，提供有关调查报告及批复；事故结案文件、记录（含责任追究等内容）。

（2）事故发生后采取的控制措施证据。

（3）“四不放过”处理相关证明资料（防范和整改措施及落整改措施验证记录）。

（4）工伤认定及其他善后工作资料。

三、事故档案管理

生产经营单位应按规定完善事故档案管理，建立事故管理台账并进行统计分析工作。

7.3.1　**建立完善的事故档案和事故管理台账，并定期按照有关规定对事故进行统计分析。**

〖**工作依据**〗

《中华人民共和国安全生产法》（主席令第十三号）；

《生产安全事故报告和调查处理条例》（国务院令第493号）；

《水利安全生产信息报告和处置规则》（水安监〔2016〕220号）。

〖**工作要点**〗

生产经营单位应建立事故档案和事故管理台账，详细记录事故管理过程，并定期对事故进行统计分析。水利行业事故月报实行“零报告”制度，当月无生产安全事故也要按时报告。

在《水利安全生产信息报告和处置规则》中规定：

（七）事故月报按以下时限和方式报告：

水利生产经营单位、部直属单位应当通过信息系统将上月本单位发生的造成人员死亡、重伤（包括急性工业中毒）或者直接经济损失在100万以上的水利生产安全事故和较大涉险事故情况逐级上报至水利部。省级水行政主管部门、部直属单位须于每月6日前，将事故月报通过信息系统报水利部安全监督司。

事故月报实行“零报告”制度，当月无生产安全事故也要按时报告。

（八）水利生产安全事故和较大涉险事故的信息报告应当及时、准确和完整。任何单位和个人对事故不得迟报、漏报、谎报和瞒报。

〖文件及记录〗

(1) 事故档案。

(2) 事故管理台账。

(3) 事故统计分析报告。

第四节　持　续　改　进

安全生产标准化的持续改进工作，是指安全生产标准化体系建立并运行后，应根据运行过程中发现的问题，对管理体系进行持续的更新、完善和改进。持续改进工作一般包括两个阶段：一是安全生产标准化创建过程中，对管理体系进行持续改进，以达到标准化管理效果；二是通过安全生产标准化达标审核后，对管理体系进行的持续改进。

一、绩效评定

生产经营单位应每年开展安全生产标准化绩效评定工作，以检验工作取得的效果、发现存在的问题并加以改进。

8.1.1　安全标准化绩效评定制度应明确评定的组织、时间、人员、内容与范围、方法与技术、报告与分析等要求。

8.1.2　每年至少组织一次安全标准化实施情况的检查评定，验证各项安全生产制度措施的适宜性、充分性和有效性，检查安全生产目标、指标的完成情况，提出改进意见，形成评定报告。发生生产安全责任死亡事故，应重新进行评定，全面查找安全生产标准化管理体系中存在的缺陷。

8.1.3　评定报告以正式文件印发，向所有部门、所属单位通报安全标准化工作评定结果。

8.1.4　将安全生产标准化自评结果，纳入单位年度绩效考评。

8.1.5　落实安全生产报告制度，定期向有关部门报告安全生产情况，并公示。

〖工作依据〗

《国务院安全生产委员会关于加强企业安全生产诚信体系建设的指导意见》(安委〔2014〕8号)；

《国家安全监管总局关于印发企业安全生产责任体系五落实五到位规定的通知》(安监总办〔2015〕27号)；

GB/T 33000—2016《企业安全生产标准化基本规范》。

〖工作要点〗

(1) 基本概念。

安全生产绩效是指根据安全生产和职业卫生目标，在安全生产、职业卫生等工作方面取得的可测量结果。能够帮助生产经营单位识别安全生产工作的改进区域，是建立安全生产标准化工作自我改进机制的重要环节。安全生产标准化绩效评定制度应明确评定的组织、时间、人员、内容与范围、方法与技术、报告与分析等要求。

(2) 工作要求。

生产经营单位每年至少开展一次检查评定，验证各项安全生产制度措施的适宜性、充分性和有效性，检查安全生产工作目标、指标的完成情况。

对于处于创建期的生产经营单位，需要在创建周期内开展检查评定工作，如建设周期大于1年的，应至少每年开展一次，以验证创建过程的成果；对于已经通过达标创建的单位，应至少每年开展一次自评活动，并向水行政主管部门报送自评结果。

项目法人单位的安全生产标准化体系运行与参建单位工作的配合、支持密切相关，项目法人单位每年开展安全生产标准化自评工作时，应邀请参建单位参加，以验证体系运行的效果和发现存在的问题，并持续改进。

发生生产安全责任死亡事故的，生产经营单位应对安全生产标准化体系进行重新评定，并在满足规定的期限后方可继续申报安全生产标准化达标工作。

（3）自评报告。

生产经营单位的自评报告，应以正式文件形式印发至各部门、各下属单位，使全员对企业的安全生产标准化体系运行情况得以全面的了解，认识到工作中的不足并加以改进。

（4）绩效考核。

生产经营单位的绩效考核指标体系中应将安全生产标准化建设纳入其中，将绩效评定的结果作为每年对相关部门、下属单位和人员进行考核、奖惩的依据。

（5）落实安全生产报告制度。

《企业安全生产责任体系五落实五到位规定》要求生产经营单位必须落实安全生产报告制度，定期（一般为每年）向董事会、业绩考核部门报告安全生产情况，并向社会公示。

《国务院安全生产委员会关于加强企业安全生产诚信体系建设的指导意见》规定，生产经营单位应建立安全生产承诺制度。重点承诺内容：一是严格执行安全生产、职业病防治、消防等各项法律法规、标准规范，绝不非法违法组织生产；二是建立健全并严格落实安全生产责任制度；三是确保职工生命安全和职业健康，不违章指挥，不冒险作业，杜绝生产安全责任事故；四是加强安全生产标准化建设和建立隐患排查治理制度；五是自觉接受安全监管监察和相关部门依法检查，严格执行执法指令。

安全监管监察部门、行业主管部门要督促企业向社会和全体员工公开安全承诺，接受各方监督。企业也要结合自身特点，制定明确各个层级一直到区队班组岗位的双向安全承诺事项，并签订和公开承诺书。

同时还要建立安全生产诚信报告和执法信息公示制度。生产经营单位定期向安全监管监察部门或行业主管部门报告安全生产诚信履行情况，重点包括落实安全生产责任和管理制度、安全投入、安全培训、安全生产标准化建设、隐患排查治理、职业病防治和应急管理等方面的情况。各有关部门要在安全生产行政处罚信息形成之日起20个工作日内向社会公示，接受监督。

〖文件及记录〗

（1）安全标准化绩效评定制度。

（2）安全标准化检查评定工作的通知。

（3）自评工作方案。

（4）自评工作记录。

(5) 安全标准化绩效评定报告，并以正式文件印发。

(6) 项目法人单位应提供参建单位参加标准化检查评定工作的记录。

(7) 年度工作绩效考评资料，应当将安全生产标准化工作纳入考评范围，并赋予合理分值。

(8) 绩效考评兑现资料，如考评结果通报、财务支出台账等。

(9) 安全生产报告制度。

(10) 安全生产报告及公示资料。

二、持续改进

安全生产标准化建设工作始终处于持续改进的状态，以不断提升安全生产管理水平。

8.2.1 根据安全生产标准化绩效评定结果和安全生产预测预警系统所反映的趋势，客观分析本单位安全生产标准化管理体系的运行质量，及时调整完善相关规章制度、操作规程和过程管控，不断提高安全生产绩效。

〖工作依据〗

《关于印发水利行业开展安全生产标准化建设实施方案的通知》(水安监〔2011〕346号)；

《水利安全生产标准化评审管理暂行办法》(水安监〔2013〕189号)；

GB/T 33000—2016《企业安全生产标准化基本规范》。

〖工作要点〗

持续改进的核心内涵是企业全领域、全过程、全员参与安全生产管理，坚持不懈地努力，追求改善、改进和创新。

持续改进是通过PDCA动态循环来实现的，不断改进安全生产标准化管理水平，保证生产经营活动的顺利进行。

企业安全生产标准化管理体系建立并运行一段时间后，通过分析一定时期的评定结果，及时将效果好的管理方式及管理方法进行推广，对发现的问题和需要改进的方面及时做出调整和安排。必要时，及时调整安全生产目标、指标，及时修订规章制度、操作规程，及时制定完善安全生产标准化的工作计划和措施，使企业的安全生产管理水平不断提高。

〖文件及记录〗

分析本单位安全生产标准化管理体系的运行质量，调整完善相关规章制度、操作规程和过程管控等文件，至少每年一次。

第六章 监督管理

根据《水利行业深入开展安全生产标准化建设实施方案》的要求，各级水行政主管部门要加强对安全生产标准化建设工作的指导和督促检查，按照分级管理和“谁主管、谁负责”的原则，水利部负责直属单位和直属工程项目以及水利行业安全生产标准化一级单位的评审、公告、授牌等工作；地方水利生产经营单位的安全生产标准化二级、三级达标考评的具体办法，由省级水行政主管部门制定并组织实施，考评结果报送水利部备案。

根据有关规定，各级水行政主管部门负责水利安全生产标准化建设管理工作的监督管理，并不是只针对达标评审环节的监督管理。水利生产经营单位是安全生产标准化建设工作的责任主体，是否参与达标评审是其自愿行为。根据《中华人民共和国安全生产法》第四条的规定，要求生产经营单位推进安全生产标准化工作，并未强制要求必须要通过达标评审。因此生产经营单位要结合本单位实际情况，制定安全生产标准化建设工作计划，落实各项措施，组织开展多种形式的标准化宣贯工作，使全体员工不断深化对安全生产标准化的认识，熟悉和掌握标准化建设的要求和方法，积极主动参与标准化建设。

第一节 等级评定

一、申请程序

《水利安全生产标准化评审管理暂行办法》（以下简称《暂行办法》）及《水利部办公厅关于水利安全生产标准化评审工作有关事项的通知》（办安监函〔2017〕1088号）（以下简称《通知》）就安全生产标准化申请程序规定如下：

（一）部属水利生产经营单位经上级主管单位审核同意后，向水利部提出评审申请；

（二）地方水利生产经营单位申请水利安全生产标准化一级的，经所在地省级水行政主管部门审核同意后，向水利部提出评审申请；

（三）根据《通知》要求，申请安全生产标准化一级的和部属水利生产经营单位，由水利部安全生产标准化评审委员会办公室组织评审，评审不收取任何费用。申报材料满足“水利部水利安全生产标准化评审管理网”公布的《水利安全生产标准化申请材料报送要求》规定。

（四）申请二、三级水利安全生产标准化评审的非部属水利生产经营单位，执行属地水行政主管部门的相关规定；省级水行政主管部门开展二、三级水利安全生产标准化评审工作，执行《通知》精神。

（八）申报与现场核查

一级安全生产标准化申报和评审工作按以下程序进行：

1. 申请材料须经申请单位的上级主管部门（单位）审核同意。

2. 向水利部正式提交申请报告。

3. 接受水利部审定。

《暂行办法》规定具备条件的水利生产经营单位可根据安全生产标准化创建情况自主决定申请标准化的等级。

二、申请条件及注意的问题

在《暂行办法》中，对生产经营单位申请安全生产标准化的基本条件进行了规定，申请水利安全生产标准化评审的单位应具有独立法人资格并满足以下条件：

（1）已开展安全生产标准化建设1年以上，自评结果符合申请等级要求。

（2）设立有安全生产行政许可的，应依法取得国家规定的相应安全生产行政许可。

（3）水利工程项目法人所管辖的建设项目、水利水电施工企业在评审期（申请等级评审之日前1年）内，未发生较大及以上生产安全事故，不存在非法违法生产经营建设行为，重大事故隐患已治理达到安全生产要求。

（4）水利工程管理单位在评审期内，未发生造成人员死亡、重伤3人以上或直接经济损失超过100万元以上的生产安全事故，不存在非法违法生产经营建设行为，重大事故隐患已治理达到安全生产要求。

水利生产经营单位申请标准化达标时，除满足上述条件之外，还应注意以下在《评审标准》中属于“否决性”的条款，如存在这些问题，即使申报，在评审环节也将被否决。

（1）2017年11月，水利部印发的《水利工程生产安全重大事故隐患判定标准（试行）》（水安监〔2017〕344号）中明确了水利工程建设项目和水利工程运行管理单位重大事故隐患判定标准。结合《暂行办法》的规定，在标准化建设过程中，应参照执行，存在重大事故隐患的，不得评定为安全生产标准化达标单位。

（2）在《评审标准》中规定，存在迟报、漏报、谎报、瞒报事故等行为，不得评定为安全生产标准化达标单位。

（3）水利工程管理单位所管理的水利工程存在以下情况的，不得评为达标：

水库大坝、水闸未按规定进行注册、变更登记；未按规定进行安全鉴定、评价安全状况和评定安全等级；大坝安全鉴定结果未达到二类及以上（有水电站的，水电站安全管理分类评审未达到B类及以上），水闸、泵站安全类别未达到二类及以上；未按规定对水工钢闸门和启闭机进行安全检测或检测结果为“不安全”级别的。

根据《通知》精神取消了评审机构评审的要求，申请单位可以经过自评后，按规定的程序将申请材料上报至水利部，由水利部组织专家对申请材料及现场进行复核、审定。申请材料的编制质量应符合《暂行办法》的相关规定，能全面、真实、准确的反映安全生产标准化建设情况，为水行政主管部门复核、审定提供依据。

三、评审审定

《通知》取消了中介机构评审的要求，最终评审审定工作由各级水行政主管部门负责。水利部安全生产标准化评审委员会办公室组织标准化一级以及部属单位二、三级的评审；省级水行政主管部门负责本地区标准化二、三级的评审。

评审程序主要包括材料审核、现场核查和评审委员会审定三个环节。

（1）材料审核。

评审委员会办公室（简称评委办）收到申请单位提交的申请材料后，组织相关人员对申请材料进行形式审核。对于申请材料不齐全、问题多，创建质量差的申请单位，直接退回申请材料。对于符合申请条件和要求的单位，评委办适时（根据时间安排、受理数量或工作进度等实际情况）组织专家进行审查。审查内容主要包括：是否存在否决条件；支撑性材料水平和有效性（重点审查）；自评报告是否准确、完整，能否充分反映安全生产标准化建设情况；自评得分是否有理有据；创建和自评过程是否符合要求；自评中发现的主要问题整改及措施落实情况；评审级别是否符合规定。审查专家对申请材料提出审查意见。申请材料未通过审核的，不再进行现场核查。

（2）现场核查。

通过材料审核的申请单位，评委办组织专家组成现场核查组进行现场核查。组长由评委办指定。项目法人须抽查开工一年后的在建水利工程项目；施工企业须抽查现场作业内容多且处于施工高峰期的水利工程项目。现场核查依据《评审标准》，对照自评报告，重点核查申请材料有疑问的、自评过程中发现的问题整改落实情况、现场安全生产条件以及影响安全生产的危险因素和薄弱环节，提出存在的问题及整改意见和建议。核查组根据现场核查情况提出现场核查意见。

（3）评审委员会审定。

评委办根据专家对申请材料审核、现场核查结果提出推荐性评审意见，提交水利部评审委员会审定，对审定通过的申请单位予以公示。

对达到水利安全生产标准化等级的单位，原则上应在满一年后方可申请更高等级评审，主要是考虑到安全生产管理体系的建立及有效运行、安全管理效能的提高，需要一定周期。

四、标准化等级

水利安全生产标准化等级分为一级、二级和三级，依据评审得分确定，评审满分为100分。具体标准为：

（1）一级：评审得分90分以上（含），且各一级评审项目得分不低于应得分的70%。

（2）二级：评审得分80分以上（含），且各一级评审项目得分不低于应得分的70%。

（3）三级：评审得分70分以上（含），且各一级评审项目得分不低于应得分的60%。

（4）不达标：评审得分低于70分，或任何一项一级评审项目得分低于应得分的60%。

第二节　监督管理职责

安全生产标准化工作，是通过建立规范化、科学化、系统化、法制化的管理体系，并在安全管理工作过程中切实贯彻执行，最终提高生产经营单位的本质安全水平。生产经营单位自身应加强自控管理，切实按要求开展标准化的相关工作，保证体系正常运行。监督管理部门应依据法律法规及相关要求加强对职责范围内生产经营单位的安全标准化工作动态监管，依法履行法律赋予的监督管理职责，并以此为抓手，切实提高管辖范围内安全生产管理水平。

一、监督主体

水利安全生产标准化的监督管理主体是各级水行政主管部门。根据《水利行业深入开展安全生产标准化建设实施方案》的要求，各级水行政主管部门要加强对安全生产标准化建设工作的指导和督促检查，对评为安全生产标准化一级单位的重点抓巩固、二级单位着力抓提升、三级单位督促抓改进，对不达标的限期抓整改。并视情况组织检查、抽查，对检查、抽查中发现的重大问题进行通报。

对发生较大以上生产安全事故、存在非法违法生产建设经营行为、重大隐患限期整改仍达不到安全要求，以及未按规定要求开展安全生产标准化建设且在规定限期内未及时整改的，取消其安全生产标准化达标参评资格。做到安全生产标准化建设与打击各类非法违法生产经营建设、安全生产专项整治和安全隐患排查治理相结合；与落实安全生产主体责任、安全生产基层和基础建设、提高安全生产保障能力相结合，推进安全生产长效机制建设，有效防范生产安全事故发生。

按照分级管理和“谁主管、谁负责”的原则，水利部负责直属单位和直属工程项目以及水利行业安全生产标准化一级单位的评审、公告、授牌等工作；地方水利生产经营单位的安全生产标准化二级、三级达标考评的具体办法，由省级水行政主管部门制定并组织实施，考评结果报送水利部备案。

各级水行政主管部门要加强对水利安全生产标准化建设工作的督促检查和规范管理，深入基层对重点地区和重点单位加强服务指导，及时发现解决标准化创建过程中出现的突出问题和薄弱环节，切实把安全生产标准化建设工作作为落实安全生产主体责任、健全安全生产规章制度、推广应用先进技术装备、强化安全生产监管、提高安全管理水平的重要途径和方式。要积极研究采取相关激励政策措施，促进提高达标建设的质量和水平。充分利用各类舆论媒体，积极宣传安全生产标准化建设的重要意义和具体标准要求，营造安全生产标准化建设的浓厚氛围。有关水行政主管部门要建立公告制度，定期发布安全生产标准化建设进展情况和达标单位，及时总结推广先进经验，积极培育典型，示范引导，推进水利安全生产标准化建设工作广泛深入、扎实有效开展。

各级水行政主管部门加强对水利安全生产标准化建设工作的指导服务和规范管理。对尚未开展标准化创建工作的，要抓宣贯、抓指导、抓推进，分类指导开展标准化建设工作；对正在开展标准化创建工作的，要抓规范、抓过程、抓质量；对已经取得安全生产标准化等级证书的，要抓巩固、抓改进、抓提升。要加强对水利安全生产标准化工作的督促检查和审核把关，切实把标准化建设工作做实、做细、做到位，防止走形式、走过场，确保标准化创建质量。

二、年度自主评审

水利生产经营单位取得水利安全生产标准化等级证书后，每年应对本单位安全生产标准化的情况至少进行一次自我评审，并形成报告，及时发现和解决生产经营中的安全问题，持续改进，不断提高安全生产水平。按规定将年度自评报告上报水利部。

三、延期管理

《水利安全生产标准化评审管理暂行办法》规定，水利安全生产标准化等级证书有效期为3年。有效期满需要延期的，须于期满前3个月，向水行政主管部门提出延期申请。

水利生产经营单位在安全生产标准化等级证书有效期内，完成年度自我评审，保持绩效，持续改进安全生产标准化工作，经复评，符合延期条件的，可延期3年。

四、撤销等级

《暂行办法》中规定了撤销安全生产标准化等级的五种情形，发生下列行为之一的，将被撤销安全生产标准化等级，并予以公告：

（1）在评审过程中弄虚作假、申请材料不真实的。

（2）不接受检查的。

（3）迟报、漏报、谎报、瞒报生产安全事故的。

（4）水利工程项目法人所管辖建设项目、水利水电施工企业发生较大及以上生产安全事故后，水利工程管理单位发生造成人员死亡、重伤3人以上或经济损失超过100万元以上的生产安全事故后，在半年内申请复评不合格的。

（5）水利工程项目法人所管辖建设项目、水利水电施工企业复评合格后再次发生较大及以上生产安全事故的；水利工程管理单位复评合格后再次发生造成人员死亡、重伤3人以上或经济损失超过100万元以上的生产安全事故的。

被撤销水利安全生产标准化等级的单位，自撤销之日起，须按降低至少一个等级重新申请评审；且自撤销之日起满1年后，方可申请被降低前的等级评审。

水利安全生产标准化三级达标单位构成撤销等级条件的，责令限期整改。整改期满，经评审符合三级单位要求的，予以公告。整改期限不得超过1年。

附　　录

附录1　申　请　材　料

为进一步规范水利安全生产标准化申请材料报送工作，根据《水利部关于印发〈水利安全生产标准化评审管理暂行办法〉的通知》（水安监〔2013〕189号，以下简称《暂行办法》）、《水利部办公厅关于印发〈水利安全生产标准化评审管理暂行办法实施细则〉的通知》（办安监〔2013〕168号）、《水利部办公厅关于水利安全生产标准化评审工作有关事项的通知》（办安监函〔2017〕1088号）和《水利部办公厅关于印发水利安全生产标准化评审标准的通知》（办安监〔2018〕52号）有关规定，水利生产经营单位在上报申请材料时，应满足以下要求：

（1）适用于水利工程项目法人、水利工程管理单位、水利水电施工企业申请水利安全生产标准化达标评审工作。

（2）申请材料包括申请表（见附件A）、自评报告（含材料真实性承诺书）和支撑性材料。

（3）申请材料应按照《暂行办法》第十条规定进行审核报送，其中，部属水利生产经营单位应经上级主管单位（水利部直属单位本级）审核同意，地方水利生产经营单位应经省级水行政主管部门审核同意，中央企业应经集团公司总部审核同意。

（4）自评报告（格式见附件B）应全面、概括地反映标准化创建的前期准备、创建过程、自主评定工作开展情况和自评结果等内容，用语规范、表述简洁，单独成册。自评报告中应提供标准化创建各阶段和自评过程中形成的文件、原始记录材料和图片资料。自评报告内容应客观、真实，不同申报单位之间如存在大面积雷同，两者均不予通过。

（5）支撑性材料应按附件C要求提供，按清单顺序排列，单独成册（内容较多的可分多册装订）。

（6）提供《承诺书》一份，承诺内容包括：本单位具备《暂行办法》第十一条规定的申请条件；本单位申请水利安全生产标准化达标评审所提交的各类材料（文件、资料、证照等）均真实、有效、合法，复印件与原件一致。《承诺书》应由法定代表人签字，并加盖单位公章。

（7）报送程序：电子版申请材料通过水利部水利安全生产标准化评审管理网（http://slbzh.chhsn.com）向水利部报送，内存不超过100MB，经形式审核通过后邮寄纸质版材料一套（A4双面打印并装订成册），纸质版与电子版内容应保持一致。

附件 A：申请表

水利安全生产标准化评审申请表

申请单位：__________________（公章）
申请类别：
申请性质：　　　　　　　　等级：
申请日期

中华人民共和国水利部制

申请表填报说明

1.“申请单位”填写申请单位完整名称并加盖申请单位印章。

2.“申请类别”按所属类别填写，如“水利工程项目法人”“水利水电施工企业”“水利工程管理单位”等。

3.“申请性质”为“初次评审”或“复评”。“等级”为“一级”“二级”或“三级”。

4.没有上级主管单位的，“上级主管单位意见”不填。

水利安全生产标准化评审申请表

<table>
<tr><td>申请单位</td><td colspan="5"></td></tr>
<tr><td>地址</td><td colspan="5"></td></tr>
<tr><td>安全管理机构</td><td colspan="5"></td></tr>
<tr><td>职工总数</td><td>人</td><td>专职安全管理人员</td><td>人</td><td>特种作业人员</td><td>人</td></tr>
<tr><td>法定代表人</td><td></td><td>电话</td><td></td><td>传真</td><td></td></tr>
<tr><td rowspan="2">联系人</td><td rowspan="2"></td><td>电话</td><td></td><td>传真</td><td></td></tr>
<tr><td>手机</td><td></td><td>电子信箱</td><td></td></tr>
<tr><td rowspan="2">本次申请</td><td colspan="5">□初次评审　　□复评</td></tr>
<tr><td colspan="5">□一级　　□二级　　□三级</td></tr>
<tr><td colspan="6">本次申请前本专业曾经取得的标准化等级：□一级　　□二级　　□三级　　□无</td></tr>
<tr><td colspan="6">单位自主评定得分：</td></tr>
<tr><td colspan="6">单位自主评定结论：

法定代表人（签名）：　　　　（申请单位印章）

年　月　日</td></tr>
<tr><td colspan="6">上级主管单位意见：

负责人（签名）：　　　　（主管单位印章）

年　月　日</td></tr>
<tr><td colspan="6">水利部审核意见：

部门负责人（签名）　　　　（单位印章）

年　月　日</td></tr>
</table>

附件B：自评报告

水利安全生产标准化自评报告应包括封面、承诺书、目录、单位概况、安全生产管理状况、基本条件的符合情况、自主评定工作开展情况、安全生产标准化自评打分表、发现的主要问题、整改计划和措施、整改完成情况、自主评定结果等内容。

一、水利安全生产标准化自评报告格式

《自评报告》封面格式见附表1。其中，"自评等级"是指水利水电施工企业/水利工程管理单位/水利工程项目法人安全生产标准化一级、二级或三级。

附表1　　安全生产标准化自评报告封面

水利安全生产标准化自评报告 自评等级： （自评单位名称） 年　月　日

二、自评报告编写内容及要求

（一）基本情况

写明单位的性质、隶属关系、经营范围、规模（包括职工人数、年产值等）、发展过程、组织机构、主营业务产业概况、主要业绩（施工企业和项目法人应写水利工程主要业绩）和安全生产工作特点等。

（二）安全管理组织机构及人员

本单位安全生产委员会（安全生产领导小组）建立、安全生产管理机构设置、安全生产管理人员配备、职责等情况介绍等。

（三）工程情况

（1）水利工程项目法人写明申报的水利工程建设项目基本情况。

（2）水利水电施工企业写明本单位承建的在建水利水电工程项目情况：在建项目数量、项目名称、项目地址、项目规模及投资额、项目工期、开工时间、施工内容、工程进展、项目负责人及联系方式、业主及联系方式等。

（3）水利工程管理单位写明全部所属单位和所辖工程及主要设施设备情况。

（4）在建水利项目清单（仅限于施工企业、项目法人）：以列表方式写明单位在建项目数量及具体情况，见附表2。

附表2　　在建水利项目清单

序号	项目名称	项目地址	项目规模及投资额	项目工期	开工时间	施工内容	工程进展	项目负责人及联系方式	业主及联系方式
1									
2									
⋮									

三、安全生产管理状况

（一）安全生产标准化建设、实施运行情况

初次申请达标评审的单位应阐述本单位开展安全生产标准化建设的全过程，包括成立标准化建设组织机构、初始状态评审、制定建设实施方案、教育培训、管理文件制修订、实施运行及整改、单位自评等过程。安全生产标准化体系创建并运行1年以上，运行良好后再进行自主评定，以检验建设成效。

申请升级的达标单位或不符合延期换证条件的达标单位应重点阐述本单位安全生产标准化实施运行情况。

（二）安全生产标准化建设成效

阐述本单位安全生产标准化实施运行以来，在安全管理方面取得的成效，主要内容包括：目标职责、制度化管理、教育培训、现场管理、安全风险管控及隐患排查治理、应急管理、事故管理和持续改进等。建设成效应有相应的原始材料、图片资料佐证。

四、基本条件的符合情况

对照《水利安全生产标准化评审管理暂行办法》第十一条规定的申请条件，分别简要说明本单位申请条件符合性，并在支撑性材料里按要求提供证明材料，见附表3。

附表3　　单位基本条件符合性自查表

序号	自查项目	符合情况说明	结论（√/×）
1	申请单位合法身份证明，包括营业执照，或法人证书，或项目核准批复，或机构设立文件等复印件		
2	资质证书复印件		
3	安全生产许可证复印件（实施行政许可的）		
4	水库大坝（水闸）注册登记证复印件（针对水利工程管理单位）		
5	大坝（水闸、泵站）安全鉴定（评价）报告复印件（针对水利工程管理单位）		
6	水利工程项目法人所管辖的建设项目、水利水电施工企业在评审期（申请等级评审之日前一年）内，未发生较大及以上生产安全事故，不存在非法违法生产经营建设行为，不存在重大事故隐患或重大事故隐患已治理达到安全生产要求		
7	水利工程管理单位在评审期内未发生造成人员死亡、重伤3人以上或直接经济损失超过100万元以上的生产安全事故，不存在非法违法生产经营建设行为，不存在重大事故隐患或重大事故隐患已治理达到安全生产要求		

五、自主评定工作开展情况

主要写明自评组织机构、自评计划或方案以及具体实施情况等。

自评小组中应包括公司领导、管理层、技术人员、安全员、班组长等。自评计划或方案应明确查评时间、查评依据、查评范围、查评方法、开展形式等内容。自主评定应全覆盖开展。

六、安全生产标准化自评打分表

（一）自评打分表

（1）“自评描述”一栏中，应写明自主评定涉及的具体检查对象、检查内容、检查结果，应提供相关数据、证明资料名称及文件号等。自评描述应客观、详实、准确。

（2）“自评描述”内容有扣分的项目应突出显示（如加粗或变换字体颜色等）。

（二）合理缺项说明

写明判定合理缺项的具体说明，见附表4。

附表4　　合理缺项明细表

序号	二级评审项目	三级评审项目	标准分值	合理缺项说明（原因）
1				
⋮				

注　1. 合理缺项是指由于申请单位生产经营实际情况限定等因素，未开展评审标准中需要评审的相关生产经营活动，不存在应当评审的设备设施或生产工艺，未达到规定的规模和要求的，或对评审标准中相应的条款不需要进行评审等，而形成的空缺。合理缺项应在总分中扣除该项应得分数。

2. 合理缺项的确定原则：①生产经营范围没有评审标准中规定的项目的。②不存在评审标准中规定的应当评审的设备设施或生产工艺的。③未达到规定要求的规模和条件的。

3. 不应列入合理缺项的：①施工企业资质范围内的施工作业有管理制度、在评审期内无作业现场，申请单位从未从事过此类施工作业，应扣除50%的标准分值；如申请单位从事过的此类施工作业（不限于评审期内）应说明情况，根据佐证材料情况按照评审方法及评分标准执行。②既无管理制度又无作业现场的，应全部扣除该项的标准分值。③对于具有时间节点要求的项目，如“每年”“年底”等，实际开展创建活动的时间不足的，应扣除相应的标准分值。

七、发现的主要问题、整改计划和措施、整改情况

（一）整改措施

主要说明自评或监督检查过程中发现的问题、整改措施和整改完成情况，见附表5。

附表5　　发现的主要问题、整改措施及分项评分明细表

序号	项目序号	发现的问题	整改措施及计划	责任部门	责任人	完成时间	整改情况验收	督办人
1								
⋮								

（二）整改措施

针对存在的问题应制定整改措施，整改措施要有依据，切合实际，并具有针对性和可操作性。应明确以下内容：

（1）需要编制、补充和完善有关制度、文件等。

（2）明确隐患综合治理的组织措施计划和技术措施计划及防止隐患进一步扩大的有效防范措施。

（3）重大事故隐患的整改措施计划应及时上报有关主管部门，并在整改完毕具备安全条件后重新进行自评。

（4）提出可持续改进安全生产管理的建议和方法。

（三）整改情况验收

对发现的问题整改情况进行验收，查证问题是否消除。

八、自主评定结果

主要写明自评结果、申请标准化达标的等级。

（1）列出各一级项目得分情况，见附表6。

（2）写明申请安全生产标准化达标的等级。

附表6　　　　单位自评得分总体情况表（8个一级项目）

序号	项目内容	标准分值	合理缺项分值	应得分	扣分	实际得分	得分率/%（保留1位小数）	备注
1	目标职责							
2	制度化管理							
3	教育培训							
4	现场管理							
5	安全风险管控及隐患排查治理							
6	应急救援							
7	事故管理							
8	持续改进							
小计								

注　合理缺项应得分计为零；“应得分”为扣除合理缺项后的标准分值。

附件C：支撑性材料清单

附件1　申请单位合法身份证明（如营业执照、法人证书、项目核准批复、机构设立文件等复印件）

附件2　资质证书复印件

附件3　安全生产标准化等级证书复印件（针对达标升级单位）

附件4　安全生产许可证复印件（实施行政许可的）

附件5　水库大坝、水闸注册登记证复印件（针对水利工程管理单位）

附件 6　大坝、水闸、泵站安全鉴定（评价）报告复印件（针对水利工程管理单位）

附件 7　安全生产标准化管理体系文件

（1）安全生产管理制度汇编。

（2）安全操作规程汇编。

（3）应急预案汇编。

附件 8　安全生产标准化体系实施运行证明材料

（1）安全生产标准化建设工作实施方案。

（2）安全生产总目标和年度目标。

（3）已签订的每个层级安全生产责任书 1 套（水利水电工程施工企业还应提供项目部签订的每个层级安全生产责任书 1 套）。

（4）安全管理机构设立证明文件及安全管理人员任命文件（水利水电工程施工企业有多个项目部的，还应提供 2 个项目部的任命文件）。

（5）评审期内安全生产委员会（安全生产领导小组）的安全专题会议纪要。

（6）安全生产费用投入计划和年度使用情况总结报告。

（7）年度安全教育培训计划及完成情况说明。

（8）水利水电工程施工企业应提供主要负责人、项目负责人和专职安全生产管理人员安全生产考核合格证统计表，水利工程项目法人和水利工程管理单位应提供主要负责人和专职安全管理人员安全教育培训证明材料。

（9）评审期内综合检查、专业专项检查有关记录资料各两套，并提交针对检查中发现问题的完整整改记录。

（10）主要或关键设备设施法定检测情况统计表，如特种设备、大型设备设施、启闭机设备、安全检测和监测设备等（包括自有和租赁）。

（11）评审期内综合应急预案、专项应急预案、现场处置方案等有关应急演练完整记录材料各 1 套。

（12）超过一定规模的危险性较大专项工程的专项施工方案专家论证材料（提供 1～2 个专项工程施工方案）。

（13）重大危险源识别与评价汇总表。

（14）对于不符合延期换证条件的达标单位重新申报时，应提供延期换证条件不符合项的整改落实情况报告。

（15）其他补充材料。

九、自评报告编写基本要求

（一）承诺书

在上报申请材料时，需要申请单位对上报材料的真实性及评审期内事故、重大事故隐患、合法生产经营等事项做出承诺，并加盖申请单位公章。对于承诺书无固定格式要求，申请单位在编写时可参照以下示例：

承　诺　书（示例）

1. 水利工程项目法人所管辖的建设项目、水利水电施工企业在评审期（申请等级评审之日前 1 年）内，未发生较大及以上生产安全事故，不存在非法违法生产经营建设行为，重大事故隐患已治理达到安全生产要求。

2. 水利工程管理单位在评审期内，未发生造成人员死亡、重伤3人以上或直接经济损失超过100万元以上的生产安全事故，不存在非法违法生产经营建设行为，重大事故隐患已治理达到安全生产要求。

3. 所提交的各类材料（文件、资料、证照等）均真实、有效、合法，扫描件与原件一致。

如有不实之处，愿承担相应的法律责任，并承担由此产生的一切后果。

单位名称（盖章）：

法定代表人签名：

年　月　日

（二）安全生产标准化自评打分表描述要求

申请单位所提交的自评报告，核心内容为自评打分表。自评打分表中自评描述部分，反映了申请单位安全生产标准化建设的符合情况及存在的问题。自评描述的内容应客观、详细、具体、真实。

（1）在以往安全生产标准化建设过程中，自评描述存在着以下几方面问题：

1）报告编写深度不够。符合性描述内容不具体，结论不明确，不能如实反映申请单位安全生产标准化的建设情况。部分单位未说明工作如何开展，套用评审标准中的工作要求进行描述。如在目标管理中，关于目标的制定的描述，只提及了申请单位制定了总目标和年度目标，未对目标制定的内容及合理性与否进行说明；安全生产费用投入，只描述了申请单位编制了使用计划，计划是否合理、审批程序是否合规、投入具体额度等内容，不能进行详细说明。

2）自评范围未全覆盖。生产经营单位安全生产标准化应实现对单位各级、各岗位的全覆盖，在开展自评工作时应实现全面自评审。根据近年生产经营单位提交的自评报告描述来看，存在着自评范围未全覆盖的问题。如有的施工单位所提交的自评报告中描述，只对其所承担的全部工程项目进行了抽查，未抽查到项目的安全生产标准化建设情况不明确，不能全面反应生产经营单位安全生产标准化的情况。

3）扣分项描述不准确，未严格依据《评审标准》要求进行扣分。有的自评报告中所涉及的扣分项在“评审方法及评分标准”无相关要求，还存在所扣分值与《评审标准》规定分值不符的情况。

4）基本概念不清晰。对安全生产管理过程中一些基本概念不熟悉、不掌握，导致安全管理工作出现偏差，自评描述错误。如将现场挖掘机、自卸汽车等按特种设备进行管理，相关操作人员按特种设备操作人员进行管理等。

5）存在否决性条件。如对存在重大事故隐患未按要求整改到位；建设周期不符合安全标准化创建的要求；自评范围未实现全覆盖等。

6）合理缺项比例大。部分申请一级安全生产标准化的单位，所提供的资料中反映涉及的合理缺项较多，如爆破作业、洞室作业、高边坡、深基坑等典型、危险性较大的作业项目均未涉及，不能如实、全面反映申请单位的安全生产管理及安全生产标准化建设水平。

7）行文不规范。部分自评报告不能如实反映申请单位安全标准化建设的实际情况，措辞不严谨。

（2）自评描述的要求。自评描述部分是对申请单位安全生产标准化创建情况的真实反映，在编写此部分内容时，应对各项工作进行深入了解、掌握，采集各项工作开展情况的详细信息和支撑性材料。自评描述应针对评审标准中提出的工作要求，真实、完整、准确、翔实的进行描述，以事实、数据说话，避免模棱两可、含混不清表述。

1）对涉及文件、记录的内容，应明确文件、记录的名称、编号及发文日期，并对文件、记录的主要内容进行简单的描述，最终给出是否符合评审标准的结论。

2）自评描述涉及人员的，应详细说明相关人员的姓名、岗位、持证情况等。

3）自评报告中需要数据说明的内容，应详细、具体进行描述。

4）现场管理部分，应详细描述管理过程及效果。

5）自评效果。生产经营单位开展安全生产标准化自评工作的主要依据除了《评审标准》外，还应包括法律法规、标准规范和企业的规章制度。自评过程中，应结合现场实际情况进行检查、描述，提高评审的深度和技术含量，真正能发现并找出影响安全生产的实质性问题。

通过目前掌握的情况看，大部分自评报告查出的问题都集中在记录不全、档案资料缺失、现场人员对方案、预案不熟悉、警示标志不齐全等浅显、表面存在的问题。对于施工方案等只关注“有没有”，未对方案内容及论证、审批程序的合规性、适用性等进行检查，如施工现场总平面布置是否符合消防的强制性标准；施工临时用电、脚手架设计方案是否符合标准、规范的规定等问题几乎没有涉及。在现场复核过程中，安全防护设施不齐全、不到位，临时用电系统违反标准规范规定，脚手架搭设不规范，应急预案无针对性、不适用，高边坡、深基坑开挖过程中未进行监测等涉及本质安全的问题在报告中鲜有提及。

导致上述问题的主要原因：一是参加自评人员能力、水平不足，未深入掌握和了解《评审标准》及相关法规、规范和技术标准的要求，现场不能发现存在的安全问题甚至重大事故隐患；二是部分生产经营单位在自评过程中，顾虑对标准化达标结果产生不良的影响，对涉及本质安全的问题不愿提及，选择一些容易整改、无关痛痒的问题进行罗列，与标准化工作创建的初衷背道而驰。

为了有效解决自评过程中存在的上述问题，可以从以下几方面入手；

一是加强引导和宣传，端正生产经营单位开展安全生产标准化工作的态度，使其真正意识到安全生产标准化是提高安全生产管理的有效措施和手段。

二是提高生产经营单位开展自评工作人员的业务能力和专业水平，在自评过程中能找出实质性问题，提高工作的深度和质量。

三是完善标准化工作管理程序，在复核及最终评审过程中本着实事求是、严格把关原则开展工作。如在技术审查环节和现场复核时，严格依据法律法规、标准规范、《评审标准》及生产经营单位的规章制度，以现场打分制或专家投票表决的方式，把真正符合条件的单位纳入进来，将不符合条件的坚决予以剔除。最终保证安全生产标准化建设工作的严肃性，切实提高安全生产标准化工作建设质量和水平，最终达到安全生产的目标。

6）自评得分。依据《评审标准》的三级评审要素及“评审方法及评分标准”的要求自评检查和打分，在“自评描述”一栏中，详细写明对各项安全标准化工作符合性的检查情况和扣分原因及分值，有合理缺项的说明理由。

对于扣分项目及扣分的分值，应依据“评审方法及评分标准”中的要求进行，扣分的范围和标准值不应超过评审标准中的有关规定。

根据《评审标准》的规定，最终转换为百分制（得分率）作为最终标准化得分，其换算公式如下：评定得分=[各项实际得分之和/(1000-各合理缺项分值之和)]×100，最后得分采用四舍五入，取整数。即允许申请单位对《评审标准》中不涉及的评审项目有合理缺项。对于合理缺项的项目，自评时应不予赋分。

对于工程建设与管理领域的安全管理，各行业间在法律、法规及标准、规范体系中，相关管理要求和技术标准基本一致。因此，对于跨行业生产经营的申请单位，在水利工程项目中未涉及但其他行业涉及的项目，也应在自评过程中进行检查、描述，以验证申请单位相关项目安全管理、控制工作的成效。对评审期内未涉及，但在申请单位近期生产经营过程中涉及的，应查阅相关档案资料进行描述。如评审期之前发生过生产安全事故，应将报告、调查和处理的过程进行描述；某些作业行为如爆破作业、洞室作业、水上作业等是怎样进行安全管理与控制的，也应进行描述和说明。

7）自评发现的主要问题、整改计划和措施、整改情况注意事项。安全生产标准化自评的过程，也是对申请单位安全生产管理进行全面检查和隐患排查的过程，不能认为自评是独立于安全检查和隐患排查之外的工作行为。因此，在自评过程中发现的问题（即隐患）应组织进行整改，并进行验证。

在自评报告中，应对自评中发现的问题、整改措施和整改完成情况进行描述，并在附件中提供相关证明材料。问题的整改不影响自评得分。

8）自主评定结果说明。自评报告中应对自评工作给出明确结论，从基本条件符合情况、自评得分、自评发现的问题整改情况等方面进行总结，最终给出是否具备申报的相应等级给出明确结论。

附录2 文件及记录

施工企业文件及记录见附表7。项目法人文件及记录见附表8。水管单位文件及记录见附表9。

附表7　　　　文件及记录（施工企业及通用部分）

二级评审项目	三级评审项目	提供文件及记录
1.1　目标管理	1.1.1　目标管理制度	正式文件发布的安全生产目标管理制度
	1.1.2　目标制定	（1）以正式文件发布的中长期安全生产工作规划。 （2）以正式文件发布的年度安全生产工作计划。 （3）以正式文件发布的安全生产总目标（在安委会或领导小组会议上议定并通过可包含在中长期安全生产工作规划中）。 （4）年度安全生产目标（在安委会或领导小组会议上议定并通过，可包含在年度安全生产工作计划中）。 （5）项目法人和施工企业项目部应制定所承担项目周期内的安全生产工作规划及安全生产总目标。 （6）项目法人还应提供监督检查各参建单位开展此项工作的记录和督促落实工作记录
	1.1.3　目标分解	（1）以正式文件下发的总目标、年度目标分解文件。 （2）项目法人还应提供监督检查各参建单位开展此项工作的记录和督促落实工作记录
	1.1.4　责任书签订	（1）安全生产责任书（至个人）。 （2）安全目标保证措施（可包含在安全生产责任〈协议〉书中或单独制定）。 （3）项目法人还应提供督检查各参建单位开展此项工作的记录和督促落实工作记录
	1.1.5　目标的监督检查与纠偏	（1）安全生产目标实施情况的检查、评估记录。 （2）目标实施计划的纠偏、调整文件（如发生）。 （3）项目法人还应提供监督检查各参建单位开展此项工作的记录和督促落实工作记录
	1.1.6　考核与奖惩	（1）考核记录。 （2）奖惩记录。 （3）项目法人还应提供监督检查各参建单位开展此项工作的记录和督促落实工作记录

续表

二级评审项目	三级评审项目	提供文件及记录
1.2 机构与职责	1.2.1 安委会（安全领导小组）	（1）以正式文件发布的安委会（安全领导小组）成立文件。 （2）以正式文件发布的安委会（安全领导小组）调整文件。 （3）项目法人还应提供监督检查各参建单位开展此项工作的记录和督促落实工作记录
	1.2.2、1.2.3 安全管理机构及人员	（1）安全生产管理机构、职业健康管理机构成立的文件。 （2）安全生产专（兼）职人员配备文件（可与机构文件合并）及相关人员的证件（如施工企业三类人员的“A”“B”“C”证书）。 （3）项目法人还应提供监督检查各参建单位开展此项工作的记录和督促落实工作记录
	1.2.4 安全生产责任制	（1）以正式文件发布的安全生产责任制。 （2）项目法人单位还应提供各参建单位的安全责任清单及对各参建单位开展此项工作的记录和督促落实工作记录
	1.2.5 安委会（安全领导小组）会议纪要	（1）安委会（安全领导小组）会议纪要。 （2）跟踪落实安委会（安全领导小组）会议纪要相关要求的措施及实施记录。 （3）项目法人还应提供监督检查各参建单位开展此项工作的记录和督促落实工作记录
1.3 全员参与	1.3.1 安全生产职责检查考核 1.3.2 创建安全管理良好氛围	（1）各部门、各级人员安全生产职责检查记录。 （2）各部门、各级人员安全生产职责考核记录。 （3）激励约束机制或管理办法。 （4）建言献策记录及回复记录。 （5）项目法人还应提供监督检查各参建单位开展此项工作的记录和督促落实工作记录
1.4 安全生产投入	1.4.1 安全生产投入管理制度 1.4.2（3）安全生产投入计划 （施工企业：足额提取安全生产费用，在投标文件中列入工程造价）	（1）以正式文件发布的安全生产投入管理制度。 （2）安全生产投入年度计划及审批记录。 （3）施工企业投标文件。 （4）项目法人单位提供初步设计概算；还应提供监督检查各参建单位开展此项工作的记录和督促落实工作记录
	1.4.3 落实安全生产费用计划 1.4.4 安全生产投入检查总结及考核	（1）安全生产费用投入使用台账。 （2）安全生产费用投入使用凭证。 （3）安全生产费用投入使用检查记录。 （4）安全生产费用投入使用总结、考核记录。 （5）项目法人还应提供监督检查各参建单位开展此项工作的记录和督促落实工作记录
	1.4.5、1.4.6 从业人员保险	（1）员工花名册、考勤记录、工资发放表。 （2）员工工伤保险、意外伤害保险清单及凭证。 （3）受伤工伤认定决定书、工伤伤残等级鉴定书等员工保险待遇档案记录。 （4）企业缴纳工伤保险凭证。 （5）保险理赔凭证

续表

二级评审项目	三级评审项目	提供文件及记录
1.5 安全文化建设	1.5.1 确立安全生产和职业病危害防治理念及行为准则 1.5.2 制定安全文化建设规划和计划	(1) 防治理念及行为准则： 1) 安全生产文化和职业病危害防治理念。 2) 安全生产文化和职业病危害防治行为准则。 3) 安全生产文化和职业病危害防治理念及行为准则教育资料。 (2) 安全文化建设： 1) 企业安全文化建设规划。 2) 企业安全文化建设计划。 3) 企业安全文化活动记录（文字、图片等参加竞赛、班前班后会、建议等；安全生产月活动方案、总结；安康杯活动等)。 (3) 项目法人还应提供监督检查各参建单位开展此项工作的记录和督促落实工作记录
1.6 安全生产信息化	1.6.1 建设安全生产信息管理系统	(1) 安全生产信息管理系统。 (2) 项目法人还应提供监督检查各参建单位开展此项工作的记录和督促落实工作记录
2.1 法规标准辨识	2.1.1 安全生产法律法规、标准规范管理制度	(1) 以正式文件发布的安全生产法律法规、标准规范管理制度。 (2) 项目法人还应提供监督检查各参建单位开展此项工作的记录和督促落实工作记录
	2.1.2 法规标准辨识清单	(1) 法律法规、标准规范辨识清单。 (2) 法律法规、标准规范发放记录。 (3) 项目法人还应提供监督检查各参建单位开展此项工作的记录和督促落实工作记录
	2.1.3 传达法规标准、配备相关文本	(1) 发放法律法规、标准规范记录。 (2) 法律法规、标准规范教育培训记录。 (3) 适用法律法规、标准规范文本数据库（包括电子版)。 (4) 项目法人还应提供监督检查各参建单位开展此项工作的记录和督促落实工作记录
2.2 规章制度	2.2.1 编制安全生产规章制度 2.2.2 下发规章制度并组织培训学习	(1) 以正式文件发布的满足评审标准及安全生产管理工作需要的各项规章制度。 (2) 下发规章制度的记录。 (3) 规章制度教育培训记录。 (4) 项目法人单位对参建单位的监督检查记录
2.3 操作规程	2.3.1 编制安全操作规程 2.3.2 操作规程发放及教育培训	(1) 以正式文件发布的安全操作规程。 (2) 安全操作规程编制、审批记录。 (3) 从业人员参与编制操作规程的工作记录。 (4) 安全操作规程发放记录（至岗位)。 (5) 安全操作规程教育培训记录。 (6) 项目法人还应提供监督检查各参建单位开展此项工作的记录和督促落实工作记录

续表

二级评审项目	三级评审项目	提供文件及记录
2.4 文档管理	2.4.1 文件管理制度 2.4.2 记录管理制度 2.4.3 档案管理制度 2.4.4 评估 2.4.5 修订	（1）以正式文件发布的文件管理制度。 （2）以正式文件发布的记录管理制度。 （3）以正式文件发布的档案管理制度。 （4）法律法规、规程规范、规章制度、操作规程（水管单位、施工企业）评估报告。 （5）修订及重新发布的记录。 （6）项目法人单位应提供监督检查各参建单位开展此项的工作记录
3.1 教育培训管理	3.1.1 安全教育培训制度	以正式文件发布的安全教育培训制度
	3.1.2 教育培训计划及档案	（1）以正式文件发布的年度培训计划。 （2）教育培训档案资料，包括：培训通知、回执、培训资料、照片资料、考试考核记录、成绩单、培训效果评价等，建议一人一档。 （3）根据效果评价结论而实施的改进记录。 （4）教育培训台账。 （5）项目法人单位还应提供对参建单位此项工作开展情况的监督检查记录
3.2 人员教育培训	3.2.1 管理人员培训	（1）施工企业三类人员统计表及上岗证书。 （2）单位主要负责人及安全生产管理人员教育培训记录。 （3）项目法人应提供招标文件或合同中对安全生产管理人员准入要求的条款及进场人员验证资料及对参建单位此项工作开展情况的监督检查记录
	3.2.2 新员工、“五新”转岗、离岗人员安全教育培训	（1）项目法人： 1）自有新进人员教育培训记录。 2）对参建单位监督检查记录。 （2）施工企业、水管单位： 1）新员工（施工单位，三级）教育记录及档案。 2）“四新”教育记录及档案。 3）转岗离岗重新上岗人员二级（部门及班组）教育培训记录及档案
	3.2.3 特种作业人员教育培训	（1）特种作业操作资格证书。 （2）特种作业人员重新上岗的考核合格证。 （3）特种作业人员档案资料。 （4）特种作业人员台账。 项目法人单位还应提供对参建单位此项工作开展情况的监督检查记录
	3.2.4 每年对在岗的作业人员进行不少于12学时的经常性安全生产教育和培训	（1）教育培训的相关记录及统计资料。 （2）项目法人单位还应提供对参建单位此项工作开展情况的监督检查记录
	3.2.5 相关方人员教育培训 3.2.6 外来人员教育培训	（1）分包单位（相关方）进场人员验证资料档案。 （2）分包单位（相关方）各工种安全生产教育培训、考核的记录。 （3）分包单位（相关方）的岗位作业及特种作业人员证书。 （4）项目法人单位还应提供对参建单位此项工作开展情况的监督检查记录。 （5）对外来参观、学习等人员进行安全教育或危险告知的记录
	3.2.7 外来人员告知	对外来参观、学习等人员进行安全教育和危险告知的记录

续表

二级评审项目	三级评审项目	提供文件及记录
4.1 基础管理设备（施工企业）	4.1.1 设备管理制度	以正式文件下发的设备管理制度
	4.1.2 设置设备管理机构或人员	设备管理机构设立及人员配备文件
	4.1.3 设备采购及验收	（1）设备采购记录。 （2）设备采购验收记录。 （3）设备随机相关资料（包括设备设施产品质量合格证、特种设备制造许可等）
	4.1.4 特种设备安装（拆除）资格及检验要求	（1）特种设备安（拆）技术方案及监理批复。 （2）特种设备安装（拆除）单位相应资质资料。 （3）安装（拆除）施工人员资格资料。 （4）特种设备安装报当地技术监督局备案资料、安装后的验收记录。 （5）特种设备安装监督旁站记录。 （6）报请有关单位检验合格的记录（《特种设备注册登记表》、定期检验合格报告、检验合格证书）。 （7）定期检查、维护、保养记录。 （8）特种设备台账。 （9）特种设备事故应急救援预案
	4.1.5 设备台账及档案资料	（1）设备台账（注明自有、租赁、特种设备等性质）。 （2）监理进场验收有关记录。 （3）设备管理档案资料及相关记录（如合格证、说明书、设备履历、技术资料等）
	4.1.6 设备检查	（1）设备运行前检查记录。 （2）设备运行过程中的各项检查记录
	4.1.7 设备性能及运行环境	（1）设备性能及运行环境检查记录。 （2）同一区域有 2 台以上设备共同运行时制定的安全措施
	4.1.8 设备运行	设备运行记录
	4.1.9 租赁设备和分包单位的设备	（1）设备台账。 （2）设备租赁合同或工程分包合同。 （3）设备进场验收记录（含监理记录资料）。 （4）《评审标准》第 4.2.1 条中要求的各项管理记录
	4.1.10 安全防护设施管理	（1）安全防护设施管理制度。 （2）监督检查、验收记录（含极端天气前、后的检查、验收记录）。 （3）各类安全防护设施检查、验收记录
	4.1.11 设备维护保养	（1）包含设备维修保养的管理制度。 （2）设备维修保养计划（安全措施）。 （3）设备维修保养台账。 （4）设备维修保养工作记录。 （5）专人监护工作记录（安全措施落实工作记录）。 （6）设备维修保养验收记录

续表

二级评审项目	三级评审项目	提供文件及记录
4.1　基础管理设备（施工企业）	4.1.12　设备维修保养	（1）包含设备维修保养的管理制度。 （2）设备维修保养计划。 （3）设备维修保养台账。 （4）设备维修保养工作记录。 （5）设备维修保养验收记录
	4.1.13　特种设备管理	（1）特种设备定期检验申请。 （2）特种设备定期检验报告。 （3）特种设备定期检验合格标志。 （4）特种设备自行检查、维护保养记录。 （5）特种设备应急措施或预案。 （6）特种设备报废档案
	4.1.14　设备报废	（1）设备报废管理制度。 （2）设备检查、拆除、报废记录。 （3）设备台账
4.2　作业安全（施工企业）	4.2.1　施工现场管理	（1）经批复的现场总体布置文件。 （2）现场检查记录
	4.2.2　施工技术管理	（1）以正式文件发布的施工技术管理制度。 （2）施工技术管理机构及人员配备文件。 （3）施工图会审记录。 （4）施工组织设计（安全技术措施）及监理审批记录。 （5）专项施工方案文本和论证、审查、审批记录。 （6）施工组织设计、专项施工方案分级安全技术交底记录。 （7）危险性较大单项工程现场监督检查记录。 （8）危险性较大单项工程验收记录
	4.2.3　施工用电管理	（1）以正式文件发布的施工临时用电管理制度。 （2）施工用电专项方案及安全技术措施、审批文件。 （3）临时用电系统验收记录。 （4）接地、接零、防雷定期检测记录。 （5）施工用电设备定期检查记录。 （6）施工临时用电工程日常运行、检查记录
	4.2.4　施工脚手架管理	（1）脚手架使用管理制度。 （2）脚手架专项施工方案（含设计文件）或作业指导书。 （3）脚手架搭设（拆除）设计、方案审批记录，超过一定规模的专家论证资料。 （4）脚手架搭设（拆除）方案行交底记录。 （5）登高架设特种人员作业证书。 （6）材料、构配件进场检查验收记录。 （7）搭设过程中检查记录。 （8）脚手架验收记录（挂牌）。 （9）现场监督检查及验收记录（含极端天气前后）

续表

二级评审项目	三级评审项目	提供文件及记录
4.2 作业安全（施工企业）	4.2.5 防洪度汛管理	（1）防汛度汛及抢险措施及项目法人（监理）批复、备案记录。 （2）成立防洪度汛的组织机构和防洪度汛抢险队伍的文件。 （3）防洪度汛值班制度。 （4）防洪应急预案演练记录。 （5）防洪度汛专项检查记录。 （6）防洪度汛值班记录。 （7）防汛（应急）物资台账、物资检查、维护、保养等记录，必要时与地方救援队伍签订的互助协议
	4.2.6 交通安全管理	（1）以正式文件发布的交通安全管理制度。 （2）大型设备运输或搬运的专项安全措施。 （3）机动车辆定期检测和检验记录。 （4）驾驶人员教育培训记录。 （5）现场监督检查记录（含警示标志和交通安全设施）
	4.2.7 消防安全管理	（1）以正式文件发布的消防管理制度。 （2）消防安全组织机构成立文件。 （3）消防安全责任制。 （4）防火重点部位或场所档案。 （5）消防设施设备台账。 （6）消防设施设备定期检查、试验、维修记录。 （7）动火作业审批记录。 （8）消防应急预案。 （9）消防演练评审记录。 （10）消防培训记录。 （11）消防演练记录
	4.2.8 易燃易爆危险品管理	（1）以正式文件发布的易燃易爆或有毒危险品管理制度。 （2）易燃易爆或有毒危险化学品防火消防措施。 （3）现场存放炸药、雷管等的许可证（公安部门）。 （4）运输易燃、易爆等危险物品的许可证（公安部门）。 （5）与爆破公司签订的分包合同，爆破公司资质证书、爆破作业人员上岗证书及其他与爆破作业相关的资料。 （6）危险品物品领、退记录。 （7）现场监督检查记录
	4.2.9 高边坡或基坑作业	（1）施工专项施工方案（如需论证的，需提供论证资料）。 （2）边坡、基坑监测记录及分析资料。 （3）专人监护记录。 （4）现场检查记录
	4.2.10 洞室作业	（1）隧洞开挖专项施工方案及相关审核、论证、审批、交底记录。 （2）瓦斯防治措施。 （3）安全监测方案、记录及分析资料。 （4）环境监测记录。 （5）专项通风设计。 （6）现场监督检查记录

续表

二级评审项目	三级评审项目	提供文件及记录
4.2 作业安全（施工企业）	4.2.11 爆破作业	（1）爆破、拆除管理制度。 （2）爆破、拆除方案及监理审批记录。 （3）爆破试验方案、爆破试试验成果材料及监理审批记录。 （4）爆破单位资质及人员资格验证文件。 （5）爆破作业监督检查记录
	4.2.12 水上作业	（1）水上作业专项施工方案及应急预案。 （2）船舶适航证书。 （3）中华人民共和国水上水下活动许可证。 （4）船员适任证书与船员服务簿。 （5）作业人员培训合格证书及体检证书。 （6）水文气象信息渠道建立的记录。 （7）现场监督检查记录（含极端天气前后的检查记录）
	4.2.13 高处作业	（1）以正式文件发布的高处作业安全管理制度。 （2）三级、特级和悬空高处作业专项安全技术措施及交底记录。 （3）高处作业人员体检证明。 （4）安全防护设施产品合格证、验收合格证明。 （5）安全防护设施检查、验收记录。 （6）高处作业现场监护记录。 （7）作业人员培训合格证书。 （8）现场监督检查记录（含极端天气前后的检查记录）
	4.2.14 起重作业	（1）起重吊装作业指导书及安全操作规程。 （2）起重设备检查记录（结合设备设施部分工作开展）。 （3）指挥和操作人员上岗证件。 （4）大件吊装方案、审批记录、交底记录。 （5）危险性较大单项工程专项技术方案和审核、论证、审批、交底记录。 （6）现场旁站、监督检查记录
	4.2.15 临近带电体	（1）以正式文件发布的临近带电体作业管理制度。 （2）专项施工方案、安全防护措施或审批（电业部门）记录。 （3）方案交底记录。 （4）电气人员上岗证件。 （5）安全施工作业票。 （6）专人监护记录
	4.2.16 焊接作业	（1）以正式文件发布的焊接作业安全管理制度。 （2）电焊作业安全操作规程。 （3）焊接作业人员证书。 （4）设备检查记录。 （5）现场监督检查记录
	4.2.17 交叉作业	（1）交叉作业安全管理制度。 （2）专项安全技术措施。 （3）沟通、交底记录。 （4）专人监护记录。 （5）交叉作业施工安全协议

续表

二级评审项目	三级评审项目	提供文件及记录
4.2 作业安全（施工企业）	4.2.18 有（受）限作业	（1）有（受）限空间作业管理制度。 （2）作业人员培训合格证书。 （3）安全技术交底记录。 （4）个人防护装备发放记录。 （5）含氧量、有毒有害气体检测记录。 （6）应急抢险措施方案。 （7）监护记录
	4.2.19 岗位达标	（1）以正式文件发布的岗位达标管理制度。 （2）岗位达标活动记录（可结合评审标准中其他相关工作开展）
	4.2.20～4.2.23	（1）工程分包、劳务分包、设备物资采购和租赁等合格供方选择的管理制度。 （2）合格供方选择、评价过程资料。 （3）合格供方的档案资料（要求一企一档）。 （4）分包申请及审批记录。 （5）分包方人员及设备进场报验资料。 （6）分包方安全施工措施上报及审批记录。 （7）针对分包方的风险分析及控制措施记录。 （8）相邻施工单位安全协议。 （9）监督检查记录
4.3 职业健康	4.3.1 职业健康管理制度	以正式文件发布的职业健康管理制度
	4.3.2 职业危害因素辨识	职业危害辨识评估报告（包括控制措施）
	4.3.3 职业健康防护用品及危害因素检测	（1）劳动防护用品发放标准、台账、采购记录。 劳动防护用品的出厂合格证、生产许可证等资料。 （2）劳保用品发放记录。 （3）职业健康安全设备设施台账。 （4）检（监）测记录
	4.3.4 场所布置	施工现场总平面布置图及检查记录
	4.3.5 职业危害应急处置	（1）报警装置台账及布设图。 （2）应急处置方案
	4.3.6 防护器具管理	（1）现场急救用品、设备台账及维护记录。 （2）防护用品、设备维护专人任命文件。 （3）应急装置及急救用品台账。 （4）应急装置及急救用品校验和维护记录
	4.3.7 职业健康体检	（1）职业健康检查计划。 （2）职业健康监护档案。（劳动者的职业史和职业中毒危害接触史、职业危害告知书、作业场所职业危害因素监测结果、职业健康检查结果及处理情况、职业病诊疗情况）
	4.3.8 职业病患者治疗	（1）职业病患者治疗、疗养记录；含《职业病病例诊疗、康复和定期检查台账》（附职业病诊断证明书、职业病诊断鉴定书等）。 （2）职业健康档案
	4.3.9 职业危害告知	（1）劳动合同（应包含职业健康危害因素告知的内容）。 （2）职业危害告知书

续表

二级评审项目	三级评审项目	提供文件及记录
4.3 职业健康	4.3.10 教育培训及警示标志	(1) 严重职业危害的作业人员教育培训档案。教育记录应涉及施工过程中的职业危害、预防和应急处理措施。 (2) 严重职业危害的作业岗位警示说明。警示说明应载明职业危害的各类、后果、预防以及应急救治措施
	4.3.11 职业危害项目申报	作业场所职业危害申报资料（《作业场所职业病危害申报表》或《作业场所职业病危害申报表》回执单）
	4.3.12 职业危害检测计划 4.3.13 职业危害检测	(1) 职业危害因素检测。 1) 根据《职业病危害因素分类及目录》确定危害场所及检测计划。 2) 职业危害场所评价监测报告。 3) 职业危害场所定期检测记录 4) 检测结果公示牌和告知书。 (2) 职业危害因素超标场所的整改。 1) 职业危害因素整改方案。 2) 职业危害因素整改记录
4.4 警示标志	4.4.1 警示标志管理制度 4.4.2 设置警示标志 4.4.3 定期检查维护	(1) 警示标志、标牌使用管理制度。 (2) 警示标志、标牌台账。 (3) 警示标志、标牌检查、维护记录。 (4) 危险作业监护记录
5.1 安全风险管理	5.1.1 安全风险管理制度 5.1.2 安全风险辨识 5.1.3 安全风险评估	(1) 以正式文件发布的安全风险管理制度。 (2) 风险辨识台账。 (3) 风险清单，含风险源（点）、潜在事件、可能导致的事故类型、风险分级和风险标识、主要防范措施和工作依据。 (4) 风险评估报告
	5.1.4 风险控制措施 5.1.5 风险告知	(1) 风险动态管理记录（包括工程技术措施、管理控制措施、个体防护措施等）。 (2) 风险告知记录
	5.1.6 变更管理制度 5.1.7 变更风险管理	(1) 组织机构、施工人员、施工方案、设备设施、作业过程及环境等变更申报、审批资料。 (2) 变更项目风险辨识资料。 (3) 变更项目实施方案及审批资料。 (4) 变更项目实施方案交底记录。 (5) 变更项目验收记录
5.2 重大危险源管理	5.2.1 重大危险源管理制度	以正式文件发布的重大危险源管理制度
	5.2.2 危险源辨识	(1) 重大危险源辨识记录、登记台账。 (2) 重大危险源辨识总体评价报告
	5.2.3 重大危险源防控 5.2.4 重大危险源防控设施检测	(1) 重大危险源登记建档相关台账。 (2) 项目法人单位应提供对参建单位重大危险源检查、评估和监控的检查记录。 (3) 施工企业对重大危险源的安全设施和安全监测监控系统检测、检验、维护记录。 (4) 水管单位应提供对重大危险源的监控措施及落实记录

续表

<table>
<tr><th>二级评审项目</th><th>三级评审项目</th><th>提供文件及记录</th></tr>
<tr><td rowspan="5">5.2 重大危险源管理</td><td>5.2.5 重大危险源管理培训</td><td rowspan="5">项目法人应提供：
(1) 重大危险源告知书。
(2) 重大危险源教育培训记录。
(3) 监督检查记录。
(4) 应急预案；应急救援队伍成立文件；应急救援器材、设备、物资、装备台账及维护记录。
(5) 对参建单位如监理、施工等单位的重大危险源动态管理情况。
施工企业、水管单位应提供：
(1) 重大危险源教育培训记录。
(2) 警示标志牌管理台账，检查、维护记录等。
(3) 应急预案；应急救援队伍成立文件；应急救援器材、设备、物资、装备台账及维护记录。
(4) 重大危险源责任人的监督检查记录；重大危险源动态辨识、评价和控制记录。
(5) 备案申报及回执材料</td></tr>
<tr><td>5.2.6 重大危险警示标志</td></tr>
<tr><td>5.2.7 重大危险源预案</td></tr>
<tr><td>5.2.8 重大危险源动态管理</td></tr>
<tr><td>5.2.9 重大危险源备案</td></tr>
<tr><td rowspan="11">5.3 隐患排查治理</td><td>5.3.1 隐患排查治理制度</td><td rowspan="3">(1) 以正式文件发布的隐患排查制度。
(2) 隐患排查方案。
(3) 事故隐患排查记录表。
(4) 生产安全事故重大事故隐患排查报告表。
(5) 事故隐患排查记录汇总表。
(6) 事故隐患整改通知单。
(7) 事故隐患整改通知回复单。
(8) 生产安全事故隐患排查治理情况统计分析月报表。
(9) 举报奖励机制。
(10) 举报奖励记录</td></tr>
<tr><td>5.3.2 安全检查及隐患排查</td></tr>
<tr><td>5.3.3 事故隐患报告和举报</td></tr>
<tr><td>5.3.4 隐患排查治理方案</td><td rowspan="5">(1)《生产安全事故重大事故隐患排查报告表》以及监理审核、项目法人审批记录。
(2) 事故隐患治理和建档监控制度。
(3)《事故隐患整改通知单》。
(4)《事故隐患整改通知回复单》。
(5) 重大事故隐患验证、效果评估资料；监理单位审核、报项目法人资料（施工企业）</td></tr>
<tr><td>5.3.5 隐患治理和监控</td></tr>
<tr><td>5.3.6 一般隐患立即整改</td></tr>
<tr><td>5.3.7 隐患防范措施</td></tr>
<tr><td>5.3.8 重大事故隐患治理验证（项目法人、施工企业）</td></tr>
<tr><td>5.3.9 隐患排查治理统计</td><td rowspan="3">(1) 事故隐患月、季、年统计分析报告；报项目法人记录（施工企业）；向从业人员通报记录。
(2) 重大事故隐患治理情况评估。
(3) 项目法人复工申请及审查意见（项目法人、施工企业）。
(4) 隐患管理信息系统运用</td></tr>
<tr><td>5.3.10 挂牌督办的事故隐患</td></tr>
<tr><td>5.3.11 隐患排查治理信息管理</td></tr>
<tr><td rowspan="3">5.4 预测预警</td><td>5.4.1 预警技术及体系</td><td rowspan="3">(1) 安全生产预测预警系统。
(2) 水文、气象等信息获取记录台账。
(3) 预警信息发出及报告记录。
(4) 预测预警记录及相应防范措施</td></tr>
<tr><td>5.4.2 风险预警</td></tr>
<tr><td>5.4.3 风险分析</td></tr>
</table>

续表

二级评审项目	三级评审项目	提供文件及记录
6.1　应急准备	6.1.1　建立安全生产应急管理机构	（1）成立安全生产应急管理机构和应急救援队伍（人员）文件。 （2）应急支援协议（必要时）。 （3）项目法人应提供对参建单位此项工作开展情况的监督检查记录
	6.1.3　应急救援队伍	
	6.1.2　建立健全生产安全事故应急预案体系	（1）应急预案体系（综合预案、专项预案、现场处置方案，关键岗位应急处置卡）。 （2）应急预案评审制度。 （3）应急预案评审记录
	6.1.4　应急物资	（1）应急物资台账。 （2）应急物资专人管理任命文件。 （3）应急物资检查、维护记录
	6.1.5　应急预案演练 6.1.6　应急预案评估	（1）应急演练方案、应急演练脚本、应急演练记录。 （2）应急演练总结和评估记录。 （3）应急预案修订记录。 （4）修订后预案备案记录
6.2　应急处置与评估	6.2.1　应急预案启动 6.2.2　善后处理	（1）应急预案启动记录。 （2）事故现场救援记录（文字、音像记录等）。 （3）事故善后处理、环境清理及监测记录。 （4）事故应急处置工作总结评估报告。 （5）项目法人应提供对参建单位此项工作开展情况的监督检查记录与督促落实记录
6.3　应急评估	6.2.3　应急准备评估	（1）年度应急准备工作总结评估报告。 （2）项目法人应提供对参建单位此项工作开展情况的监督检查记录与督促落实记录
7.1　事故报告	7.1.1　事故报告、调查和处理制度	以正式文件发布的事故管理制度
	7.1.2　事故报告	事故报告记录
7.2　事故调查和处理	7.2.1　事故控制	
	7.2.2　事故内部调查	（1）企业内部事故调查报告。 （2）上级主管部门的调查报告及批复
	7.2.3　配合政府事故调查	（1）事故调查与处理报告。 （2）事故结案文件、记录（含责任追究等内容）
	7.2.4　事故处理	（1）防范和整改措施及落实记录。 （2）整改措施验证记录
	7.2.5　善后工作	善后处理工作记录
7.3　事故档案	7.3.1　事故台账与档案	（1）事故档案。 （2）事故管理台账。 （3）事故统计分析报告

续表

二级评审项目	三级评审项目	提供文件及记录
8.1 绩效评定	8.1.1 安全标准化绩效评定制度	以正式文件发布的安全标准化绩效评定制度
	8.1.2 定期自评	（1）安全标准化检查评定工作的通知。 （2）自评工作方案。 （3）自评工作记录。 （4）安全标准化绩效评定报告。 （5）项目法人单位应提供参建单位参加标准化检查评定工作的记录
	8.1.3 通报自评结果	下发安全标准化绩效评定报告的通知
	8.1.4 将安全标准化工作评定结果，纳入单位年度安全绩效考评	（1）年度工作安全绩效考评资料。 （2）绩效考评兑现资料
	8.1.5 落实安全生产报告制度，定期向业绩考核等有关部门报告安全生产情况，并向社会公示	（1）安全生产报告制度。 （2）安全生产报告及公示资料

注 项目法人单位还应按《评审标准》中的要求提供对参建单位的监督检查及督促整改、落实的相关记录。

附表 8　　项目法人文件及记录（现场管理部分）

二级评审项目	三级评审项目	提供文件及记录
4.1 设备设施管理	4.1.1 向施工单位提供地下管线资料	（1）工程施工招标文件及其附图。 （2）施工场地内的工程地质图纸和报告，以及地下障碍物图纸等施工场地有关资料
	4.1.2 设备设施管理部门	以正式文件明确设施设备管理机构及人员
	4.1.3 监督检查参建单位设施设备配备	对施工单位采购、租赁施工设施设备的监督检查记录或审批记录
	4.1.4 监督检查参建单位检查设备	对施工单位开展设施设备运行检查的监督检查记录（可与其他检查工作合并进行）
	4.1.5 自有设备情况	自有设备设施检查记录
	4.1.6 监督检查作业人员按相应操作规程操作设备设施	（1）对施工单位操作规程编制、发布情况的检查记录。 （2）对作业人员作业行为的检查记录（可结合各项检查工作进行）
	4.1.7 监督检查设备设施维护保养情况，确保设备设施安全运行	对施工单位设备设施维护保养情况的检查记录（可结合相关检查工作一并进行）
	4.1.8 监督检查施工单位将租赁的设备和分包方的设备管理	对分包或租赁设备的管理记录
	4.1.9 监督监理单位查验设备	对监理单位工作的监督检查记录或对监理审核上报文件的审批记录

续表

二级评审项目	三级评审项目	提供文件及记录
4.1 设备设施管理	4.1.10 特种设备管理	(1) 施工单位上报的特种设备安装、拆除方案及审批记录。 (2) 施工单位上报的特种设备安装、拆除人员资格、单位资质及审批记录。 (3) 安装后验收、定期检测、运行管理等监督检查记录(可参见第四章第二节"施工企业现场管理"的相关内容)
	4.1.11、4.1.12	监督检查记录或上报申请(文件)的审批记录
4.2 作业安全	4.2.1 编制《综合分析报告》	《水利水电建设工程安全生产条件和设施综合分析报告》及备案材料
	4.2.2 监督检查现场布局	(1) 经批准的初步设计。 (2) 对施工单位现场布置方案的审批记录。 (3) 对施工单位现场布置方案实施的监督检查记录
	4.2.3 工程安全措施方案及备案	(1) 工程安全措施实施方案。 (2) 安全监督备案手续。 (3) 方案调整及重新备案手续
	4.2.4 拆除和爆破发包资质及备案	(1) 工程承包合同或分包合同(审批记录)。 (2) 拆除、爆破作业备案记录
	4.2.5～4.2.12	监督检查记录或施工单位上报审批记录
	4.2.13 防洪度汛	(1) 防洪度汛方案及超标准洪水预案(含防洪度汛组织机构、抢险队伍、抢险物资等相关内容)、险情应急抢护措施。 (2) 防洪度汛方案备案手续。 (3) 防洪度汛检查记录(汛前、汛中、汛后)。 (4) 防洪度汛值班制度及工作记录。 (5) 防洪度汛演练记录。 (6) 接收和发布气象信息工作机制及工作记录
	4.2.14 危险性较大单项工程的管理	(1) 专项施工方案的审批。 (2) 施工过程中的监督检查记录(可结合安全检查工作一并开展)
	4.2.15 监督各参建单位的岗位达标活动	提供包括勘察设计、监理、施工、质量检测等单位的岗位达标活动记录
	4.2.16 监督检查承包单位分包方的安全管理	(1) 监督检查记录。 (2) 施工单位的分包申请、监理单位审核及项目法人审批记录
	4.2.17 监督检查现场勘测作业安全管理	监督检查记录
	4.2.18 监督检查设计单位设计文件	(1) 监督检查设计单位设计文件记录。 (2) 施工图设计交底、会审、设计变更审批记录。 (3) 新结构、新材料、新工艺以及特殊结构的工程安措施审查论证记录
	4.2.19 监督检查工程监理单位	监理规划备案记录

续表

<table>
<tr><th>二级评审项目</th><th>三级评审项目</th><th>提供文件及记录</th></tr>
<tr><td rowspan="2">4.2　作业安全</td><td>4.2.20　监督检查设备供应商</td><td>(1) 工程设备设计文件（招标文件）。
(2) 工程设备监造记录（监造合同、过程记录）。
(3) 工程设备档案。
(4) 工程设备出厂、进场验收记录</td></tr>
<tr><td>4.2.21　应组织制定协调一致的交叉作业施工组织措施和安全技术措施</td><td>(1) 协调一致的交叉作业施工组织措施和安全技术措施。
(2) 安全生产协议。
(3) 监督检查记录</td></tr>
<tr><td>4.3　职业健康管理</td><td>4.3.1～4.3.10</td><td>监督检查记录或上报审批记录</td></tr>
</table>

附表 9　　水管单位文件及记录（现场管理部分）

<table>
<tr><th>二级评审项目</th><th>三级评审项目</th><th>提供文件及记录</th></tr>
<tr><td rowspan="6">4.1　设施设备管理</td><td>4.1.1　基本要求</td><td>(1) 大坝注册登记有关文件（两个请示文件、审查会、登录网址及界面打印件、注册证书）。
(2) 水闸注册登记有关文件。
(3) 大坝安全鉴定报告。
(4) 水闸安全评价报告。
(5) 技术档案（设施设备台账、检查维护记录）</td></tr>
<tr><td>4.1.2　土工建筑物</td><td>(1) 以正式文件发布的巡视检查管理制度、工程监测管理制度。
(2) 巡视检查资料（包括检查记录、现场照片等）。
(3) 观测资料及成果分析资料。
(4) 现场照片</td></tr>
<tr><td>4.1.3　圬工建筑物</td><td rowspan="2">(1) 以正式文件发布的巡视检查管理制度、监测管理制度。
(2) 巡视检查资料（包括检查记录、现场照片等）。
(3) 观测资料。
(4) 现场照片</td></tr>
<tr><td>4.1.4　混凝土建筑物</td></tr>
<tr><td>4.1.5　机（厂）房</td><td>(1) 巡查资料。
(2) 观测资料。
(3) 现场（照片）。
(4) 防雷检测报告</td></tr>
<tr><td>4.1.6　金属结构</td><td>(1) 设备台账及设备评级记录。
(2) 各类金属结构的运行记录。
(3) 启闭机、升船机、闸门、压力钢管等金属结构安全检查表。
(4) 设备维护保养记录（台账）。
(5) 设备缺陷记录表。
(6) 水工钢闸门和启闭机定期检测报告。
(7) 汛前对泄洪闸门进行检修和启闭试验的报告</td></tr>
</table>

续表

二级评审项目	三级评审项目	提供文件及记录
4.1　设施设备管理	4.1.7　电气设备	（1）运行记录。 （2）巡视检查记录。 （3）设备缺陷记录表。 （4）设备维护保养记录。 （5）接地（零）及防雷保护安全检查表。 （6）操作票、工作票及相关记录。 （7）本单位制定的其他与电气设备相关的记录表。 （8）现场照片记录资料
	4.1.8　水力机械及辅助设备	（1）运行记录。 （2）巡视检查记录。 （3）设备缺陷记录表。 （4）设备维护保养记录。 （5）操作票、工作票及相关记录。 （6）本单位制定的其他与水力机械及辅助设备相关的记录表。 （7）现场照片记录资料
	4.1.9　自动化操控系统	（1）监控系统截图打印件。 （2）制度规程。 （3）运行记录。 （4）定期试验记录。 （5）维护保养检查记录
	4.1.10　备用电源（柴油发电机）	（1）制度规程。 （2）备用电源照片。 （3）备用电源现场操作规程及倒闸操作流程照片。 （4）运行记录。 （5）定期试验记录。 （6）维护保养检查记录
	4.1.11　安全设施管理	（1）安全防护设施管理台账。 （2）定期检查维护记录。 （3）极端天气前后组织检查或重新验收记录。 （4）新、改、扩建工程安全设施验收记录。 （5）符合规范要求的现场安全设施照片
	4.1.12　检修管理	（1）设备检修计划。 （2）检修方案。 （3）工作票、操作票（查安全措施内容）。 （4）设备维修保养记录表。 （5）设备验收试验记录资料。 （6）设备年度综合维修（大修）完成登记表

续表

二级评审项目	三级评审项目	提供文件及记录
4.1 设施设备管理	4.1.13 特种设备管理	(1) 特种设备台账及合格证。 (2) 特种设备安全管理卡。 (3) 安全附件登记表。 (4) 安全使用许可证。 (5) 特种设备登记备案记录。 (6) 特种设备定期检测记录。 (7) 特种设备检查维护保养记录。 (8) 特种设备安装单位资质证明。 (9) 特种设备事故应急救援预案
	4.1.14 设施设备安装、验收、拆除及报废	(1) 新设备安装及验收记录。 (2) 拆除报废管理制度。 (3) 设备报废审批表。 (4) 危险物品拆除处置方案。 (5) 安全技术交底记录。 (6) 设施设备拆除过程记录
4.2 作业行为	4.2.1 安全监测	(1) 安全监测设计。 (2)《大坝安全监测规范》。 (3) 巡视检查记录检查、审定资料完整、规范、准确。 (4) 监测资料整编，确保数据准确、完整。 (5) 监测资料综合分析报告。 (6) 建立监测资料数据库或信息管理系统。 (7) 监测仪器定期校验记录
	4.2.2 调度运行	(1) 水库调度规程。 (2) 调度制度。 (3) 洪水调度方案。 (4) 调度运用计划及防洪抢险应急预案文本、报批请示文件及批复文件。 (5) 备案告知书。 (6) 水文气象信息适时发布平台
	4.2.3 防洪度汛	(1) 防洪度汛领导机构及人员文件。 (2) 度汛方案或（和）超标准洪水应急预案。 (3) 大坝隐患统计图表。 (4) 防汛物资设备清单及台账。 (5) 防洪预案培训及演练记录。 (6) 汛前、汛中和汛后检查巡查记录。 (7) 日常管理记录：防汛值班、设施设备维护保养、巡查记录、防汛物资设备检查维护记录、上级来文等
	4.2.4 工程范围管理	(1) 工程管理方面宣传标语照片。 (2) 库区配合执法照片。 (3) 管护范围划定批文。 (4) 界桩设置及有关文字、照片记录资料等

续表

二级评审项目	三级评审项目	提供文件及记录
4.2 作业行为	4.2.5 安全保卫	（1）安保机构文件。 （2）安保制度。 （3）视频监控系统、门卫设置情况记录。 （4）内部治安突发事件处置应急预案。 （5）演练记录
	4.2.6 现场临时用电管理	（1）临时用电专项方案及其批复。 （2）施工现场临时用电设备检查记录表。 （3）施工现场临时用电设备明细表。 （4）施工现场临时用电验收表。 （5）操作票、工作票
	4.2.7 危险化学品管理	（1）危化品管理制度。 （2）危化品管理台账。 （3）危险化学品重大危险源辨识及相关资料。 （4）警示性标签和警示性说明资料及现场相关照片记录
	4.2.8 交通安全管理	（1）交通安全管理制度。 （2）车辆、船只维护保养、检测记录。 （3）车辆、船舶驾驶员证书。 （4）对车辆、船舶驾驶员及相关管理人员的交通安全培训。 （5）限速、限载、限高、广角镜、强制减速装置、船舶上的救生衣、灭火器等安全设施设备齐全有效
	4.2.9 消防安全管理	（1）消防安全组织机构。 （2）消防设备设施台账（清单）。 （3）动火审批制度。 （4）动火作业审批单。 （5）消防预案演练方案及记录。 （6）防火重点部位或场所档案。 （7）消防设施验收表
	4.2.10 仓库管理	（1）仓库管理制度。 （2）物资台账。 （3）出入库记录。 （4）仓库照片档案。 （5）定期检查、维护记录表。 （6）防火、防盗、防霉变等设施设备正常有效记录资料
	4.2.11 高处作业	（1）高处作业人员有关资格证件、照片档案。 （2）高处作业吊篮验收表（如有时）。 （3）高处作业“四口五临边”防护。 （4）高处作业安全技术措施。 （5）高处作业安全交底记录。 （6）现场监护记录

续表

二级评审项目	三级评审项目	提供文件及记录
4.2　作业行为	4.2.12　起重吊装作业	（1）起重司机、信号工、司索工等作业人员持证上岗。 （2）起重机械管理制度或操作规程。 （3）大件吊装方案审批、安全交底记录。 （4）现场旁站、监督检查记录。 （5）起重吊装许可手续、照片。 （6）起重机械安装验收表。 （7）起重机械基础验收表。 （8）起重机械维护保养记录表。 （9）起重机械运行记录
	4.2.13　水上、水下作业	（1）船舶登记证书。 （2）内河船舶船员适任证。 （3）水上作业应急预案，照片。 （4）船舶安全检查验收表。 （5）租赁船舶应签订安全管理协议
	4.2.14　焊接作业	（1）特种作业人员证书（焊工）。 （2）动火作业审批表。 （3）焊接设备检查表（前、后内容有所区别）。 （4）设备运行记录
	4.2.15　其他危险作业	详见第四章第二节“施工企业现场管理”中临近带电体作业、交叉作业、有（受）限空间作业的相关内容
	4.2.16　岗位达标	详见第四章第二节“施工企业现场管理”中岗位达标相关内容
	4.2.17　相关方管理	（1）与进入管理范围内从事检修、施工作业的单位签订安全生产协议。 （2）资质复印件相关方安全管理登记表。 （3）对进入管理范围内从事作业的单位进行监督记录（隐患排查记录表或台账）。 （4）相关方管理台账。 （5）对相关方评价资料
4.3　职业健康	4.3.1　职业健康	参见施工单位“职业健康”部分内容
4.4　警示标志	4.4.1　警示标志	（1）安全警示标志台账。 （2）安全警示标志检查维护记录

参 考 文 献

［1］ 阚珂，蒲长城，刘平均．中华人民共和国特种设备安全法释义［M］．北京：中国法制出版社，2013．

［2］ 阚珂，杨元元．中华人民共和国安全生产法释义［M］．北京：中国民主法制出版社，2014．

［3］ 钱宜伟，曾令文．水利安全生产标准化建设实施指南［M］．北京：中国水利水电出版社，2015．